Oppel

Die Knigge-Kur

W0317964

Die Knigge-Kur

So befreien Sie sich von unsinnigen Benimmregeln und falschen Karrierehelfern

von

Kai Oppel

C.H.BECK

Zum Autor:

Kai Oppel

ist Mitinhaber einer PR-Agentur in München und Gründer der Medienkontaktplattform *Recherchescout*. Die Idee zur Knigge-Kur kam Kai Oppel im Berufsalltag, der heute mehr denn je gezeichnet ist von Beschleunigung, Ökonomisierung und Effizienzdenken.
Kai Oppel ist gelernter Journalist und hat u.a. für die Deutsche Presse Agentur und die Financial Times Deutschland gearbeitet. Nach seinem Studium der Kommunikationswissenschaften wechselte er in die Öffentlichkeitsarbeit. Der zweifache Vater hat sich in den vergangenen Jahren intensiv mit dem Thema Knigge beschäftigt und mehrere Bücher geschrieben.

www.beck.de

ISBN 978-3-406-68114-1

© 2015 Verlag C.H. Beck oHG
Wilhelmstraße 9, 80801 München

Satz: Fotosatz Buck, Zweikirchener Str. 7, 84036 Kumhausen
Druck: Druckhaus Nomos, In den Lissen 12, 76547 Sinzheim
Umschlaggestaltung: Ralph Zimmermann – Bureau Parapluie
Bildnachweis: mo@fotolia.de

Gedruckt auf säurefreiem, alterungsbeständigem Papier
(hergestellt aus chlorfrei gebleichtem Zellstoff)

So nutzen Sie dieses Buch

Um Ihnen das Lesen und Arbeiten mit diesem Buch zu erleichtern, hat der Autor verschiedene Stilelemente verwendet, die Ihnen das schnellere Auffinden bestimmter Texte ermöglichen. So finden Sie die Tipps und Musterformulare sofort.

Hier finden Sie Tipps, Aufzählungen und Checklisten.

So sind „Merksätze“ gekennzeichnet.

Hier finden Sie Beispiele, die das Beschriebene plastisch erläutern und verständlich machen.

Hier finden Sie Übungen und Muster zum selber Ausfüllen und Nachrechnen.

Vorwort

Wenn Adolph Freiherr Knigge einen Blick auf die heutige Gesellschaft und Arbeitswelt werfen könnte, wäre für ihn auf den ersten Blick wahrscheinlich vieles in Ordnung. Die Kollegen tragen das Einstecktuch am rechten Fleck, die Mitarbeiter halten sich abwechselnd die Tür auf und selbst bei einem komplizierten Business-Lunch weiß die Mehrheit, das Besteck richtig zu verwenden und Tomatensoßeflecken auf Hemd und Bluse zu vermeiden. Selbst die alles entscheidende Frage, ob man nach dem Niesen „Gesundheit" wünschen darf oder sich der Niesende gefälligst zu entschuldigen hat, scheint im Jahr 2015 hinreichend geklärt.

Auf den zweiten Blick jedoch wäre der gute alte Knigge schockiert. Hinter der Fassade der manierlichen Arbeitswelt bröckelt es gewaltig. Nicht selten sind Benimmregeln, die heute fälschlicherweise dem Freiherrn zugeschrieben werden, einzig auf ein Ziel reduziert: Noch schneller Karriere machen. Noch mehr rauszuholen. Knigge ist in den vergangenen Jahrzehnten zurechtgestutzt worden zu einem Werkzeug im persönlichen Selbstoptimierungsbaukasten. Der neueste Trend zur Selbstvermessung und Selbstoptimierung droht diese Tendenz nochmals zu verschärfen.

Knigge, jener Autor, der zur selben Zeit wie Kant ein von den Idealen der Aufklärung beeinflusstes Werk über Umgangsformen geschrieben hat, das den Menschen dabei helfen sollte, die eigene Mündigkeit zu erlangen, ist heute ein Motor der Unhöflichkeit. Schlimmer noch: Die auf das Maß von Benimmregeln verkürzten Weisheiten sind zu einem Katalysator geworden, der die Menschen unmündig macht. Moderne Businesskasper, die marionettengleich an unsichtbaren Fäden hängen. Ferngesteuert von Terminen, Smartphones, Daten und vor allem den Erwartungen der anderen.

Was ist passiert? Die Antwort klingt zunächst einmal unerwartet: Die Arbeitswelt ist krank – und mit ihr die Menschen. Rund jeder zehnte Fehltag am Arbeitsplatz geht mittlerweile laut AOK auf akute Erschöpfung und Depression zurück, was rund einer Verdopplung gegenüber dem Jahr 1999 entspricht. Die Weltgesundheitsorganisation hat Stress als eine der größten Gesundheitsgefahren ausgemacht.

Verantwortlich für die Misere sind mehrere Strömungen. Etwa die allgemeine Beschleunigung und Mobilität. Schlagworte wie mobiles Internet oder die dauerhafte Erreichbarkeit genügen bestimmt, um beim geneigten Leser Bilder gehetzter Menschen zu erzeugen, die auf der Bürotoilette, im 300 Kilometer pro Stunde fahrenden ICE oder im Meeting auf ihre Smartphones starren, tippen und wischen.

Ein anderer Faktor der immer rüpelhafter erscheinenden (Büro-) Welt: die Ökonomisierung, die längst das Denken und Handeln über den Arbeitsplatz hinaus bestimmt. Dieses von immer mehr Menschen verinnerlichte und gelebte Effizienzdiktat führt dazu, dass viele nicht mehr wissen, wer sie sind – und welche Werte sie wirklich leben wollen. Die oberste Maxime lautet Erfolg. Für eventuelles Scheitern ist jeder selbst verantwortlich zu machen, weil er im Wettbewerb nicht smart genug war.

Ob auf Facebook und in beruflichen Netzwerken, bei der Präsentation oder auf Geschäftsreise: Viele verkörpern scheinbare Kniggewerte, indem sie wie eingangs beschrieben auf dem Parkett eine gute Figur machen. Der Erfolg, der neue Gott im Wirtschaftshimmel, gibt ihnen Recht. Gelebt wird jedoch oftmals nicht die eigene Identität, sondern vielmehr der kniggegerechte Prototyp der beschleunigten Gesellschaft. Der Businesskasper als entmündigte Hülle des ursprünglichen Individuums. Ein Blick in die Zukunft lässt erahnen, dass wir das Ende der Fahnenstange noch nicht erreicht haben. Die Smartwatch prangt bereits an den ersten Handgelenken. Die Datenbrille wurde noch einmal zurückgestellt, steht jedoch ebenfalls in den Startlöchern.

Die Digitalisierung der Lebens- und Arbeitswelt stellt uns vor noch größere Herausforderungen. Das zeigt der Knigge-Report 2015, eine für dieses Buch in Auftrag gegebene Studie. Jeder Fünfte schreibt oder liest heute E-Mails im Bad – also praktisch auf dem Klo, da es unter der Dusche oder beim Zähneputzen schlecht geht. Vier von zehn hören beim Telefonieren nicht zu – weil sie gleichzeitig im Internet surfen. 80 Prozent der Deutschen sind der Meinung, dass sich die Ellenbogengesellschaft in den vergangenen Jahren verschärft hat. Viele Berufstätige haben sich durch karrieregetriebenen Effizienzwahn selbst entmündigt.

Dabei geht es beim Thema „Businessknigge“ heute um weit mehr, als nur darum, eine gute Figur zu machen, indem man auch bei Tempo 300 noch fehlerfrei eine E-Mail schreibt und nebenbei auf Englisch mit dem Vorstandsvorsitzenden telefoniert. Das Einhalten und Anwenden transformierter Benimmregeln darf vor dem Hintergrund von Digitalisierung, Informationsflut und Mobilität nicht weiter Maskerade sein – quasi die gute Miene zum schlechten Spiel.

Das Buch soll Ihnen helfen, trotz Ihres Alltags, zu dem die permanente Erreichbarkeit eventuell ebenso gehören wie berufliche und familiäre Stressfaktoren, wieder zu sich selbst zu finden – und aus sich selbst heraus zu handeln. Dafür lenkt das Buch im dritten Kapitel den Blick auf verschiedene Werte, Eigenschaften und Umgangsformen, die es (wieder) zu entdecken und zu leben gilt. Von Aufmerksamkeit und Konzentration über digitale Mündigkeit und Fairness bis hin zu Nachhaltigkeit oder Kommunikation: Die Knigge-Kur will Denkanreize für das Geschäftsleben im 21. Jahrhundert geben.

Businessknigge 2020 heißt nicht, der Sklave seines Smartphones zu sein. Businessknigge 2020 heißt nicht, der Gefangene einer selbst auferlegten Zeitdiktatur zu sein. Businessknigge 2020 heißt nicht, sein Handeln nur auf den kurzfristigen Erfolg auszurichten, weil Anerkennung in der Leistungsgesellschaft eine immer kürzere Halbwertszeit hat.

Businessknigge 2020 heißt vielmehr, Herr(in) über

- die Dinge zu werden,
- die Zeit zu sein,
- die eigenen Daten zu sein,
- sich selbst zu sein.

Businessknigge 2020 heißt: wieder mündig zu sein. Und wer mündig ist, der kann getrost einmal beim Spaghettiessen kleckern oder das Sakko falsch knöpfen. Wer bei aller Mündigkeit auch in diesen Fragen auf dem Parkett eine gute Figur im klassischen Kniggesinne machen will, der wird in diesem Buch auch dazu Tipps finden.

Viel Spaß beim Lesen

Kai Oppel, München 2015

Inhalt

Ursachen: Warum wir viel Knigge leben und uns wenig Knigge fühlen

Wir befinden uns vor einem barocken Schloss in Süddeutschland. Die Sonne scheint an diesem Herbsttag schön, aber schwach vom Himmel. Die Blätter der Bäume sind bereits bunt gefärbt. Zu hören ist das Knirschen von Kieselsteinen, über die schwere Porsche Cayennes und Audis mit Vierradantrieb rollen, aus denen gut gekleidet Kinder ausgeladen werden, die sich dezent, aber höflich von ihren Eltern verabschieden. Die Maximilians und Lenas drücken ihren Mamas und Papas einen Kuss auf die Wange und formieren sich am Eingang, an dem sie von einer älteren Dame empfangen werden. Die Mädchen tragen schöne Kleider, die Jungen meist Chinohosen oder Jeans und dazu Polohemden. Höflich begrüßen sie die Dame mit Handschlag.

Was hier in wenigen Minuten beginnt, heißt „Knigge für Kids" oder „Knigge für Kinder" und richtet sich an Sprösslinge ambitionierter Eltern. Angepriesen werden die Seminare für die 5- bis 14-Jährigen mit Texten wie diesen: „Die Kinder erlernen durch erlebnisreiche Darstellung auf spielerische Weise die Umgangsformen und das gute Benehmen im Rahmen einer gemeinsamen Begrüßung, des gemeinsamen Tischdeckens, eines Aperitifs sowie des gemeinsamen Essens, bei dem auch kniffelige Speisen, wie z. B. Spaghetti, nicht fehlen dürfen." Kostenpunkt je nach Anbieter und Luxusgrad des Austragungsortes: zwischen 10 und 150 Euro.

Symptomatische Abstiegsangst

Dieser kleine Ausflug in die Kniggewelt, die heute bereits die Kleinsten kennenlernen sollen, wirft unweigerlich eine Frage auf: Geht es hier wirklich um kulturelle Werte? Um jenen Knigge, der helfen soll, sich selbst zu finden? Natürlich nicht. Viele Eltern, die ihre Kinder zu solchen Seminaren schicken, treibt vielmehr die Abstiegsangst. Es ist die Sorge, dass ihre Kinder später einmal aus der (oberen) Mittelschicht abrutschen. Möglicherweise ist es auch die Hoffnung, dass die Sprösslinge in die Oberschicht aufsteigen. Die Kinder sollen also, wie sie selbst, fit gemacht werden für den global entfesselten Wettbewerb. Die Eltern möchten um jeden Preis vermeiden, dass ihre Kinder später einmal, nachdem sie als humane Ressource bereits die wichtigsten Aufnahmetests bestanden haben, ihren Traumjob ausgerechnet deswegen nicht erhalten, weil sie den Hummer nicht fachgerecht zerlegen können.

Und da auch die Eltern selbst, und jene, die keine Kinder haben, ihre bisher erklommene Position halten müssen, wird mit Kniggeseminaren und Büchern am eigenen Vorsprung gearbeitet. Immer eine Nasenlänge voraus. Im Rahmen dieses Buches wurde ein Knigge-Report 2015 in Auftrag gegeben: eine bevölkerungsrepräsentativ quotierte Befragung unter 500 Deutschen, die zusammen mit dem Berliner Meinungsforschungsinstitut Gapfish durchgeführt wurde. Die Ergebnisse dieses Reports zeigen: Neun von zehn Studienteilnehmern halten gutes Benehmen heute für wichtig, um erfolgreich im Beruf zu sein.

Knigge-Report 2015: Benimm ist in

Gutes Benehmen halte ich für wichtig, um im Beruf erfolgreich zu sein.

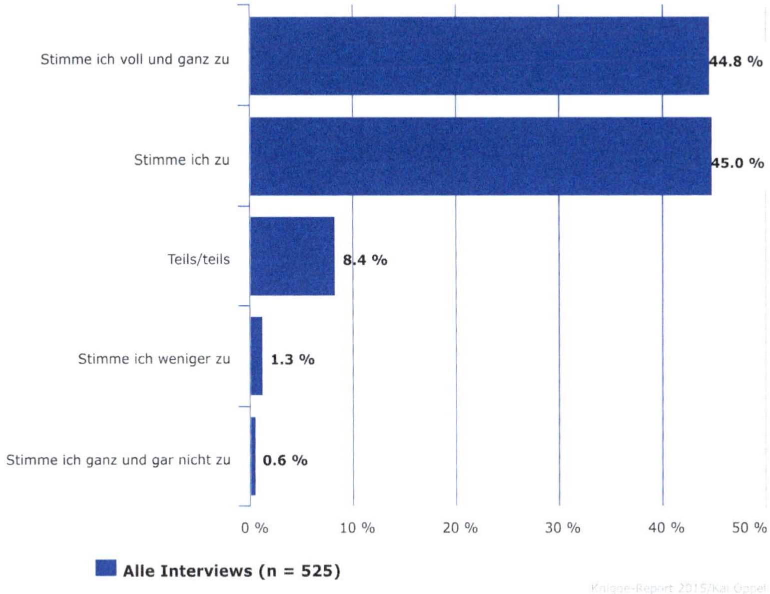

Gutes Benehmen wird nicht nur für wichtig im Beruf erachtet. Es wird vor allem für immer wichtiger angesehen. 81 Prozent vertreten die Meinung, dass Umgangsformen wichtiger sind denn je. Gegen diesen Befund an sich ist nichts einzuwenden. Die Frage aller Fragen lautet jedoch: Was verstehen wir heute eigentlich unter gutem Benehmen und Umgangsformen? Denken wir bei Umgangsformen wirklich an Umgangsformen oder vielmehr an Etikette? Wo liegt der Unterscheid? Und tun uns diese Umgangsformen oder die Etikette im Alltags- und Berufsleben wirklich gut – oder denken wir das bloß? Oder sind sie am Ende nicht vor allem alle Verhaltensweisen, die uns vor wirtschaftlichem Misserfolg bewahren sollen?

Tipp!

Vorsicht: Es geht beim Thema „Knigge“ oft schon längst nicht mehr um kulturelle und gesellschaftliche Werte – weil diejenigen, die solche Rituale zelebrieren, in den seltensten Fällen in einer solchen Kultur gelebt haben.

Umgangsformen sind heute wichtiger denn je.

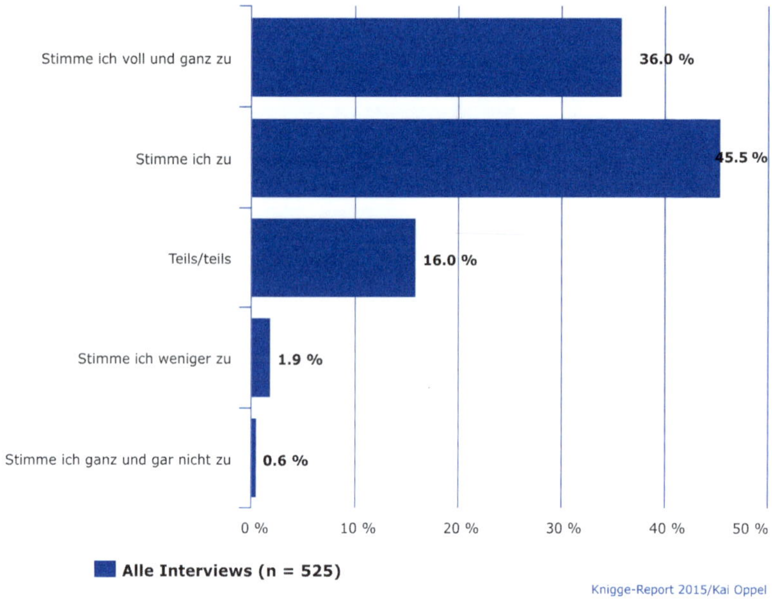

Etwas läuft falsch, wenn es nur darum geht, durch Knigge im bestehenden System so erfolgreich wie möglich zu sein.

Die sieben Knigge-Feinde

Um zu verstehen, warum Eltern ihre Kinder zu Kursen wie den oben erwähnten schicken und warum Sie Bücher wie das vorliegende lesen, wollen wir in diesem Kapitel einen kurzen Blick auf das heutige Leben werfen. Wir wollen sehen, in welchem Rahmen wir uns bewegen, von welchen Faktoren die Geschäftswelt im Besonderen geprägt ist, wie sich die Geschäftswelt in den vergangenen Jahren verändert hat und wie sie sich in Zukunft verändern wird. In dieser kurzen Bestandsaufnahme möchte ich den Blick auf sieben treibende Kräfte lenken, die meiner Meinung nach einen gehörigen Einfluss darauf haben, warum wir heute alle von Knigge reden und doch so wenig Knigge sind.

Sieben aktuelle Tendenzen – die Knigge-Feinde:

1. Zunehmende Beschleunigung
2. Zunehmende Mobilität
3. Zunehmende Erreichbarkeit
4. Zunehmende Effizienz
5. Zunehmende Informationsflut
6. Zunehmende Ökonomisierung
7. Zunehmende Digitalisierung

Immer mehr Menschen spüren instinktiv, dass uns diese und natürlich auch andere Faktoren der Möglichkeit berauben, wirklich mündig zu handeln. Wenn Eltern ihre Kinder zu oben beschriebenen Seminaren bringen, lenkt dies die Aufmerksamkeit vor allem auf eines: auf uns selbst. Wir alle wissen, dass Kinder wie auch Erwachsene in ihrer Entwicklung vor allem das Verhalten der Umwelt spiegeln. Welches Vorbild wir dabei abgeben, ist offensichtlich. Am Frühstückstisch ruft Papa noch einmal schnell die E-Mails ab. Im Auto telefoniert Mama auf dem Weg in den Kindergarten oder in die Schule bereits mit Geschäftspartnern und schminkt sich nebenbei, da am Morgen wegen all des Stresses keine Zeit geblieben ist. Studien haben gezeigt, dass viele Kinder längst eifersüchtig auf die Umwelt ihrer Eltern sind. Weil die Eltern ihrer Umwelt, also dem Smartphone, der Apple-Watch und den Geschäftspartnern mehr Zeit einräumen als ihnen. Die Gedanken sind überall, nur nicht im Augenblick. Wenn wir eine solche Welt vorleben, ist es mehr als wahrscheinlich, dass unsere Kinder dies für normal halten – und es später einmal genauso handhaben.

Der größte Widerspruch: Wir machen bei all dem eine gute Figur. Wir haben Kniggetipps zum Thema Erreichbarkeit, kluge Kniggeratschläge für den Umgang mit der Informationsflut und Knigge soll uns sogar bei der Beschleunigung helfen. Die Effizienz selbst wird mittlerweile sogar als Kniggewert verstanden und gelebt. Im Augenblick leben wir äußerlich so viel Knigge wie nie. Es gibt sogar Knigge fürs Bett. Innerlich fühlen wir uns aber kniggeleer. Unfrei. Nachfolgend möchte ich sieben Knigge-Feinde und unsere Haltung ihnen gegenüber vorstellen. Dies soll uns helfen, das Knigge-Paradoxon zu verstehen.

Kniggefeind 1: Zunehmende Beschleunigung

Leben auf der Überholspur

Wer regelmäßig an deutschen Bahnhöfen unterwegs ist, hat keine Zweifel: Es gibt keine Zeit zu verlieren. Schnell noch eine Zeitung kaufen. Schnell mit dem Kollegen in der Bahnhofshalle sprechen. Schnell eine Semmel verdrücken. Schnell in den Zug oder die U-Bahn springen. Fast consuming. Fast food. Speed dating. Speed reading. Wenn sich das Leben beschleunigt, muss der Mensch auch einen Gang höher schalten. Schneller essen. Schneller lesen. Schneller leben. Schneller arbeiten. Der Eindruck trügt nicht. Die Menschen bewegen sich sogar immer schneller. Berlin liegt bereits auf Platz sieben der schnellsten Metropolen. Die Bewohner der europäischen Hauptstädte Kopenhagen, Madrid und Dublin (Plätze zwei, drei und fünf) schreiten noch flinker. Wie Wissenschaftler herausgefunden haben, hat sich die durchschnittliche Laufgeschwindigkeit in den Städten seit 1994 um mehr als zehn Prozent erhöht. Wie enorm die Unterschiede sind, zeigt ein Städtevergleich. In Singapur rennen die Menschen regelrecht. Sie brauchen für knapp 20 Meter 10,55 Sekunden. In Blantyre im afrikanischen Malawi lassen sich die Menschen mit mehr als 30 Sekunden deutlich mehr Zeit für dieselbe Distanz.

Wir bilden uns also nicht nur ein, beschleunigter zu leben. Wir leben auf der Überholspur. „Diese Erfahrung der Beschleunigung der uns umgebenden Welt ist in Wahrheit ein ständiger Begleiter des modernen Menschen“, schreibt Zeitforscher Hartmut Rosa. Er macht mehrere Dinge für die Beschleunigung verantwortlich, die ich an dieser Stelle nur kurz erwähnen möchte, weil es wie gesagt keine Knigge-Kur geben kann, wenn wir uns in der Berufswelt nicht als Teil des Ganzen sehen, als Rädchen im System.

Die Technik gibt den Takt vor

Schnellere Computer, schnellerer Datenaustausch, schnellere Verarbeitungsprozesse durch Technik, schnellere Reisemöglichkeiten, die Überwindung von Raum und Zeit durch Videokonferenzen: Gerade in der Arbeitswelt sind die Auswirkungen der Beschleunigung unmittelbar zu spüren. Bisher haben wir versucht, mit der höheren Geschwindigkeit klarzukommen, indem wir uns selbst anpassen und optimieren. Ob für die schnellere Kommunikation in sozialen Netzwerken und via E-Mail, für immer häufiger stattfindende Auslandsgeschäftsreisen oder immer kurzfristiger einberufene Meetings: Es gibt unzählige Kniggetipps, die uns dabei helfen sollen, diese technische Beschleunigung so zu meistern, dass wir sie bestmöglich nutzen.

Die Idee dahinter klingt logisch: Wenn wir E-Mails richtig abarbeiten oder Besprechungen nur gut genug strukturieren, können wir mit der neuen Geschwindigkeit mithalten. Heute, im Jahr 2015, müssen wir jedoch feststellen, dass die Arbeitswelt 2.0 dadurch alles andere als besser geworden ist. Je mehr wir uns den Möglichkeiten der Technik anpassen, desto mehr überrennt sie uns. Mit täglichen To-do-Listen zum Abhaken wollen wir den Überblick behalten. Eine Illusion. Die Aufgaben diktieren wir uns schon lange nicht mehr selbst. Sie kommen auch immer seltener von Vorgesetzten, Kollegen oder Geschäftspartnern, mit denen wir einst sogar über das Pensum und die Machbarkeit verhandeln durften. Ausgeliefert werden die Aufgaben heute vielmehr von der uns umgebenden Technik. Es sind im Minutentakt eingehende E-Mails und wie von Geisterhand erstellte Termine anderer, die ständig aufblinken und in Wahrheit den Takt vorgeben. Widerspruch zwecklos. Entsprechend entmündigt fühlen wir uns.

Die Werte von gestern gelten heute als veraltet

Auch der Faktor „Wertewandel" wirkt unmittelbar auf unsere Berufswelt und muss kurz erläutert werden, wollen wir das Thema „Knigge" verstehen. Einstellungen und Werte wandeln sich immer schneller. Und wie die Umwelt ist, so werden auch wir. Vor gar nicht allzu langer Zeit wurden Berufe vom Vater an den Sohn weitergegeben. Heute werden Berufe in einer Geschwindigkeit gewechselt wie das Fahrzeug, mit dem wir ins Büro fahren. Früher war es ein Zeichen von Ausdauer, Konsequenz und Ernsthaftigkeit, den Job oder eine Aufgabe im Job lang und gewissenhaft auszuhalten. Heute ist das Gegenteil der Fall.

Wer nicht regelmäßig den Auftraggeber, das Aufgabenfeld oder zumindest die Position in die richtige Richtung verändert (nach oben), der gilt als nicht anpassungsfähig, nicht leistungsorientiert und faul. Kurzum: Ein mustergültiger Karriereknabe von heute wäre mit den Augen von 1960 betrachtet sprunghaft, unzuverlässig und wankelmütig. „Es ist noch nicht lange her, da galten (…) Eigenschaften als Tugenden, nämlich Achtsamkeit, Gerechtigkeit, Selbstbeherrschung, Standhaftigkeit, Nächstenliebe (…)", erklärt der Psychoanalytiker Paul Verhaege. Für ihn ist die ständige Verschiebung der Normen und Werte ein wichtiger Schlüssel, um den aktuellen Zustand der Gesellschaft zu beschreiben und zu verstehen. „Die heutige gesellschaftliche Debatte über Normen und Wertvorstellungen ist nichts anderes als eine Debatte über Identität", erklärt er. Und damit schließt sich abermals der Kreis zu Freiherrn Knigge. In seinem Werk „Über den Umgang mit Menschen" postulierte er Gedanken zur Position des Einzelnen und war damit gewissermaßen identitätsstiftend. In den vergangenen Jahren sind Werte jedoch zu Benimmregeln verkommen, die heute losgelöst von der Identität auf sich veränderte Normen angewandt werden.

Die Beschleunigung des Lebenstempos

Im Zuge des Schreibens an diesem Buch fiel es mir wie Schuppen von den Augen: Ein zentraler Bestandteil der damaligen und heutigen Kniggewelt in Beruf und Alltag ist die Zeit. Die Zeit ist eine zentrale Währung, wenn es darum geht, sich selbst oder jemand anderem Aufmerksamkeit zu schenken. Die Zeit ist es auch, in der kluge Gedanken geboren werden. Nun: Die Zeit an sich ist zwar gleich geblieben. Der Tag hatte früher wie heute 24 Stunden und die Stunde 60 Minuten. Aber die Zeiten haben sich gewissermaßen geändert. Seit Jahren haben die Menschen immer mehr das Gefühl, dass ihnen die Zeit davonläuft, was im Job besonders dann der Fall ist, wenn es viel zu tun gibt. Alle sprechen daher von „Zeitknappheit".

Im Leben und Job muss man sich für oder gegen etwas oder jemanden entscheiden, um das Pensum zu schaffen. Prioritäten setzen, heißt bei Menschen jedoch gegebenenfalls auch Prioritäten verletzen, hintanstellen, herunterstufen. Jemandem Zeit einzuräumen heißt, ihn wertzuschätzen. Das knappe Gut Zeit ist damit mehr denn je eine Kniggewährung. Kein Wunder, dass Pünktlichkeit laut aktuellem Knigge-Report die drittwichtigste Tugend ist – nach Verlässlichkeit und Vertrauen.

Die Zeit als Kniggewährung

Wie wichtig sind Ihnen nachfolgenden Werte?

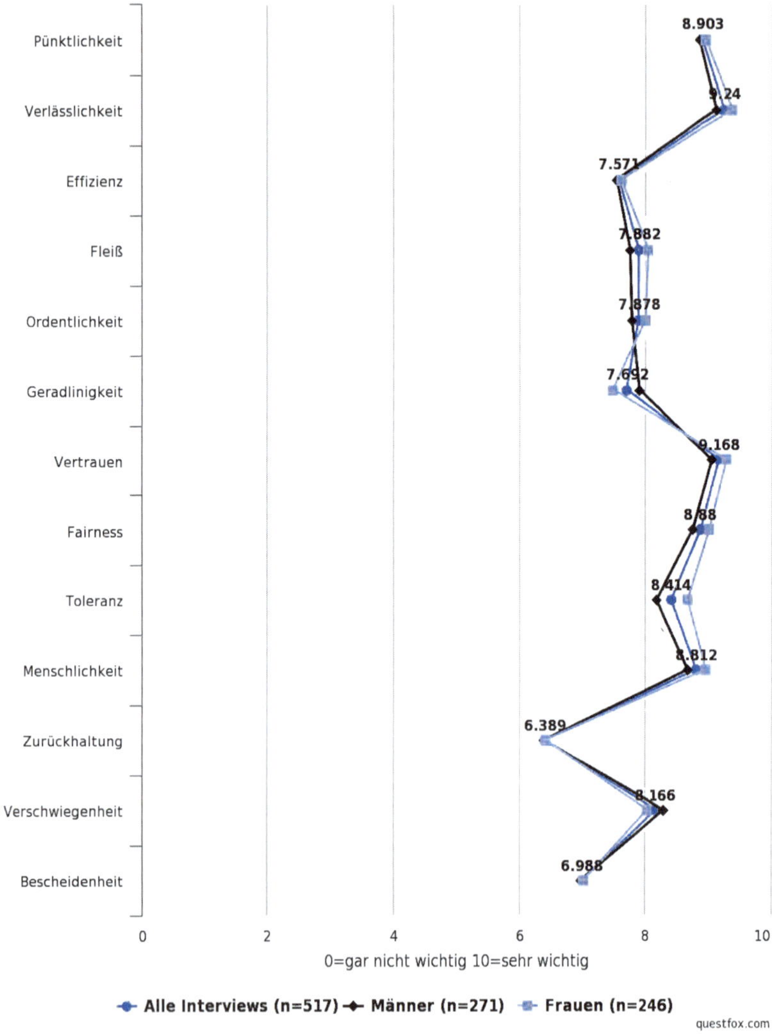

Auf einer Skala von null bis zehn Punkten wird Pünktlichkeit mit knapp neun Punkten bewertet. Gleichzeitig ist jeder Zweite (49 %) der Meinung, dass Pünktlichkeit heute weniger gelebt wird als früher. Dies kann im Umkehrschluss nur bedeuten, dass die zunehmend gefühlte Unpünktlichkeit von Versetzten als Geringschätzung empfunden wird.

Mit knappen Gütern geht man natürlich sorgsam um. Weil Trüffel teuer ist, hobele ich nur ein bisschen auf die Pasta. Doch auf die Zeit übertragen funktioniert dies im Arbeitsleben nicht wirklich. Weil Zeit teuer ist, kann ich nicht hier und da einfach ein bisschen weniger Zeit aufwenden. Wenn das Anfertigen einer Präsentation zwölf Stunden dauert, kann es nicht in fünf Stunden erledigt werden. Wenn das Lesen eines Gesetzestextes 70 Minuten dauert, ist es nicht in 20 Minuten zu schaffen.

Dennoch versuchen wir es natürlich! Etwa indem wir Speed-Reading-Kurse besuchen, um flinker zu lesen. Oder indem wir schnellere Rechner und bessere Software einsetzen. Eine weitere, scheinbare Lösung, mit der Zeitknappheit trotz steigender Belastung umzugehen, lautet Multitasking. Laut Knigge-Studie surfen mittlerweile rund 40 Prozent nebenbei im Internet oder lesen E-Mails, wenn sie telefonieren. Dass ausgerechnet jenes Multitasking uns jedoch in die Unmündigkeit stürzt und uns kniggeleer fühlen lässt, darauf kommen wir später noch. Im nächsten Kapitel wollen wir zunächst einen Blick auf den Faktor Mobilität werfen. Denn auch die Reisemöglichkeiten haben einen großen Einfluss darauf, wie wir im Geschäftsleben miteinander umgehen. Schauen wir uns also den zweiten Kniggefeind einmal genauer an, die zunehmende Mobilität.

Kniggefeind 2: Zunehmende Mobilität

Ein guter Freund von mir sagte schon vor Jahren: „Wenn wir problemlos zum Mond fliegen könnten, hätten wir auch dort Beziehungen und Arbeit – und würden pendeln." Es scheint, er könne Recht behalten. Noch können wir zwar nicht zum Mond fliegen. Aber Elon Musk, der Erfinder von Paypal und der Elektroautomarke Tesla, arbeitet daran. Bis es so weit ist, will er auf Erden die Mobilität mit einem Fortbewegungsmittel namens Hyperloop revolutionieren. Reisende sollen mit Überschallgeschwindigkeit durch eine Röhre geschossen werden. Derzeit fliegen wir zwar weder in der Umlaufbahn noch mit einem Gasprojektil zum nächsten Projekt. Doch schon heute lösen sich Distanzen für immer mehr Arbeitnehmer in Deutschland auf. Selbst ein normaler Angestellter kann sich regelmäßig Flüge leisten. Und der Ausbau des Hochgeschwindigkeitsnetzes der Bahn macht es möglich, dass Menschen heute beispielsweise in Nürnberg leben und in München arbeiten. Nicht wenige von ihnen sind täglich im ICE anzutreffen. Das macht pro Tag knapp 400 Kilometer Wegstrecke und drei Stunden Reisedauer.

Die Pendelwege nehmen zu und damit die Pendelzeit. Konnten Deutsche vor einigen Jahren ihren Kopf nur über Japaner schütteln, die morgens und abends zwei Stunden ins Office pendeln, tun es ihnen heute nicht wenige gleich. Sechs von zehn Arbeitnehmern arbeiten heute außerhalb der Gemeindegrenze – das macht 17 Millionen Pendler. 8,5 Millionen Beschäftigte sind mittlerweile täglich länger als eine Stunde lang unterwegs. Eine Million pendeln am Wochenende zwischen Arbeit und zu Hause.

Das war nicht immer so. Früher haben sich die Menschen ihre Arbeit dort gesucht, wo sie gelebt haben. Warum? Weil es ihnen eben nicht möglich war, sich schnell zu bewegen. Im Jahr 1900 verließ gerade einmal jeder Zehnte auf dem Weg zur Arbeit seinen Wohnort. Zu Zeiten des Wirtschaftswunders war es jeder Vierte. In den EU-Ländern hat der Personenverkehr zwischen 1990 und 2010 um rund ein Drittel zugelegt – auf etwa 6,5 Billionen Personenkilometer pro Jahr. Bis 2030 soll die Mobilität nochmals um rund 30 Prozent zunehmen.

Mobil sein, heißt nur in der Theorie frei zu sein

Zunächst einmal ist gegen Mobilität nichts einzuwenden. Mobil zu sein bedeutet, frei zu sein. Sich zu entscheiden, wo man arbeitet, ist sogar ein großes Stück Mündigkeit. Mobilität löst lokale Schranken und Grenzen auf. „Mobilität ist weltweit zum Ausdruck von Freiheit, Unabhängigkeit, Wohlstand, Individualität und Selbstbestimmung geworden", heißt es in einer Studie des Zukunftsinstituts zum Megatrend Mobilität. Und weiter: „Ob berufliches Pendeln, Schulwege, Familien- oder Arztbesuche, Shopping und Freizeitaktivitäten, Urlaubs- und Geschäftsreisen, Smartphones und Tablets, mobiles Internet, Video- und Telefonkonferenzen, wir sind – immer, überall und gleichzeitig – unterwegs, zu mehr Orten als je zuvor. Das führt in der Konsequenz zu einer Multi-Mobilität. Unser Leben in der 24/7-Gesellschaft spielt sich künftig vor allem im ‚Dazwischen' ab."

Niemand käme auf die Idee, diese Mobilität infrage zu stellen. Stattdessen versuchen wir, die Mobilität zu verbessern, indem wir verschiedene Mobilitätsarten miteinander verbinden. Mit dem Fahrradsharing zum Bahnhof, mit dem ICE in die nächste Stadt, mit Carsharing ins Gewerbegebiet. Die Mobilität unterliegt demselben Effektivitätsgedanken wie unser übriges Leben. Theoretisch würde sich die Mobilität dadurch sogar verbessern – wenn wir nur den mobilen Status quo konservieren würden. Doch mit jedem Effizienzschritt erschließen wir uns neue Räume. Gestern pendelten wir zwischen Städten in Deutschland. Heute pendeln wir zwischen Metropolen in Europa. Morgen pendeln wir vielleicht schon zwischen den Planeten. Der erlangte Vorteil erübrigt sich. Dadurch steigt der Mobilitätsaufwand. Schneller werden wir natürlich nicht wirklich. Wir sind lediglich mehr unterwegs. Dieses Paradoxon gilt mittlerweile als belegt und lässt sich auch in anderen Bereichen beweisen. Die Waschmaschine hat uns nicht etwa Zeit geschenkt, weil wir weniger waschen müssen. Vielmehr wechseln wir unsere Kleidung öfter und müssen noch mehr waschen. Auch durch E-Mails haben wir im Vergleich zum Brief keine Zeitressourcen gewonnen, weil wir schneller schreiben können und nicht erst Briefmarken kaufen und einen Briefkasten ansteuern müssen. Heute schreiben wir mehr als je zuvor. Jeder Durchschnittsangestellte kann es in puncto Schreibintensität locker mit Thomas Mann aufnehmen.

Zurück zur Mobilität. Sie geht gewissermaßen mit der Beschleunigung Hand in Hand. Wir müssen lernen zu erkennen, dass die Mobilität uns gerade im Berufsleben möglicherweise mehr Möglichkeiten beraubt als sie uns schenkt. Es handelt sich also nur vordergründig um Freiheit. Mobilität als Gefängnis mit immer mehr Bewegungsraum. Knigge 2020 heißt daher sicher auch, Mobilität wieder einzuschränken. Dasselbe gilt für die dauerhafte Erreichbarkeit. Ähnlich wie ihre beiden Brüder Beschleunigung und Mobilität vermag uns die uneingeschränkte Erreichbarkeit einige Vorteile bringen. Aktuell jedoch überwiegen die Nachteile und deshalb ist sie der Kniggefeind Nummer drei:

Kniggefeind 3: Zunehmende Erreichbarkeit

Professor Peter Vorderer von der Universität Mannheim ist in Deutschland einer der führenden Wissenschaftler zum Thema „Dauererreichbarkeit“. Die Geschichte, wie ich ihn erreiche, spricht bereits Bände. Meine E-Mail, die ich ihm vormittags geschrieben habe, beantwortet er um 21.31 Uhr und bittet um ein Telefonat am Folgetag gegen Mittag. Ich rufe ihn an. Er fährt gerade in der Straßenbahn. „Die Zahlen sind dramatisch“, eröffnet er das Telefonat und fügt hinzu, „und ich beobachte das seit 20 Jahren.“ Er scheint sich nicht zu täuschen. Laut der aktuellsten Erhebung des Branchenverbandes Bitkom verfügen mittlerweile 33,9 Millionen Deutsche über ein internetfähiges Handy oder Smartphone. Neun von zehn Menschen telefonieren mittlerweile mobil. Mit Blick auf Asien prophezeit Vorderer: „Es wird noch schlimmer.“

Doch selbst der aktuelle Status quo ist laut Knigge-Report 2015 beeindruckend. 57 Prozent der Deutschen lesen oder beantworten demnach im Jahr 2015 in öffentlichen Verkehrsmitteln E-Mails. Im Auto sind es rund 47 Prozent, beim Essen lesen und tippen 21 Prozent, im Badezimmer rund 20 Prozent. Bei den Männern sieht es noch etwas dramatischer aus. Hier lesen und schreiben sogar 5 Prozent Mails, während sie Auto fahren. Nicht als Beifahrer, sondern als Fahrer direkt am Steuer.

Zukünftig wird diese Zahl sicher weiter ansteigen. Denn die nächste große Technikrevolution klopft bereits an die Tür – und man hört sie im wahrsten Sinne des Wortes: Es ist die Spracherkennung. Sie wird, weil wir künftig nicht mehr tippen müssen, die Kommunikation mit anderen Menschen noch stärker in Situationen vordringen lassen, die heute noch kommunikationsleer sind. Eine E-Mail unter der Dusche zu schreiben ist noch nicht möglich. Mit Spracherkennung wird es möglich sein. Und bevor die Menschen in der Lebens- und Arbeitswelt diesen Schritt verdaut haben, wird die Datenbrille kommen. Google hat seine Datenbrille zwar noch einmal vom Markt genommen, aber andere Hersteller präsentieren ständig neue Modelle. Dasselbe gilt für Minihörgeräte, die uns E-Mails vorlesen werden. Ausgestattet mit Hörhilfen und Datenbrillen werden wir schon bald 24 Stunden senden und empfangen können. Im Moment befinden wir uns in der Evolution der Erreichbarkeit gerade einmal auf einer Zwischenstufe.

Wo und wann lesen und beantworten Sie E-Mails via Smartphone? (Mehrfachantworten möglich)

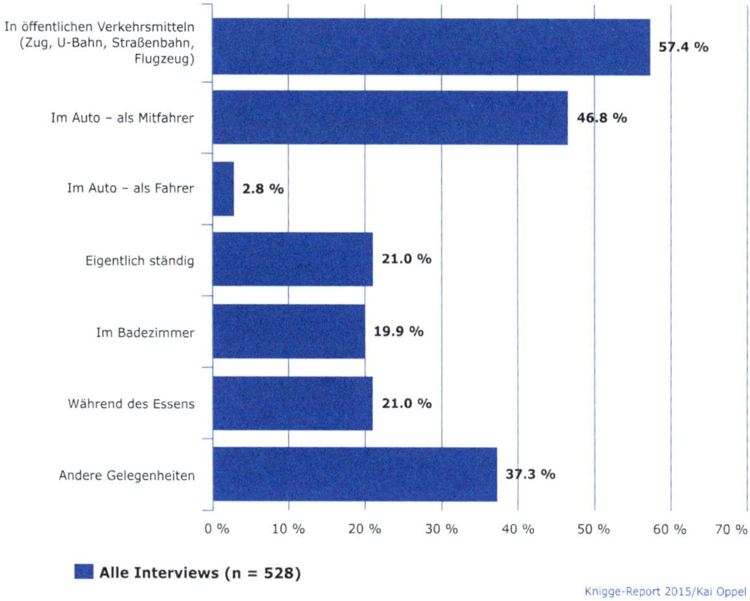

Viele fühlen sich durch Dauerkommunikation gestört

Die Mehrheit will schon jetzt erreichbarer sein. Laut einer Bitkom-Studie wollen heute zwei Drittel gerne im Flugzeug telefonieren. Drei Jahre zuvor hatte die Mehrheit die Plauderei über den Wolken noch klar abgelehnt. „Die Smartphone-Sklaven" titelte Spiegel Online 2011 und monierte, dass selbst Reisende durch das Handy mit allem Möglichen in Kontakt seien – nur nicht mit sich selbst. Das Paradoxe an der Situation: Viele sind von der dauerhaften Erreichbarkeit genervt, befeuern aber das System selbst. Laut Knigge-Report erwarten rund 19 Prozent, dass Geschäftspartner und Kollegen dauerhaft erreichbar sind. Knapp 37 Prozent erwarten dies zumindest teilweise, womit die Fraktion bereits die Mehrheit bildet. Vor dieser Erwartungshaltung scheint es nur legitim, das Smartphone überall ans Ohr beziehungsweise in die Hand zu nehmen. Laut Studie telefonieren lediglich rund acht Prozent selbst in öffentlichen Verkehrsmitteln. Ebenso fühlen sich zugleich rund 35 Prozent, und damit jeder Dritte gestört, wenn andere in öffentlichen Verkehrsmitteln telefonieren.

Mich stört es, wenn andere Menschen in öffentlichen Verkehrsmitteln telefonieren.

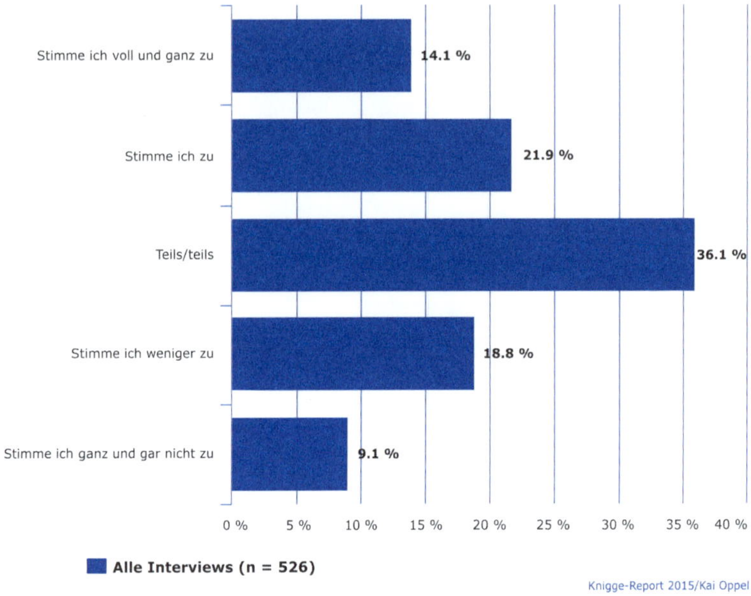

Gesucht: Kompetenz für den Umgang mit Erreichbarkeit

Die Folgen der Dauererreichbarkeit sind nach Vorderers Worten noch gar nicht abschätzbar – aber kurzfristig überwiegen die negativen Nebenwirkungen. Die Kommunikation etwa sei weniger exklusiv und habe weniger Tiefe. Wenn sich zwei Menschen unterhalten und das Telefon klingelt, werde dem Handy meist der Vorrang gegeben. „Das Handy hat Prio. Nicht selten sind andere Kollegen oder auch Kinder deswegen mittlerweile eifersüchtig auf die Geräte“, erklärt er. Ein Hauptproblem neben den vielen Funktionen, weshalb Smartphones fortlaufend gezückt werden (Wie spät ist es gleich? Wie ist das Wetter heute Nachmittag? Wie hieß gleich noch mal der Regisseur von „Taxi Driver“? Welchen Weg muss ich gehen, damit ich pünktlich beim Geschäftstermin erscheine?) ist die erwartete Belohnung. Der Körper schüttet jedes Mal, wenn man das Handy zur Hand nimmt, das Glückshormon Dopamin aus. Ähnlich wie bei einem Glücksspielautomaten. Allein die Möglichkeit, positiv überrascht zu werden, macht uns also abhängig. „Irgendwas vermeldet das Handy immer. Eine neue WhatsApp-Nachricht oder eine neue E-Mail ist fast immer dabei“, erklärt Vorderer.

Das Problem: Wir haben noch keine Kompetenzen entwickelt, mit der neuen Erreichbarkeit umzugehen. Aktuellen Studien zufolge schaut der durchschnittliche Handynutzer mittlerweile rund 90 Mal pro Tag auf sein Smartphone. Oder anders gesagt: Alle zehn Minuten lässt er sich unterbrechen, weil es entweder vibriert oder weil der Körper mehr Dopamin braucht.

Kniggefeind 4: Zunehmende Effizienz

Christian, kurze schwarze Haare, modische schwarze Ray-Ban-Klarglasbrille, ist 35 und arbeitet in einem deutschlandweit erfolgreichen Start-up. Da er geschäftstüchtig ist, entwickelt er seit geraumer Zeit zudem seine eigene Geschäftsidee. „Es ist verrückt. Ich bin eine Ein-Mann-Bude und arbeite mit einem Entwicklerteam aus Indien. Der Vorteil ist, dass ich die Aufgaben durchgeben und das Team diese zeitversetzt umsetzen kann. Während ich schlafe, wird das Projekt also weiter vorangetrieben“, erklärt Christian. Damit ist er nicht allein. Längst geben Unternehmensberatungen Präsentationen über Nacht in andere Länder, um sie zeitversetzt bearbeiten zu lassen. Doch die Effizienz wird auch dort gelebt, wo wir sie gar nicht vermuten. Früher suchten Büroangestellte nicht selten Ewigkeiten nach Daten und Fakten, heute werden von Anfang an effiziente Ordnerstrukturen angelegt, sodass wir die Informationen trotz der Flut schneller finden. Früher haben wir auf der Zugfahrt zum Geschäftstermin aus dem Fenster geschaut. Heute wird erwartet, dass wir in dieser Zeit effizient am Laptop arbeiten. Früher konnten wir an bestimmten Projekten nicht arbeiten, weil wir nicht 100 Kilogramm Papier auf die Geschäftsreise mitnehmen konnten. Heute lesen wir in diesen und anderen Projektunterlagen in der Bahn. Der elektronische Reader oder das Tablet fasst mehr digitale PDFs, als wir im Laufe unseres Berufslebens zu konsumieren imstande wären.

Effizienz als Waffe gegen zunehmende Herausforderungen

Warum wir der Effizienz nachhecheln wie ein Hund dem Würstchen, ist klar. Wir preisen die Effizienz ganz ähnlich wie Knigge. Effizienz verspricht Erfolg, wie auch Knigge Erfolg verspricht. Ganz konkret sehen wir in der Effizienz so etwas wie eine Waffe gegen die zunehmende Mobilität, gegen die Informationsflut oder gegen die

Beschleunigung überhaupt. So stapeln sich in den Buchhandlungen Bücher mit Titeln wie „Alles im Griff – Effiziente Tagesplanung", „Effizienz im Studium – Das Potenzial von Software und Computer richtig nutzen", „Erfolg durch Effizienz" oder „Für immer aufgeräumt – auch digital". Dass Effizienz heute als Kniggewert verstanden wird, liegt sicher nicht zuletzt im Code der Effizienz, in der Effizienz-DNA.

Die Effizienz-DNA: Bei Effizienz geht es um die bestmöglich gleichzeitig gelebte Kombination aus Fleiß, Kontrolle, Ordnung, Sauberkeit und Sparsamkeit.

Wie der Knigge-Report 2015 zeigt, bewerten viele Deutsche die Effizienz heute höher als Zurückhaltung oder Bescheidenheit. Mehr noch: Die Effizienz wird als der Wert schlechthin gesehen, der mehr gelebt wird als früher. 42 Prozent sind der Meinung, dass Effizienz heute eine wichtigere Rolle spielt als früher. Zum Vergleich: Nur 8 Prozent der Befragten sind der Meinung, dass Menschlichkeit heute einen größeren Stellenwert einnimmt als in der Vergangenheit.

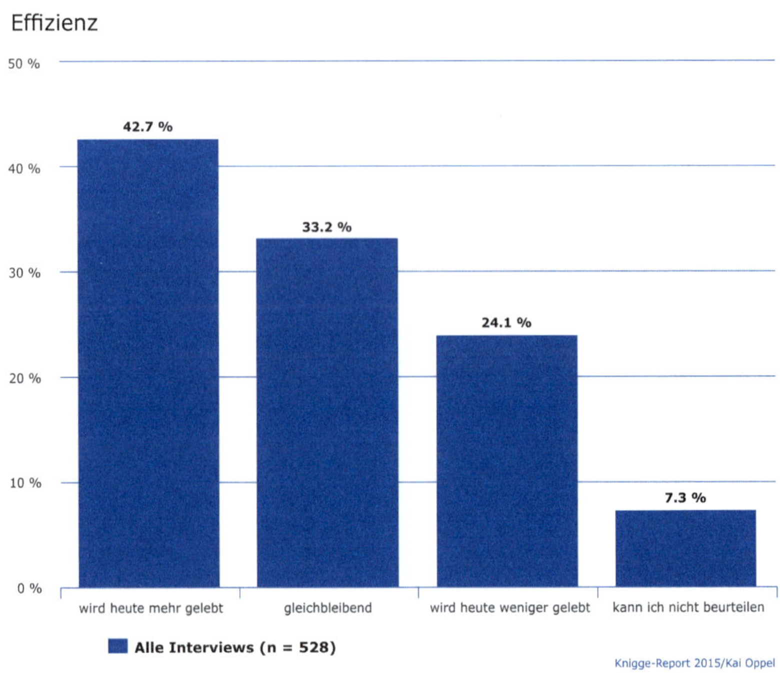

Wo Effizienz herrscht, fehlt oft der Faktor Mensch

Dass sich unser Leben immer effizienter gestalten lässt, dazu trägt nicht zuletzt die Technik bei. Immer mehr Prozesse werden durch Technik unterstützt oder ganz und gar von der Technik übernommen. Denken Sie nur an ganz banale Dinge: die Paketstation, der Fahrkartenautomat, die Digitalkamera.

Vor nicht allzu langer Zeit mussten wir zur Post gehen, um ein Paket abzuholen oder aufzugeben. Heute können wir unsere Pakete 24 Stunden am Tag und sieben Tage in der Woche selbst empfangen und versenden. Sogar die dazugehörigen Briefmarken lassen sich über den heimischen Drucker erstellen. Beim Fahrkartenkauf verhält es sich ganz ähnlich. Was müssen das für Zeiten gewesen sein, als Flug- oder Bahntickets allein schon deshalb einen Wert hatten, weil sie auf Papier mit einem gewissen Vorlauf postalisch zu uns kamen? Heute beraten wir uns beim Fahrkartenkauf nicht nur selbst, wir wickeln den Gesamtprozess bis zum Ausdruck selbst ab. Im besten Fall erhalten wir die Reiseerlaubnis via QR-Code auf das Smartphone. Diesen QR-Code halten wir dann am Flughafen vor diverse Lichtschranken, um zur Maschine zu kommen. Laut einer Studie aus dem Jahr 2013 nutzt am Flughafen Frankfurt bereits jeder fünfte Reisende eine solche digitale Bordkarte.

Beispiel Digitalfotografie: Früher brauchten wir Filme. Diese mussten entwickelt werden. Die Bilder holten wir dann ab. Heute können wir mit jedem Smartphone fotografieren und diese Fotos in Sekundenschnelle versenden.

Aber das ist doch alles prima, werden Sie jetzt vielleicht rufen. Stimmt. Laut Knigge-Report 2015 nutzen 38,6 Prozent der Menschen gerne Automaten. In diesem Buch will ich auch keinen Feldzug gegen effiziente Technik anzetteln. Natürlich hilft uns die effiziente Technik dabei, viel Arbeit, Zeit und manchmal auch Geld zu sparen. Sie ermöglicht es uns, innerhalb kurzer Zeit Entscheidungen zu treffen und auszuführen. Vor 20 Jahren wäre es noch gar nicht möglich gewesen, so kurzfristig und flexibel Dinge zu versenden – einschließlich sich selbst via Flugzeug oder Digitalfoto.

Es muss jedoch ebenso darauf hingewiesen werden, dass diese technologiebasierte Effizienz einen entschiedenen Nachteil hat: Es fehlt der Faktor Mensch.

Computer auf dem Vormarsch

Im Berufs- und Alltagsleben agieren wir immer öfter mit Computern. Wieder werden Sie vielleicht einwenden, dass Ihnen jede Paketstation selbst bei Nebel und Regen lieber ist als eine Stunde während der Mittagspause im Postamt Schlange zu stehen oder auf einen mürrischen Postbeamten zu treffen oder dass die Fahrkartenverkäuferin der Deutschen Bahn zu jenen Personen gehört, die Ihnen am wenigsten fehlt. Aber kann es nicht am Flughafen schon ganz schnell anders aussehen? Dann, wenn ein freundlicher Herr oder eine freundliche Dame in Uniform Ihr Gepäck entgegennimmt? Wenn es ein Mensch ist, der Ihnen dabei hilft, sich zurechtzufinden?

So geht es laut Knigge-Report 2015 vielen Menschen. Insgesamt 46 Prozent beklagen, dass ihnen durch Automaten oder effizient gestaltete Anrufermenüs in der Telefonschlange der Kontakt mit Menschen und Mitarbeitern fehlt. Ich wage noch ein Schritt weiterzugehen: Es ist davon auszugehen, dass die wenigen Menschen, auf die wir nach all den auf Effizienz getrimmten Prozessen stoßen, unseren geballten Frust abbekommen, weil es mit der Automatisierung naturgemäß doch noch nicht so ganz klappt, wie wir uns das vorstellen.

Ob Fahrkartenautomaten oder automatisches Check-in am Flughafen: Mir fehlt durch die zunehmende Automatisierung der Kontakt mit Menschen.

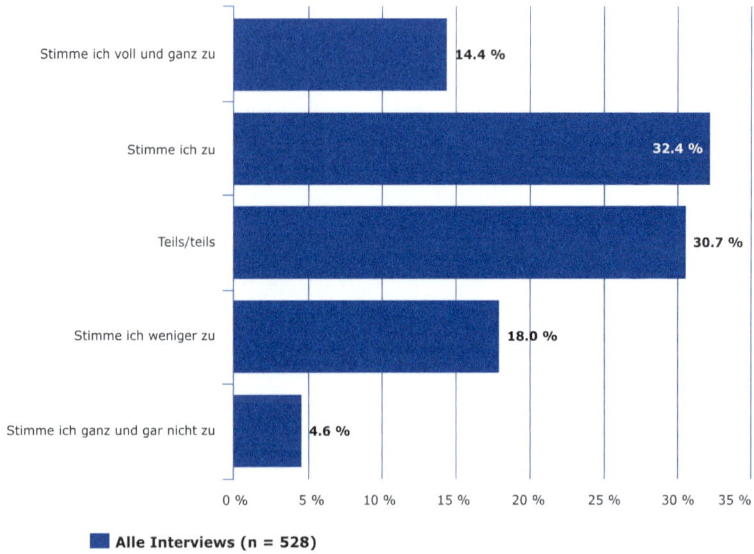

Knigge-Report 2015/Kai Oppel

Menschen leben Werte, die wir spiegeln

Wir dürfen nicht vergessen, dass uns die Effizienz eines Teils unserer Kultur beraubt. Jener Kultur, mit Menschen zu interagieren. Mit Menschen, mit denen sich Dinge am Check-in-Schalter besprechen und klären lassen, etwa wenn die Gepäckwaage ein Kilogramm zu viel anzeigt. Wenn wir alles selbst und effizient erledigen, geht damit auch ein Stück Kultur verloren. Und mit dem Stück Kultur ein Raum, in dem wir typische Kniggewerte erleben, aufnehmen, spiegeln und damit selbst leben können – Kniggewerte wie Freundlichkeit, Wertschätzung, Individualität oder Originalität. Kniggewerte, die besonders in der Dienstleistungskultur einen Stellenwert hatten.

Effizienz führt zwangsläufig zu einem Verlust von Räumen und Begebenheiten, in denen wir Werte und Normen erfahren dürfen.

Kniggefeind 5: Zunehmende Informationsflut

Hannah, 11 Jahre alt, halblange dunkle Haare, ein typisches Mädchen aus München. Sie spielt gerne Hockey. Und im Winter fährt sie gerne Ski. Zu Weihnachten hat sie von den Eltern ihr erstes Smartphone bekommen. „Bringt ja nix, wenn wir das unserem Kind vorenthalten. Ist eben heute so", erklärt ihr Vater Martin in einem Gespräch. Und er selbst durfte zwei Monate nach Weihnachten dank seiner Tochter erfahren, dass er als Geschäftsführer von zwei Unternehmen doch gar keine Ahnung davon hat, wie eigentlich eine Informationsflut aussieht. Wegen der Roaminggebühren in Österreich hatte die Tochter für vier Tage das mobile Internet ausgeschaltet. Das Ergebnis: 763 WhatsApp-Nachrichten. Zustande kam die irre Zahl, weil Hannah in mehreren WhatsApp-Schulgruppen angemeldet ist, in der auch in den Ferien über Hausaufgaben, Lehrer und die Tagesplanung diskutiert wurde. Und wenn sich in fünf Gruppen rund 30 Schüler rege austauschen, kommen 763 Nachrichten schnell zusammen.

Wer nach Zahlen für die Informationsflut sucht, wird schnell fündig. Fast zehn Stunden unseres Tages verbringen wir mit der Nutzung medialer Inhalte. Wir schauen im Durchschnitt 240 Minuten fern, hören rund 190 Minuten Radio, surfen 111 Minuten im Internet, lesen 23 Minuten Zeitung. Im Schnitt prasseln, je nach Statistik, täglich zwischen 4.000 und 10.000 Botschaften auf jeden von uns ein. Täglich empfangen wir allein in Deutschland rund 41 Milliarden E-Mails. Der Durchschnittsverbraucher jedenfalls liest längst mehr als 30 Mails am Tag.

Ich selbst bin Inhaber einer kleinen PR-Agentur und bereits vor etwa fünf Jahren erhielt ich erstmals als automatische Rückantwort: „Herzlichen Dank für Ihre sicher interessante E-Mail und Pressemeldung. Kam ich in den vergangenen Jahren schon nicht mehr dazu, die E-Mails alle zu lesen, so komme ich heute nicht einmal hinterher, die E-Mails zu löschen. Bitte entfernen Sie meine Adresse unverzüglich aus Ihrem Verteiler.“ Ich weiß nicht mehr, in welcher Schriftgröße der Autoresponder abgefasst war und wie viele Ausrufezeichen der Botschaft Nachdruck verleihen sollten – die Mail jedenfalls entfaltete eine gewisse Signalwirkung. Und wem das alles noch nicht reicht: Pro Jahr summiert sich die Zahl der versendeten SMS-Botschaften auf rund 8,6 Trillionen. Beeindruckende Zahlen für Nachrichtendienste und Kommunikationswege, die vor einigen Jahren noch niemand kannte – oder gar zu brauchen schien.

i

Fakt ist: Die Informationsflut ist ein wesentliches Zeichen der heutigen Gesellschaft. Man darf davon ausgehen, dass diese Datenwelle ein Kniggefeind ist.

Die Informationen selbst können freilich gar nichts dafür. Wir sind es, wegen denen sich die Daten bedrohlich anfühlen. Laut Knigge-Report fühlt sich jeder fünfte Deutsche mittlerweile durch die Informations- und Kommunikationsflut unter Stress. 43 Prozent, und damit fast die Hälfte, stimmt dieser Aussage teilweise zu. Wozu Stress führt, egal ob er durch Informationen, Mobilität oder Erreichbarkeit hervorgerufen wird, darauf wollen wir später etwas ausführlicher eingehen. An dieser Stelle sei nur so viel verraten: Negativer Stress führt beim Menschen zu einer Verteidigungshaltung. Und die ist alles andere als ein guter Nährboden für Freundlichkeit und Gelassenheit.

Ich fühle mich durch die Informations- und Kommunikationsflut gestresst.

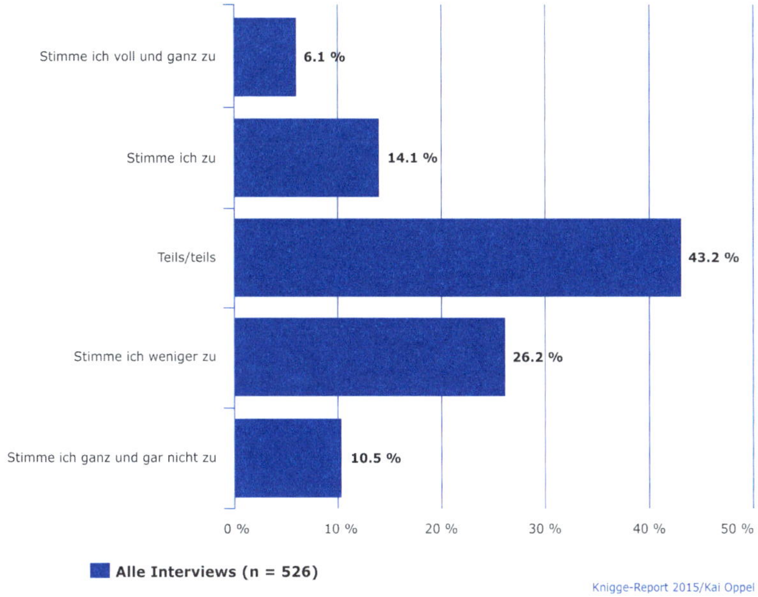

Kniggefeind 6: Zunehmende Ökonomisierung

Eine nette Abendparty auf dem Dach eines Hochhauses in Berlin. Die Sonne ist schon untergegangen, dennoch ist es noch warm. Jeder Gast hält mindestens ein Getränk in der Hand. Es wird geraucht. Eine kleine Gruppe von fünf gut gekleideten Leuten findet sich zusammen. „Und, was machst du beruflich?", fragt eine Frau den Mann neben ihr. Als habe er nur auf die Frage gewartet, legt er los. Studium. Auslandsaufenthalte. Klangvolle Positionen in namhaften Unternehmen. Aktuell betreue er ein Projekt für Porsche. Morgen früh fliege er deshalb nach Barcelona. Also muss er fit sein. Nach dem Cocktail hier ist Schluss. Prost. Die Dame und die anderen in der Gruppe nicken anerkennend mit dem Kopf. Eine zweite Frau stimmt ein. Auch sie habe hier und da studiert, bereits zwei Bücher geschrieben und ordentlich Führungserfahrung. Anschließend glänzt ein Unternehmensberater mit seinen Taten. Nach einer Stunde hat jeder in der Gruppe das Gefühl, dass sich alle völlig zu Recht an diesem schönen Abend an diesem schönen Ort befinden. Einem Ort, an dem sich erfolgreiche Menschen treffen und der Erfolg ausstrahlt.

Egal ob auf einer Geburtstagsparty, im Restaurant oder beim Klassentreffen: Wenn sich Menschen treffen, die einander fremd sind oder die sich lange nicht gesehen haben, dann scheint es, als gäbe es immer öfter keine andere mögliche Einstiegsfrage als die nach dem Beruf und der Karriere. Persönlichkeiten werden daran gemessen, was sie im Job vollbracht haben. Nur zur Info: In vielen anderen Ländern wie etwa Frankreich galt die Frage nach dem Beruf lange zu Recht als unhöflich, weil sie den Menschen darauf reduziert.

Hierzulande indes ist die Antwort auf die Profession längst zum einzigen Merkmal geworden, auf die ein Mensch reduziert wird. Es zählt immer öfter einzig und allein, was jemand tut – und ob sein Handeln im gesellschaftlichen Sinne als erfolgreich gilt. „Ah, Sie studieren Kunst?“ Das ist ja interessant. Aber wie sind die Erfolgsaussichten im späteren Berufsleben? Früher gab es Fragen nach der Herkunft. Nach den Lebenszielen. Nach dem Menschen. Heute ist der Mensch das, was seine Karriere ist. Und mit ihr das Geld.

„Die Bedeutung des Begriffs Erfolg hat sich in unserer Gesellschaft im Lauf der Zeit auf Geld und Macht verengt. Inzwischen sind Erfolg, Geld und Macht für viele Menschen geradezu synonym“, konstatiert Arianna Huffington in ihrem 2015 auf Deutsch erschienenem Bestseller „Die Neuerfindung des Erfolgs“, den sie, es passt perfekt in die Geschichte, nach einem Zusammenbruch geschrieben hat. Erfolg nach ökonomischen Grundsätzen ist vielfach längst das einzig akzeptierte Resultat. Und zwar wirtschaftlicher Erfolg, Geld, Karriere, Prestige. Schlecht für jene, die so etwas nicht vorweisen können.

Was zählt, ist der Erfolg

Der Knigge-Report zeigt, dass heute bereits jeder Zehnte andere Menschen an ihrem beruflichen Erfolg misst. Jeder Dritte tut dies zumindest teilweise.

Ich messe andere Menschen an ihrem beruflichen Erfolg.

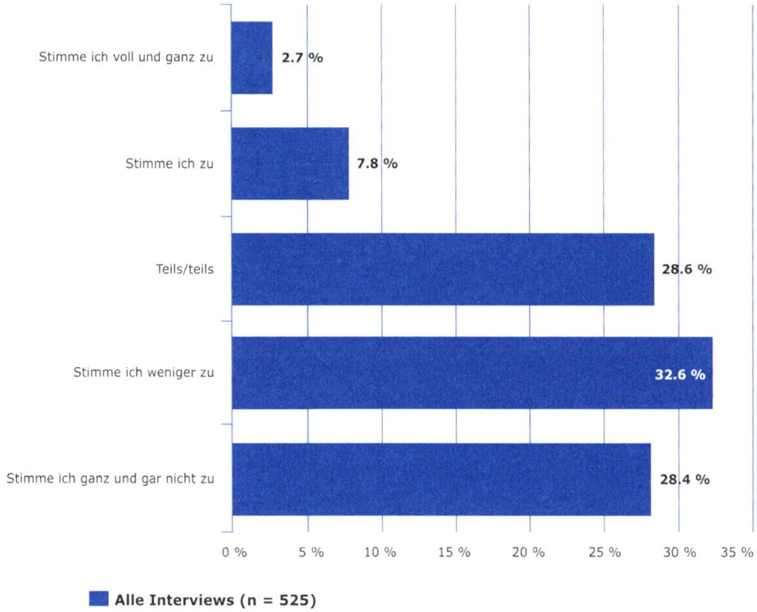

Knigge-Report 2015/Kai Oppel

Der Stellenwert des Erfolgs steht in direktem Zusammenhang mit der Ökonomisierung. „Der Begriff der Ökonomisierung bezeichnet die Ausbreitung des Marktes samt seinen Prinzipien und Prioritäten auf Bereiche, in denen ökonomische Überlegungen in der Vergangenheit eine eher untergeordnete Rolle spielten beziehungsweise die solidarisch oder privat organisiert waren", erklären die Verfasser auf Wikipedia. Die „Vereinigung menschliche Marktwirtschaft" beschreibt Ökonomisierung so: „Ökonomisierung lässt sich auch als Abkehr von einer menschlichen, einer sozialen, einer gemäßigten beziehungsweise von einer in Werte der Fairness, Verantwortbarkeit und Sinnhaftigkeit eingebetteten Marktwirtschaft fassen." Bereits vor rund 20 Jahren sprach Viviane Forrester in der Globalisierungsdebatte vom „Terror der Ökonomie".

Sie halten natürlich kein Buch über Wirtschaftsethik oder die Grenzen der Marktwirtschaft in den Händen und ich möchte mich hüten, in die hitzige Diskussion über Ökonomisierung einzusteigen. Dennoch sehe auch ich Tendenzen zur Ökonomisierung, bis hin zur Ökonomisierung von Umgangsformen. Das Ergebnis lautet: Etikette als Erfolgsfaktor.

Was jedoch nicht bedeutet, dass durch und durch auf die Frage des Profits abgestelltes Handeln sich mit einer nachhaltig ethischen Denkweise Knigges vereinen ließe. Da es beim Thema „Knigge" um das Denken und Handeln des Menschen geht, möchte ich den Begriff der Ökonomisierung vor allem vor dem Hintergrund der Frage betrachten, inwieweit wir unser eigenes Denken und Handeln ökonomischen Regeln unterworfen haben. Es geht also nicht um die Frage, ob ein Krankenhaus oder eine Schule nach wirtschaftlichen Regeln zu führen sind.

Unser Leben – geführt wie eine Firma

Es geht mir hier um die Frage, inwieweit wir gar nicht mehr anders können, als in nahezu jedem Bezug wirtschaftlich zu denken. Ein Blick in die Teams und Abteilungen von Unternehmen, aber auch ein Blick auf die Gesellschaft generell lässt erkennen: Ein Gros von uns denkt längst nur noch in ökonomischen Dimensionen.

i In der Folge unseres ökonomisierten Denkens lenken und beurteilen wir uns und andere meist unbemerkt nach ökonomischen Grundsätzen.

Wie konnte das passieren? Was bedeutet das? „Vor nicht allzu langer Zeit stützte sich unsere Kultur und damit unsere Identität auf die Wechselwirkung von vier zentralen Aspekten: Politik, Religion, Wirtschaft und Kunst, wobei Politik und Religion um die Macht wetteiferten", schreibt Paul Verhaege in seinem Buch „Und ich?". Heute indes zählt laut Verhaege „außer der Wirtschaft gar nichts mehr und die neoliberale Erzählung determiniert alles". Wer einen Blick in die Zeitungen und auf das Leben wirft, wird dem Psychoanalytiker in dieser Feststellung zustimmen müssen.

i Wir haben gar nicht gemerkt, wie sehr wir unser gesamtes Denken am Erfolg ausrichten. Das Interessante daran ist, dass uns grundsätzlich niemand dazu zwingt, alles diesem Diktat zu unterwerfen.

In einem Positionspapier der evangelischen Kirche heißt es treffend. „Es ist zweifellos so, dass der Zwang zum Ökonomisieren von Menschen gemacht ist; er entspricht keiner objektiven Wahrheit im Sinne eines Naturgesetzes. Auch gibt es kein göttliches Gebot und keinen logischen Schluss, die uns Menschen zwingen könnten, alles – einschließlich uns selbst – zu ökonomisieren. Wenn aber die zeitliche

Begrenztheit dem Menschen auferlegt, alles, was er tut und genießt, wirtschaftlich zu betrachten, dann ist das eine ebenso grundlegende Tatsache wie jene, dass wir atmen müssen."

Ökonomisierung auf Schritt und Tritt

Ein Großteil unseres Tuns unterwerfen wir der Frage, ob wir davon profitieren. Dies geschieht meist unbewusst. Bewusst wird unser Handeln mitunter durch andere, wenn sie uns fragen: „Was bringt dir dieses und jenes?" Eine Tat, die nichts bringt, die darf es in der Ökonomisierung nicht geben. Die nachfolgende Gegenüberstellung zeigt exemplarisch, was wir uns heute oftmals von bestimmten Aktionen versprechen. Erkennen Sie sich hier und da wieder?

Handeln/Vorhaben	**Erfolgsversprechen**
Ich möchte in den Urlaub fahren, um mich zu erholen.	Wenn ich aus dem Urlaub zurückkomme, sind meine Akkus wieder aufgefüllt. Im Job bin ich dann noch erfolgreicher.
Ich halte Benimmregeln für wichtig.	Wenn ich mich im Berufsleben galant bewege, bin ich auch erfolgreicher.
Ich gehe ins Museum, um mir eine neue Ausstellung anzusehen.	Nach dem Museumsbesuch bin ich nicht nur schlauer, ich kann auch vor Geschäftspartnern glänzen.
Ich treibe gerne Sport.	Wenn ich fitter bin, bin ich auch im Beruf fitter.
Ich kaufe mir ein neues Business-Outfit.	Wenn ich besser aussehe, steigt mein Marktwert und ich bin erfolgreicher.
Ich werde die Zeit effizient nutzen.	Kein Zeitverlust, mehr Ergebnis, mehr Geld.

Wer scheitert, ist selbst daran schuld?

Da wir so extrem wie nie zuvor am Erfolg gemessen werden und uns daran messen, müssen wir Misserfolg um jeden Preis vermeiden. Scheitern wir dennoch, machen wir interessanterweise ausschließlich uns selbst dafür verantwortlich.

- Ich war nicht mobil genug.
- Ich war nicht schnell genug.

- Ich war nicht erreichbar genug.
- Ich war nicht weitsichtig genug.
- Ich habe mich nicht gut genug organisiert beziehungsweise nicht effizient genug.
- Ich war nicht ausreichend vorbereitet.
- Ich war nicht schlau genug.
- Ich habe mich nicht ausreichend angepasst.
- Ich habe nicht die neuste Technik genutzt – ich war nicht digital genug.

Die wenigsten, die ein Ziel nicht erreichen, werden auf die Idee kommen, dass sie gar nichts dafür können. Wir haben den Gedanken, jedes Ziel und jeden Erfolg erreichen zu können, viel zu sehr verinnerlicht, als dass wir auf die Idee kommen würden, die Gründe für ökonomisch bewerteten Misserfolg anderswo zu suchen. Im Gegenteil: Wir werden uns und unser Team anspornen, das nächste Mal besser zu sein. Schneller, mobiler, flexibler, digitaler. Es werden Ratgeber gelesen und es wird optimiert.

Die Folgen dieser Ökonomisierung sind allgegenwärtig. Die harmloseste Variante sind die eingangs beschriebenen Gespräche über die Karriere. Wesentlich schwerwiegender werden die Folgen der Ökonomisierung, wenn

- wir unser eigenes Handeln und den Wert nur noch am Erfolg messen,
- wir den Wert anderer Menschen nur noch an ihrem Erfolg messen,
- wir, um in der Ökonomisierung und im Wettbewerb bestehen zu können, zur unfairen Mitteln greifen oder mobben.

Auch hier vielleicht noch ein Beispiel aus der Berufswelt: Werfen Sie einmal einen Blick auf Manager und Politiker aus den 50er- und 60er-Jahren und auf Vorstände und Geschäftsführer aus dem 21. Jahrhundert. Früher sahen Wirtschaftsbosse und Politiker aus wie Birnen, heute sind es Spargelstangen. Ob Ludwig Erhard oder Max Grundig: Man kann sich diese Lenker vorstellen, wie sie Wichtiges bei einem ordentlichen Essen und einer Zigarette besprochen haben. Heute, im Fitness- und Ökonomiezeitalter undenkbar. Es würde solchen Managern kaum zugetraut, mit einer solchen Figur ein Unternehmen zu lenken. Wie soll jemand, der nicht einmal seinen eigenen Körper zum Erfolg führt und durch Disziplin im Griff hat, ein Unternehmen oder gar ein Land lenken? So wundert es nicht, dass die Manager von heute eher aussehen wie Asketen oder Leistungssportler. Und zwar durch die Reihe weg. Von Henkel-Chef Kasper Rorsted über Post-Lenker Frank Appel oder Siemens-Boss Joe Kaeser bis Ex-Telekom-Chef René Obermann. Allesamt Business-Leistungssportler.

Die neue Wirtschaftselite zeigt ihren Jüngern, wo die Messlatte hängt. Die Nachricht: Erfolg ist machbar. Jeder kann es schaffen, wenn er nur hart genug dafür arbeitet. Jemand, der jedoch nicht einmal sich selbst im Griff hat und für einen sportlichen Körper trainieren kann, dem wird diese Leistungsfähigkeit nicht zugebilligt. Entsprechend wird es für viele Menschen immer wichtiger, was jemand beruflich leistet, also welche Erfolge er zu verbuchen hat. Zwar spielt beruflicher Erfolg laut Knigge-Report für rund 47 Prozent eine untergeordnete Rolle. Für 36 Prozent hat Erfolg jedoch teilweise schon eine Bedeutung, für 18 Prozent sogar eine große.

i

Selbst Umgangsformen sind in den vergangenen Jahren ökonomisiert worden. Benimmregeln und Etikette gelten als Erfolgsfaktoren. Doch Umgangsformen sind mehr als Eigenschaften, Werte und Haltungen, die uns dabei helfen, im Wettbewerb des ökonomisierten Lebens etwas besser dazustehen als die Kollegen.

Was jemand beruflich leistet, spielt für mich eine untergeordnete Rolle.

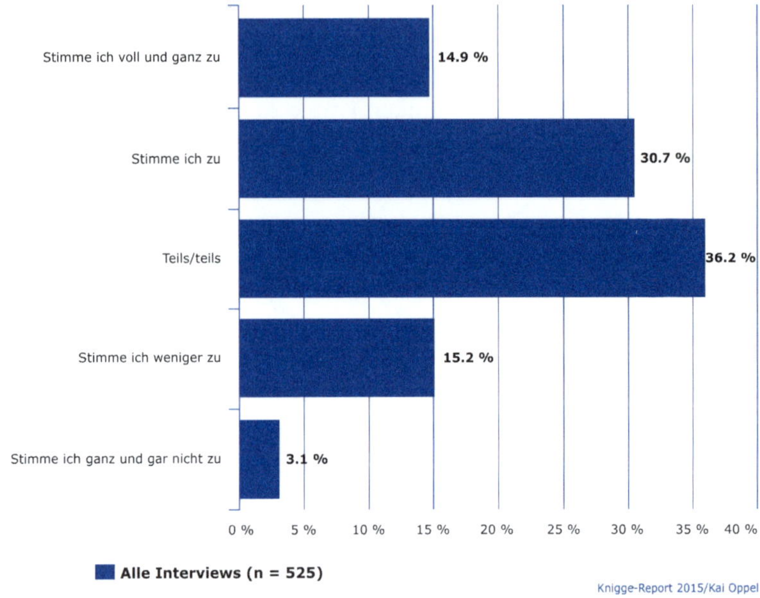

Kniggefeind 7: Zunehmende Digitalisierung

Egal ob am Frühstückstisch oder im Büro – wenn wir das Tablet oder den Computer einschalten, wissen die Geräte beziehungsweise viele Anbieter im Prinzip schon, was wir als Nächstes tun. Welche Newsseite wir um welche Uhrzeit ansurfen, welche Nachrichten uns besonders interessieren, welche Aktienkurse im Moment unsere Aufmerksamkeit verdienen (und welche Aktien damit wahrscheinlich in unserem Depot liegen), mit welchen Menschen wir in Kontakt stehen. Indem ständig Ortsdaten und andere Daten erfasst werden, lässt sich mit großer Wahrscheinlichkeit berechnen, wie unsere Muster aussehen. Nicht selten wissen Anbieter bereits lange vor uns, was wir als Nächstes benötigen. Lange, bevor wir es tun. Einer Universität ist es gelungen, allein anhand von Facebook-Profilen festzustellen – anhand der Freunde, der Ausbildung und der Postings –, welcher Nutzer zu Depressionen neigt.

Die Digitalisierung ist eine der größten Chancen und auch Herausforderungen für die Gesellschaft. Das gilt für sämtliche Lebensbereiche. „Denn Digitalisierung bedeutet vor allem: Wir selbst und unsere Gesellschaft werden auf neue Weise vermessen. Unsere Körper, unsere sozialen Beziehungen, die Natur, unsere Politik, unsere Wirtschaft – alles wird feinteiliger, höher auflösend, durchdringender erfasst, analysiert und bewertet denn je", schreibt Christoph Kucklick in seinem Buch „Die granulare Gesellschaft". Die Folge ist nicht nur, dass wir anhand unserer Daten berechenbar werden. Viel schwerer wiegt das Ergebnis, dass wir uns selbst unserer Autonomie berauben. Wenn Programme und Webseiten uns das Denken abnehmen, indem sie uns die nächsten Schritte vorgeben, haben wir ein Problem.

Die Auslagerung des Verstandes

Die Produktion und Auswertung der Daten ist wie gesagt nur die eine Seite der Medaille. Die Digitalisierung umfasst letztendlich lange schon einen Großteil unserer Tätigkeiten. Weil sich Informationen innerhalb kurzer Zeit durch Suchmaschinen finden lassen, geben sich immer weniger Menschen die Mühe, sich Dinge zu merken. Macht das Internet dumm? Macht das Internet vergesslich? Macht das Internet denkfaul? Diverse Wissenschaftler beschäftigen sich seit Jahren damit, wie das Internet unsere Informationsaufnahme verändert. An dieser Stelle soll dies nicht weiter bewertet werden. Hier soll es eher um die zunehmende Unmündigkeit vieler Menschen gehen, sich ohne digitale Helfer zurechtzufinden. „Die Verwobenheit des Menschen in seine technischen Apparaturen führt langsam, aber sicher zu einer Revision des Menschenbildes. Die Theoretiker des extended mind nehmen das Denken aus dem Kopf und erklären, dass es verteilt über viele Dinge stattfindet", erklärt Kucklick.

Was er und Vertreter des „extended mind" damit meinen? Im Prinzip, dass wir unsere Gehirne längst ausgelagert haben. Was das mit Knigge zu tun hat? Mal wieder eine Menge. „Hüte Dich also, Deinen treuesten Freund, Dich selbst, so zu vernachlässigen, daß dieser treue Freund Dir den Rücken kehre", wusste bereits Knigge. Ein ganzes Kapitel hat er über den Umgang mit sich selbst verfasst. Der Freiherr konnte natürlich nicht ahnen, wie uns die Technik das Leben einmal erleichtern würde. Seine Beobachtung war jedoch gut genug, um schon damals die Neigung des Menschen zu erkennen, eher faul zu sein, vor allem wenn es auch einfach geht. „Wer aber die Kräfte seines Verstandes und Gedächtnisses immer schlummern lässt (...) ist auch ohne Rettung verloren, wo es auf Kraft, Mut und Entschlossenheit ankommt."

Ohne Smartphone geht nichts mehr

Wie verloren wir heute sind, können wir in einer ganz normalen Arbeitswoche einmal versuchen – indem wir das Handy wegschließen. Termine steuern wir über Kalenderprogramme. Bei der Rechtschreibung verlassen wir uns auf elektronische Wörterbücher. Die Suche nach der schnellsten Verbindung erledigen Apps auf dem Handy. Die Umrechnung von Währungen erledigen Rechner. Taxiruf? Ein Tastendruck auf dem Smartphone. Ich muss nicht einmal mehr die Straßenecke kennen, in der ich mich befinde, geschweige denn das Viertel oder die Stadt. Ganz egal. Ein Knopfdruck und die Herausforderungen erledigen sich von selbst.

Ich bin um Himmels willen kein Kritiker all dieser Vereinfachungen. Schließlich bedeuten sie ja positiv betrachtet ebenso, dass wir uns neue Themenfelder erschließen. Apps können uns positiv betrachtet helfen, neue Sprachen zu lernen. Lernsoftware kann die Konzentration fördern. Bestimmte Programme beschleunigen uns und erlauben gemeinsam mit unserem Denken Ergebnisse, die wir allein gar nicht zu erreichen in der Lage wären.

Die Selbstvermessung als Spitze des Wahnsinns

„Mein digitales Ich“, „Wearables erobern das Büro“ oder „Selbstvermessung bis zur Selbstaufgabe“ heißt es im Jahr 2015 überall. Deshalb wollen wir an dieser Stelle kurz beleuchten, welche Möglichkeiten sich durch die Erfassung körpereigener Daten eröffnen und welche Folgen das für Identitäten und damit auch Umgangsformen hat. Eine Chance, die uns etwa die Digitalisierung in Verbindung mit immer kleineren elektronischen Helfern bietet, ist die Erfassung körpereigener Daten.

Gerne möchte ich mich hier dem weitverbreiteten Vorurteil anschließen, nach dem sich das Gros der Selbstvermesser ausschließlich selbst vermisst, um in der Konkurrenzgesellschaft noch besser zu bestehen. Wenn ich mich in der Arbeitswelt umsehe, warum Fitness- und Gedächtnis-Apps genutzt werden, dann doch mehrheitlich deswegen, um besser auszusehen, um fitter zu sein, um an sich selbst zu arbeiten. Das übergeordnete Ziel ist nahezu immer, unter Maßgabe des eigenen Ökonomisierungsdenkens am bestmöglichen Erfolg zu arbeiten. Vielleicht könnte man auch sagen: Die digital ermöglichte Selbstvermessung an sich ist noch kein Problem. Sie wird es erst im Kontext der sechs anderen Kniggefeinde. Es ist die Verbindung von

Beschleunigung, Mobilität, Erreichbarkeit, Effizienz, Informationsflut und Ökonomisierung, die die Digitalisierung zum gefährlichen Gegner für den Umgang mit uns selbst und mit anderen macht.

Wie wir aus der Masse treten

Am entscheidendsten allerdings wirkt die Digitalisierung aus Kniggesicht in einem anderen Punkt. In seinem Werk hat Knigge allerhand Kapitel darauf verwendet, über den Umgang zwischen Menschen verschiedener Stände und Klassen zu schreiben. Im Kapitel „Zunehmende Beschleunigung" bin ich bereits darauf eingegangen, dass Berufe und Stände heute schon längst nicht mehr von Generation zu Generation vererbt werden. Die Digitalisierung beschleunigt diese Tendenz zusätzlich und sorgt darüber hinaus dafür, dass jeder Einzelne aufgrund seiner Daten so sichtbar wie nie zuvor aus der Masse heraussticht, was als „Singularisierung" bezeichnet werden kann. Das Ergebnis lautet: Ich unterscheide mich, also bin ich. Die Folge ist eine Krise der Gleichheit. Kucklick bemerkt dazu: „Die Menschen werden inzwischen mehr von ihrer persönlichen Geschichte als von der sozialen Lage bestimmt. Die Lebensläufe von Menschen, auch wenn sie aus ähnlichen Milieus stammen und ähnliche Ausbildungen absolvieren, können sich drastisch unterscheiden – viel deutlicher als früher, als die soziale Herkunft der alles bestimmende Faktor war."

Der existenzielle Unterschied wird laut Kucklick wieder zur Grundlage der Gesellschaft. „Das hatten wir schon einmal in der Feudalgesellschaft. In ihr hielten sich die Adligen für privilegiert, weil sie glaubten, etwas Besonderes zu sein und nicht verwechselt zu werden. Zu Beginn des 21. Jahrhunderts ist dieses Privileg demokratisiert worden. Wir wollen alle unverwechselbar sein." Die Frage, die sich daran jedoch direkt anschließt lautet: Wissen wir überhaupt, wie wir mit dieser Ungleichheit uns selbst und anderen Gegenüber umgehen sollen? Und können wir den digitalen Charakteren überhaupt trauen?

Miese Stimmung, Stress, Burn-out: Warum Etikette krank und kaputtmachen kann

„Ärzte warnen vor Smartphone-Nacken“, titelte im November 2014 die Süddeutsche Zeitung. Darunter zu sehen war eine Grafik, die ähnlich dem Bild der Evolution vom gebückten Affen zum aufrecht gehenden Homo sapiens einen Menschen zeigt, der am Anfang gerade steht und am Ende gebückt. Der Artikel beginn mit dem Satz: „Wer sagt eigentlich, dass mit dem aufrechten Gang bereits das Ende unserer evolutionären Verwandlung erreicht sein soll?“ In dem Text warnt der New Yorker Chirurg Kenneth Hansraj davor, dass der permanente Blick auf das Smartphone die Anatomie verändern könne. Der Durchschnittshandynutzer starrt aufs Jahr gerechnet bis zu 1.400 Stunden auf sein Smartphone. Je schiefer dabei der Kopf gehalten wird, desto größer die Belastung für die Halswirbelsäule.

Ich wage die Behauptung aufzustellen, dass ein Großteil der heutigen erlebten Unaufmerksamkeit darauf zurückzuführen ist, dass wir schlicht unsere Umwelt nicht mehr wahrnehmen. Die Mehrheit starrt unentwegt auf ihr Handy. Der Handyblick als Tunnelblick. Und falls wir doch einmal versehentlich vom Display aufschauen und etwas bemerken, eine ältere Frau etwa, die den Sitzplatz vielleicht besser gebrauchen könnte als man selbst, dann kann uns der verstohlene Blick zurück auf das Smartphone sogleich die Entschuldigung liefern, doch nicht handeln zu müssen; ganz nach dem Motto – „Ich muss noch schnell die E-Mails checken. Da bleibt jetzt keine Zeit für andere.“

Doch nicht nur unser Skelett scheint in Gefahr, sondern ebenso unsere Denkzentrale. „Wischen auf dem Smartphone verändert das Gehirn“, heißt es in einer Veröffentlichung der Tageszeitung „Die Welt“. Schweizer Forscher haben demnach herausgefunden, dass das

Wischen über Smartphone- und Tabletbildschirme messbare Spuren im Gehirn hinterlässt, besonders in der Großhirnrinde. Das Resümee der Forscher lautet, dass die digitale Technik, die wir im Alltag nutzen, die Sinnesverarbeitung im Gehirn formt.

In einem anderen Artikel dürfen wir erfahren, welchen Sehstress Smartphones verursachen. Das menschliche Auge sei nicht für die digitale Welt gemacht. Der häufige Blickwechsel zwischen nah und fern strenge die Augen an, was nicht ohne Folgen bleibe. Auch das Arbeitsgedächtnis leide. Christian Montag ist Professor für molekulare Psychologie an der Universität Ulm und erklärt: „Unser Gehirn ist überlastet." Das Gehirn könne die zahlreichen Informationen nicht alle gleichzeitig verarbeiten.

Das ist ja alles furchtbar, mögen Sie sich jetzt vielleicht denken! Das haben Sie doch schon immer gewusst! Weg mit den Smartphones! Weg mit den Tablets! Weg mit dem Internet überhaupt! Doch so einfach geht das leider nicht. Warum? Versuchen Sie einmal, einem Süchtigen seine Droge wegzunehmen. Die schlimmsten Ergebnisse der aktuellen Forschungslage habe ich Ihnen nämlich bis jetzt vorenthalten: Ein Prozent der Deutschen gelten als internetsüchtig. Das Abrufen von E-Mails stimuliert ähnliche Hirnareale wie Sex, weshalb viele immer mehr wollen. Mindestens eine halbe Million Deutsche surfen nach einer anderen Erhebung des Gesundheitsministeriums mehr, als ihnen guttut. Die Businessmarionetten von heute hängen nicht an dünnen Fäden, die sich einfach so durchschneiden lassen. Meist sind es schon ziemlich dicke Stricke.

Im ersten Kapitel haben wir einen Blick auf sieben aktuelle Strömungen in Alltag und Berufsleben geworfen. Sieben Strömungen, die nicht nur einen erheblichen Anteil daran haben, dass wir die Tage im Büro als zunehmend kälter wahrnehmen. Die beschriebenen Knigge-Feinde wie Beschleunigung oder Effizienzwahn führen noch zu einem ganz anderen Problem: Sie können uns krank machen. Wohl dem, der das hektische Berufsleben einfach als krank bezeichnen kann, aber noch irgendwie mithält im Hamsterrad. Viele Menschen schaffen das nicht mehr. Sie haben Etikette mit Umgangsformen verwechselt und vor allem den gesunden Umgang mit sich selbst verlernt. Die Folgen sind Stress, Burn-out und Mobbing.

Mit Benimmregeln in die Stressfalle

Kniggefeinde wie Effizienz oder die Informationsflut führen besonders in ihrer Kombination dazu, dass sich die Menschen im Berufsleben immer gestresster fühlen. Diverse Arbeiten zeigen dabei, dass es sich um ein alles andere als kurzfristiges Phänomen handelt. Wie aus dem jüngsten Stressreport hervorgeht, der in Deutschland seit 1979 durchgeführt wird und für den 2012 zuletzt knapp 20.000 Arbeitnehmer befragt wurden, haben sich die Belastungswerte zwischen den 90er-Jahren und dem neuen Jahrtausend deutlich erhöht. „Topvariablen sind wie zuvor Multitasking sowie Termin- und Leistungsdruck", heißt es in dem mehr als hundertseitigen Papier.

Gerade das smarte Multitasking hat einige Kehrseiten. „Was Multitasking auf alle Fälle erfordert, ist hohe Konzentrationsfähigkeit. Wer sich mit dem Konzentrieren schwer tut, wird auch nicht besonders multitaskingfähig sein. Multitasking fördert aber auch Stress und mit der Stressbelastung steigt die Fehlerquote. Deshalb ist Multitasking ein zweischneidiges Schwert und nur die wenigsten arbeiten dadurch effizienter", sagt der österreichische Trainer und Autor des Buches „Wie Sie Ruhe und Entspannung in Ihren Alltag bringen", Burkhard Heidenberger.

Eine andere Studie aus den USA untermauert den Befund. Demnach ist das Stressempfinden über alle sozialen Schichten hinweg zwischen 1983 und 2009 um bis zu 30 Prozent angestiegen. Eine andere Studie kommt zum Schluss, dass letztendlich bis zu 90 Prozent aller Arztbesuche auf Stress zurückzuführen sind. Denn: Stress führt in vielen Fällen zu Diabetes oder Herzerkrankungen und sogar Krebs.

Stress hebelt die Umgangsformen aus

An dieser Stelle geht es mir wie gesagt nicht darum, die böse neue Welt zu verteufeln. Mir geht es darum, das Thema „Knigge" zu Anfang des 21. Jahrhunderts zeitgemäß zu beleuchten. Und hier schiene es mir vor den beschriebenen Hintergründen grob fahrlässig, nicht auf stressauslösende Faktoren wie Digitalisierung oder Informationsflut einzugehen. Denn der Stress ist es, der Manieren zwangsläufig aushebelt.

Wenn wir uns in stressigen Situationen befinden, und in denen befinden wir uns laut diverser an dieser Stelle zitierter und nicht zitierter Studien immer häufiger, werden wir zum Säbelzahntiger. Weder unser adrettes Businessoutfit noch die tollsten elektronischen Gadgets aus dem Silicon Valley können unseren Körper davon abhalten, in den Steinzeitmodus zu verfallen. Unser Gehirn signalisiert dem Körper bei Stress durch die Ausschüttung diverser Botenstoffe: Gefahr! Unsere Pupillen weiten sich. Ein schneller Herzschlag peitscht Blut in unsere Adern. Kämpfen oder Flüchten lautet die Devise. Wenn Stress ins Spiel kommt, können wir oftmals nicht anders, als mutmaßliche Kniggeregeln auf ein Minimum zu reduzieren – auf das Überleben. Auf das Überleben im Büro und im Geschäftsalltag. Und da sich wie beschrieben viele Menschen nur noch über beruflichen Erfolg definieren beziehungsweise definiert werden, geht es letztendlich ums tatsächliche Überleben.

Tipps und Kniggeratschläge, wie Sie die E-Mail-Flut meistern, wie Sie im Stress freundlich bleiben, wie Sie in der digitalen Welt blendend aussehen und so weiter sind quasi allesamt kosmetische Kniggehinweise. Es handelt sich um eine oberflächliche Etikette-Lehre, wenn sie losgelöst von den wirklichen Faktoren angewandt wird, die Stress verursachen. Solche Kniggetipps sind deswegen nicht falsch, weshalb sie auch in diesem Buch ihren Platz finden. Die Grundlage muss jedoch sein, dass wir trotz der beschriebenen sieben Kniggefeinde zunächst einmal die Kontrolle über uns selbst gewinnen müssen. Die nachfolgenden Tipps zeigen, wie das garantiert nicht gelingt.

Fünf Tipps, wie gut gemeinte Benimmregeln garantiert für Stress sorgen

1. Ob beim Dinner oder im Büro: Versuchen Sie immer, gegenüber anderen eine gute Figur zu machen. Für Tischmanieren gilt dasselbe wie bei Besprechungen: Treten Sie niemals in ein Knigge-Fettnäpfchen.

2. Perfekte Frisur und perfektes Outfit: Investieren Sie möglichst viel Zeit und Geld in Ihr Äußeres. Ihre inneren Werte interessieren keinen Menschen!

3. Erledigen Sie alles sofort: Versuchen Sie, eingehende E-Mails und Anweisungen sofort zu beantworten beziehungsweise zu erledigen. Falls es zu viel ist – versuchen Sie schneller zu arbeiten!

4. Denken Sie bei allem, was Sie tun, daran: Es geht nur um den Erfolg. Der Weg ist niemals das Ziel. Setzen Sie sich mit dem Gedanken unter Druck, dass Scheitern absolut keine Option ist.

5. Denken Sie niemals an sich selbst! Fremdwahrnehmung und Image sind alles. Achten Sie daher darauf, stets im gesellschaftlichen Sinne ordentlich, pünktlich und fleißig zu sein.

Mit Benimmregeln in die Burn-out-Falle

Um Deutschland ist es besonders schlecht bestellt. Die statistischen Zahlen zeichnen ein Bild, nach dem ausgerechnet jenes Land am Rande des Zusammenbruchs steht, das wirtschaftlich am besten durch die Krise gekommen ist. Rund jeder dritte Berufstätige leidet demnach unter massiver Erschöpfung oder Burn-out. Rund jeder vierte Deutsche leidet unter depressiven Symptomen. Die Menge der verschriebenen Antidepressiva hat sich zwischen 2007 und 2011 um fast 50 Prozent erhöht. Pro Jahr gibt es in Deutschland mehr als 60 Millionen Arbeitsunfähigkeitstage aufgrund psychischer Erkrankungen. Mit Blick auf die jährlich rund zehn Milliarden Euro, die Burn-out verursacht, scheint es nur eine Frage der Zeit, wann diese Kosten jenen Gewinn aufbrauchen, den wir durch Ökonomisierung, Beschleunigung und Effizienz einspielen. „Auf der Suche nach Gründen für diese Erschöpfungswelle sind die Hypothesen vielfältig, ein Verweis auf die Neuen Medien und die Folgen der Digitalisierung fehlt darin jedoch nur selten“, konstatiert Anja Schneck in ihrem Buch „Treiben uns die Neuen Medien in den Wahnsinn?“

Wer nach spektakulären Zahlen als Beweis für die Ausgebranntheit fahndet, muss wahrlich nicht lange suchen. Eine Studie der Harvard Medical School kommt sogar zu dem Ergebnis, dass 96 Prozent aller Führungskräfte ausgebrannt sind. Vor dem Hintergrund der Zahlen sollte vielleicht darauf hingewiesen werden, dass in der Medizin die Diagnosen für Burn-out mehrfach schwammig so angepasst wurden, dass tatsächlich der ein oder andere Prozentpunkt abgezogen werden kann.

Burn-out galt lange als Zeichen von 100 %igem Einsatz

Also doch alles Einbildung? Alles Flaschen, die nicht schnell genug mitkommen, die nicht schnell genug kommunizieren, die nicht effizient genug organisieren? Sicher nicht. Allein in meinem Freundes- und Bekanntenkreis könnte ich mehrere Fälle aufzählen, bei denen es sich um mehr als die bloße Einbildung einer Erschöpfung handelt. Im Gegenteil. Man sollte auch nicht vergessen, dass der Begriff „Burn-out“ bis vor rund zehn Jahren noch insoweit einen positiven Beiklang hatte, als dass Burn-out auch eine Bestätigung war für Menschen, die wirklich alles für die Arbeit geben. Der gestriegelte Manager mit dem 15-Stunden-Arbeitstag, der sich sicher auf dem Parkett bewegt und dessen Leistung eben eine Tugend im geradezu klassischen Kniggesinne ist. Burn-out trifft bevorzugt Perfektionisten.

Perfektionist oder Pragmatiker?

- Erkennen Sie den Punkt, an dem Sie Dinge nur noch anders machen – und nicht mehr besser?
- Machen Sie im Büro am liebsten alles selbst, weil Sie sich ohnehin nicht auf andere verlassen können?
- Treiben Sie Kollegen oder Geschäftspartner in den Wahnsinn, die sich auch mit 95 Prozent zufriedengeben?
- Kontrollieren Sie gerne alles nochmals?
- Helfen Sie gerne anderen Menschen, oder haben Ihnen andere Menschen bereits ein Helfersyndrom attestiert?
- Sind Sie mit Ergebnissen oftmals unzufrieden?
- Haben Sie oft das Gefühl, Ihren eigenen Ansprüchen nicht gerecht zu werden?

Wenn Sie mehrmals mit „Ja" geantwortet haben, bringen Sie durchaus Eigenschaften mit, die Burn-out begünstigen. Sie gehören zu den Menschen, die es im Büro allen recht machen möchten. Sie wollen bei jedem Meeting perfekt aussehen, bei jeder Besprechung die besten Argumente vorbringen und stets die besten Leistungen erzielen. Allzu oft versprechen sich Perfektionisten von typischen Kniggeratgebern und von Ratgebern überhaupt, dass sie sich und ihre Leistungen noch mehr in Richtung Perfektionismus optimieren können. Ein fataler Trugschluss.

Umgangsformen ja, Perfektionsregeln nein

An dieser Stelle wollen wir den Fokus wieder auf den Freiherrn Knigge lenken und auf sein aufklärerisches Anliegen. In der Einleitung seines viel zitiertes Werkes „Über den Umgang mit Menschen" schreibt er: „Meine Bemerkung trifft Personen, die wahrlich allen guten Willen und treue Rechtschaffenheit mit mannigfaltigen, recht vorzüglichen Eigenschaften und dem eifrigen Bestreben, in der Welt fortzukommen, eigenes und fremdes Glück zu bauen, verbinden, und die dennoch mit diesem allen verkannt, übersehn werden, zu gar nichts gelangen."

Geringschätzung begünstigt – besonders in Kombination mit den in diesem Buch ausgemachten Kniggefeinden wie Flexibilität, Effizienz und Mobilität – die Tendenz zu Burn-out. Knigge und Anerkennung gehören also enger zusammen als etwa Knigge und Kleiderregeln.

Übertriebene Etikette beim Outfit kann vielmehr sogar ein direktes Zeichen dafür sein, dass die inneren Werte aus den Fugen geraten sind – Mode also als Warnsignal. „Aufgrund der engen Verbundenheit von Anspruch und Position versucht umgekehrt der, der seine Position nicht erweitern kann, seine durch Neid gewachsenen Ansprüche zu realisieren und dadurch eine bessere Position zu erreichen. ‚Kleider machen Leute', heißt es, und weil das so ist, führt Anspruchsdenken von sich selbst fort und achtet aufs Äußere. Statt sich um eine Position zu bemühen, wird der umgekehrte Weg gegangen, das Äußere wird aufgebläht", erklärt Manfred Nelting in „Burn-out – wenn die Maske zerbricht". Dies heißt natürlich nicht, dass die Frage nach dem richtigen Schuhwerk direkt in die Burn-out-Falle führt. Wohl aber sollten wir uns sensibilisieren, dass übertriebene Investitionen in ein besonders modisches Auftreten meist nur dazu dienen, andere Defizite zu kompensieren.

Mobbing

Kollege Müller mag Kollege Maier nicht. Um ihm eins auszuwischen, setzt Müller bei seinen E-Mails an Kollegen Maier immer dann Vorgesetzte auf CC, wenn Maier einen kleinen Fehler gemacht hat.

Mitarbeiterin Schneider ist genervt von Mitarbeiterin Schulz. Daher lädt sie auf ihrem Facebookprofil ein Foto hoch, das Frau Schulz nah an einem Kollegen zeigt.

Teamleiter Schneider will noch schneller aufsteigen. Daher enthält er dem anderen Teamleiter Schmidt vor Meetings stets wichtige Informationen vor und lässt Schmidt in Besprechungen regelmäßig auflaufen.

Kurz anreißen möchte ich an dieser Stelle auch das Mobbing. Denn beim Mobbing gibt es wie bei Burn-out und Stress einen direkten Zusammenhang zwischen den äußeren Faktoren, den Kniggefeinden wie Ökonomisierung, Digitalisierung oder Effizienz und unseren Persönlichkeiten, die in den vergangenen Jahren teils vergeblich versucht haben, sich auf diese Faktoren einzustellen.

Mobbing befindet sich auf dem Vormarsch. Es darf davon ausgegangen werden, dass die Digitalisierung die Möglichkeiten des Mobbings selbst noch einmal beschleunigt und auch die Hemmschwelle herabgesetzt hat: Eine diffamierende E-Mail oder ein Foto sind nicht nur innerhalb weniger Sekunden verbreitet. Weil die neuen Kommunikationsmöglichkeiten und insbesondere soziale Netzwerke jeden zu einem Sender machen, wie es einst nur Massenmedien vorbehalten war, hat sich der Wirkungsgrad durch Digitalmobbing deutlich erhöht.

Mobbing steht für Psychoterror am Arbeitsplatz. Involviert sind meist mehrere Personen, die psychisch aus der Bahn geraten sind. Warum viele Menschen ihr inneres Gleichgewicht nicht mehr finden, wurde hier schon hinreichend skizziert. Dass Mobbing überhaupt immer öfter möglich wird, liegt daran, dass es immer mehr potenzielle Täter und auch Opfer gibt. „Tatsächlich handelt es sich beim Mobbing also um eine Auseinandersetzung zwischen zwei selbstwertschwachen Menschen. Der eine stabilisiert sich in seiner Schwäche, indem er eine andere Person durch Mobbingaktionen fertigmacht und sich dadurch in seiner vermeintlichen Stärke bestätigt“, erklärt Autor Nelting. Der andere trage seine Schwächen offen sichtbar zur Schau und mache es sich nicht selten in der Opferrolle bequem.

Es ist alles andere als ungewöhnlich, dass der Mobbing-Täter nach außen eine gute Figur macht, als zuvorkommend und höflich gilt. Im Inneren plagen den Täter dabei nicht selten nach einigen Jahren auch Scham und Gewissensbisse. Knigge würde die Hände über dem Kopf zusammenschlagen. Ein Kapitel widmet er dem Umgang mit sich selbst und warnt eindringlich davor, in Handlungen zu verfallen, die man später bereuen könnte.

Die Knigge-Kur: Welche Eigenschaften können Ihnen künftig helfen?

Es gibt die Kneipp-Kur, bei der man sich speziell ernährt, bewegt und durch kniehohes kaltes Wasser tritt. Es gibt die Mutter-Kind-Kur, bei der sich Mutter oder Vater und Kind nach einer anstrengenden Phase gemeinsam erholen und an verschiedenen Anwendungen, Programmen, Gesprächen und Beratungen teilnehmen. Es gibt Kuren für Diabetiker, Kuren bei ADHS, Kuren bei Rheuma oder Kuren zur Entschlackung.

Eine Knigge-Kur, das gebe ich zu, die gab es in diesem Sinne noch nicht. Warum braucht es jetzt noch eine Knigge-Kur? Geht es bei der Knigge-Kur darum, an einem Ort gemeinsam mit anderen Menschen zu lernen, wie man sich manierlich verhält? Geht es um eine Knigge-Kur an einem Seminarort, an dem Teilnehmer erfahren, wie sie sich kleiden, wie sie rhetorisch geschickt durch Meetings führen, wie sie das Geschäftsessen ohne Fehltritte meistern und wie sie sich bei Terminen vorstellen? Nein – eine Anleitung für eine solche Knigge-Kur soll dieses Buch nicht sein.

Das Wort „Kur“ geht auf das lateinische „cura“ zurück, was so viel bedeutet wie Pflege, Sorge oder Fürsorge. Wie oben erwähnt, wird die Kur meistens als Rehabilitationsmaßnahme eingesetzt oder zur Vorsorge. Kuren haben meist das Ziel, die Gesundheit zu stärken und Leiden zu mindern. Und meist kommen dafür bestimmte Heilmittel zum Einsatz. Wer es mit der Lunge hat, atmet am Kurort saubere Luft und trinkt gesundes Wasser. Die Kur ist also eine geschickte Kombination von Heilmitteln.

Warum sollten Sie eine Knigge-Kur antreten?

Warum sollten Sie eine Knigge-Kur antreten? Und welche Knigge-Heilmittel könnte ich Ihnen nach einer schriftlichen Ferndiagnose verordnen? Können Sorge, Pflege und Fürsorge aus Kniggesicht tatsächlich Heilmittel sein? Ich bin mir sicher.

Freiherr Knigge appellierte in nahezu jeder Zeile seines Buches an den Menschen, sich um sich selbst zu kümmern und mit sich selbst im Reinen zu sein. „Sei aber nicht gar zu sehr ein Sklave der Meinungen andrer von Dir? Sei selbständig!“, schrieb er. Sind wir heute nur ein Sklave anderer Meinungen? Das sind viele ohnehin, die sich bemühen, anderen durch Benimmregeln zu gefallen. Viel gravierender erscheint mir, dass wir obendrein Leibeigene ganz anderer Sklavenhalter sind. Smartphone-Sklaven. Effizienzsklaven. Leistungssklaven. Mobilitätssklaven. Kommunikationssklaven. Und durch Daten fernsteuerbare Sklaven. Wer uns versklavt beziehungsweise zu Businessmarionetten gemacht hat? Wir selbst. Niemand zwingt uns dazu.

Auf die Frage, was Aufklärung sei, schrieb der Philosoph Immanuel Kant im Jahr 1784: „Aufklärung ist der Ausgang des Menschen aus seiner selbst verschuldeten Unmündigkeit.“ Doch was überhaupt bedeutet „Unmündigkeit“? Mündigkeit ist das innere und äußere Vermögen zur Selbstbestimmung. Wer mündig ist, kann frei und unabhängig handeln. Mündigkeit bedeutet also, für sich selbst sprechen und sorgen zu können. Mündigkeit bedeutet für den Einzelnen Unabhängigkeit. Unmündigkeit steht im Umkehrschluss für Abhängigkeit und Gefangenschaft. Gerne erinnere ich an das Buchcover. Wie ferngesteuert bewegen sich immer mehr Menschen durch das Berufsleben. Äußere Faktoren haben die Kontrolle übernommen. Marionettengleich bewegt sich der Businesskasper an den Fäden, die er selbst schon lange nicht mehr bewegt. Mündigkeit sieht anders aus. Die Knigge-Kur soll helfen, einige dieser Fäden zu kappen – und wieder die Kontrolle über sich selbst zu übernehmen.

Knigge ist keine Karrierefibel

Keiner zwingt uns heute dazu, uns einer Diktatur aus Zeit, Digitalisierung, Effizienz, Ökonomie und Information zu unterwerfen. Erst recht zwingt uns heute keiner dazu, bei aller Unterwerfung auch noch ein gutes Bild abzugeben, in der Hoffnung, dass alles Bemühen um Etikette in größtmöglichem Erfolg gipfelt. Dennoch tut es die Mehrheit der Menschen besonders in Großstädten bereitwillig. Die meisten registrieren diese Unfreiheit erst, wenn sie ausgebrannt sind. Von wegen Aufklärung! Wir sind innerlich und äußerlich unfähig, selbst über uns zu bestimmen. Obwohl Freiheit und Selbstbestimmtheit im Jahr 2015 gerade in Europa für jeden leichter denn je zu erlangen sein sollten, scheinen wir weiter davon entfernt als im 18. Jahrhundert, als wir uns mit Pferdekutschen bewegten, noch keinen elektrischen Strom hatten und auch kein Internet.

Nur vier Jahre nach Kants Aufsatz zur Mündigkeit erschien Knigges Werk „Über den Umgang mit Menschen". Dieses Buch ist aber gerade kein Ratgeber für Benimm und Etikette. Vielmehr handelt Knigge typische Situationen ab, wie sich Menschen an verschiedenen Orten verhalten – und wie sie sich verhalten sollten. Aus keiner Zeile dieses Buches ist herauszulesen, dass der Leser diese Gegebenheiten auf sich anwenden sollte, um besser in einem System zu funktionieren. In keiner Zeile steht geschrieben, wie der Leser sein Sakko knöpfen und die Gabel halten soll, um anderen gegenüber einen möglichst guten Eindruck zu machen. Gewiss formuliert Knigge aus seinem reichen Erfahrungsschatz heraus auch Tipps und Belehrungen. Jeder Ratschlag zielt jedoch darauf ab, dass der Leser zu sich selbst finden soll und dass er für sich selbst verantwortlich ist. Knigge wollte mit seinen Erfahrungen jedem Leser gewissermaßen helfen, mündiger zu sein.

Wenn Aufklärung laut Kant vor mehr als 200 Jahren der Ausgang aus der selbst verschuldeten Unmündigkeit gewesen ist, dann ist Aufklärung im Prinzip auch heute nichts anderes als der Ausgang aus der selbst verschuldeten Unmündigkeit. Wenn wir uns Digitalisierung, Mobilität, Ökonomiewahn oder die Beschleunigung selbst eingebrockt haben, müssten wir es doch theoretisch selbst erkennen und beheben können. Natürlich können wir weder die Digitalisierung stoppen, noch die Informationsflut anhalten. Wohl aber können wir ein inneres und äußeres Vermögen erlangen, mit diesen Herausforderungen mündig umzugehen. Und da Kant heute aktueller ist als je zuvor ist, steht auch Knigge vor einer Renaissance. Wie gesagt: Es liegt an jedem Einzelnen, die Kasperlepuppe wieder selbst in die Hand zu nehmen – und das Puppenspiel nicht allein den Kniggefeinden wie der Effizienz oder der Digitalisierung zu überlassen.

Bestandsaufnahme: Wie reif sind Sie für eine Knigge-Kur?

Auch wenn ich in diesem Buch bemüht bin um eine Balance zwischen Denkanreizen, Tipps und Checklisten, soll an dieser Stelle dennoch eine Bestandsaufnahme folgen. Eine Art Anamnese, in der Sie zunächst Ihre Erfahrungen und Leiden beschreiben. Dann eine Untersuchung, aus der anschließend eine Diagnose abgeleitet wird und schließlich eine Therapie.

Der nachfolgende Test soll Ihnen dabei helfen, sich und Ihre Umwelt zu reflektieren. Denn so wenig wie ich mir anmaßen würde, Ihnen einen akuten Mangel an Knigge zu unterstellen, so sicher bin ich mir, dass Sie dadurch verstehen, worauf ich hinauswill: Nicht dem Einzelnen fehlen Kniggevitamine und Kniggemineralstoffe, vielmehr ist dem ganzen Berufsleben der Urknigge abhandengekommen, weil sich Strömungen wie Beschleunigung und Digitalisierung diametral zu Mündigkeit und Aufklärung verhalten – wenn sie uns unserer Freiheit berauben, selbst entscheiden zu können.

Von dem Maß, in dem die sieben Faktoren Mobilität, Erreichbarkeit, Effizienz, Ökonomisierung, Informationsflut, Digitalisierung und Beschleunigung in Ihrem Leben vorkommen und von Ihnen bewusst oder unbewusst gelebt werden, hängt ab, wie sehr Sie entweder mit Knigge-Benimmregeln versuchen, den Herausforderungen Herr zu werden oder wie sehr Sie noch tatsächlich Herr über sich selbst sind – im eigentlichen Kniggesinne. Nachfolgend finden Sie einen kleinen Test. Er spannt den Bogen über alle sieben Kniggefeinde. Kreuzen Sie in jeder Spalte an, ob Sie den Aussagen zustimmen oder nicht. Jede Zustimmung bedeutet einen Punkt, jede Ablehnung 0 Punkte.

Test: Wie sehr bestimmen Kniggefeinde Ihr Leben?

	Stimme ich zu	Stimme ich nicht zu	Punktzahl
Beschleunigung: Ich habe das Gefühl, dass ich mich in einem Hamsterrad befinde.			
Beschleunigung: Bei mir reichen die Arbeitstage selten, um alle Aufgaben zu erledigen.			

	Stimme ich zu	Stimme ich nicht zu	Punktzahl
Beschleunigung: Ich habe oft das Gefühl, dass ich den Anschluss verliere.			
Beschleunigung: Obwohl ich immer öfter Dinge outsource (Putzfrau, Hemdenreinigung) etc., bleibt mir nicht mehr Zeit für mich.			
Mobilität: Ich bin beruflich mehr als 100 Kilometer in der Woche unterwegs.			
Mobilität: Ich verbringe pro Woche mehr als fünf Stunden im Auto, auf dem Fahrrad oder in öffentlichen Verkehrsmitteln, um zur Arbeit zu kommen.			
Mobilität: Wenn es die Umstände erfordern, bin ich mobil.			
Mobilität: Ich lege immer größere Entfernungen aus beruflichen Gründen zurück.			
Erreichbarkeit: Ich bin beruflich auch nach 18 Uhr noch erreichbar.			
Erreichbarkeit: Ich lese und beantworte E-Mails auch vor und nach meinen Arbeitszeiten.			
Erreichbarkeit: Meine berufliche Kommunikation findet auch außerhalb der Arbeitszeit statt.			
Erreichbarkeit: Ich checke auch am Wochenende oder im Urlaub meine E-Mails.			
Effizienz: Wenn ich mit dem Zug fahre oder in der U-/S-/Straßenbahn, arbeite ich am Laptop.			
Effizienz: Ich esse oftmals nebenbei – während ich am Computer sitze oder telefoniere.			
Effizienz: Ich arbeite an mir, effizienter zu sein. Dafür nutze ich beispielsweise Software, To-do-Listen, Ordnungssysteme oder auch Techniken wie Speed-Reading.			

	Stimme ich zu	Stimme ich nicht zu	Punktzahl
Effizienz: Ich versuche stets, mehrere Termine und Themen miteinander zu kombinieren.			
Ökonomisierung: Ich bin der Meinung, dass jeder für seinen beruflichen Erfolg selbst verantwortlich ist.			
Ökonomisierung: Ich bemühe mich stets um beste Leistungen.			
Ökonomisierung: Ich finde es richtig, Leistungen auf den Prüfstand zu stellen. Das gilt für die eigene Leistung ebenso wie in der Wirtschaft, in der Schule oder in Krankenhäusern.			
Ökonomisierung: Ich bin der Meinung, dass sich Märkte selbst regulieren, wenn man sie nur lässt.			
Digitalisierung: Ich nutze auf meinem Smartphone verschiedene Apps.			
Digitalisierung: Ich bin der Meinung, dass niemand Angst um seine Daten haben muss, wenn er ein „unbescholtener“ Bürger ist.			
Digitalisierung: Ich nutze soziale Netzwerke.			
Digitalisierung: Ich verschlüssele meine Daten nicht.			
Informationsflut: All die Informationen, die täglich auf mich einströmen, überfordern mich.			
Informationsflut: Ich bin in verschiedenen Whats-App-Gruppen, auf verschiedenen Mailverteilern etc.			
Informationsflut: Ich verbringe täglich mehr als drei Stunden im Internet.			
Informationsflut: Ich komme kaum mehr dazu, die mir wichtigen Informationen zu verarbeiten beziehungsweise zu ordnen.			

Auswertung

21 bis 28 Punkte

Darf ich fragen, was Sie gerade tun, während Sie dieses Buch lesen? Sicher haben Sie die letzten Minuten auf Ihr Handy geschaut, nebenbei läuft der Fernseher oder jemand hat Sie gestört. Vielleicht haben Sie während des Tests sogar überlegt, wie Sie einige Dinge aus diesem Buch bestmöglich in Ihren Alltag integrieren können, damit Sie mehr herausholen.

Wie auch immer: Sie sind der Prototyp des modernen Arbeitsnomaden. Effektiv, mobil, stets erreichbar, gut informiert, effektiv, digital und stets unternehmerisch denkend. Mit großer Wahrscheinlichkeit sind Sie auch erfolgreich. Sie verdienen gut und Ihr Umfeld hält eine Menge von Ihnen. Mit Sicherheit haben Sie beim Lesen der ersten Kapitel mehrfach sich oder Situationen aus Ihrem Leben wiedererkannt. Doch Vorsicht: Der Preis des Erfolgs könnte höher sein, als Sie vermuten. Sie agieren mit großer Wahrscheinlichkeit kurzfristig und greifen auf mehr Ressourcen zurück, als Sie sollten.

Ich wünsche mir, dass Ihnen dieses Buch über alle Kapitel hinweg Denkanstöße gibt. Natürlich bleiben wir nur ein Rädchen im System. Ein wenig kann jedoch jeder von uns dazu beitragen, in diesem System wieder mündiger zu werden – und damit freier. Die Knigge-Kur kann Ihnen dabei gute Anregungen geben. Versuchen Sie nur nicht, alles auf einmal zu wollen.

11 bis 20 Punkte

Obwohl sich die Gesellschaft in den vergangenen Jahren stark verändert hat und damit auch unsere Identitäten, scheinen bestimmte Einflussfaktoren in Ihrem Leben zumindest keine dominierende Rolle zu spielen. Sie nutzen bestimmte Errungenschaften der Technik, das Internet ist für Sie kein Neuland und auch Sie haben wahrscheinlich in den vergangenen Monaten Ihr normales Handy gegen ein Smartphone getauscht.

Obwohl Sie aktuell die Balance zwischen dem modernen Leben mit seinen Besonderheiten und Ihren eigenen Werten meist gut halten können, schwant Ihnen beim Blick in die Zukunft nicht nur Gutes. Vielleicht haben Sie sich deshalb in der Vergangenheit auch bewusst für ein Leben entschieden, in dem Sie nicht alle zwei Minuten Ihre E-Mails abrufen oder in dem Sie auf den einen oder anderen Karriereschritt verzichtet haben – um etwa mehr Zeit für sich, Ihre

Familie oder Ihre Freunde zu haben. Ihnen ist durchaus klar, dass Sie nicht alles erreichen können und dass Prioritäten immer auch Opfer bedeuten.

Sie können auf den nachfolgenden Seiten durch die Knigge-Kur zusätzliche Anreize finden, äußere Einflüsse im Zaum zu halten. Mithilfe der Knigge-Kur können Sie dazu beitragen, dass Sie auch in Zukunft unbeirrt einen eigenen Kopf und einen eigenen Stil bewahren – ohne in der schönen neuen Welt allzu oft anzuecken.

0 bis 10 Punkte

Ich hoffe, Sie haben nicht bereits einen kompletten Zusammenbruch hinter sich und sind deswegen geheilt von den Anforderungen unserer Zeit. Falls Sie bisher ohne Burn-out durchgekommen sind: Glückwunsch! Sie scheinen ein ausgeglichener Typ zu sein. Ein Mensch, der sich nicht verrückt macht. Jemand, der auch einmal eine Straßenbahn vor seine Nase wegfahren lässt und die Wartezeit gut damit verbringen kann, sich einfach nur die Sonne ins Gesicht scheinen zu lassen.

Sicher werden Sie in der ersten Hälfte des Buches mehrfach den Kopf geschüttelt und sich gedacht haben: Was für eine verrückte Welt, in der wir da leben! Wir könnten so frei denken und handeln, doch wir haben uns selbst versklavt!

Damit die Welt für Sie und damit auch für Ihr Umfeld künftig eine mit wirklichen Werten und Standpunkten bleibt, finden Sie im letzten großen Kapitel dieses Buches viele Denkanstöße und auch konkrete Tipps.

Die neue Aufmerksamkeit

„Gegenwart des Geistes ist ein seltenes Geschenk des Himmels, und macht, daß wir im Umgang in sehr vorteilhaftem Licht erscheinen." (Knigge)

Eine normale Tiefgarage im Keller eines Bürogebäudes. Es ist kurz vor neun Uhr am Morgen und die Angestellten kommen mit ihren Autos an. Thomas schließt seinen schnittigen Mazda ab. In Gedanken ist er bei einem Telefonat, das er eben schon mit einem Kunden geführt hat. Er läuft zum Fahrstuhl, geht hinein und drückt auf den Knopf. Die beiden Fahrstuhltüren schließen sich bereits, als er Maria durch den letzten Spalt sieht. Sie war kurz nach ihm gekommen und hatte sich extra beeilt, um den Fahrstuhl noch zu erreichen. Zu spät. Thomas fährt allein in die 13. Etage. Maria muss warten. Seine Augen hatten Maria zwar registriert – in seinen Gedanken war er aber ganz woanders.

Ausgerechnet den klassischen Benimmregeln, die ich anfänglich als Karriereturbo degradiert habe, soll zu Beginn der Knigge-Kur gebührender Platz eingeräumt werden. Ein Widerspruch? Ja und nein. Denn einerseits sagt eine aufgehaltene Tür oder ein nachgeschenktes Wasser weiterhin nichts über die wahren Werte eines Kollegen oder einer Kollegin aus und können lediglich Höflichkeiten sein, von denen sich der Einzelne mehr Erfolg erhofft. Andererseits jedoch sind ausgerechnet diese Aufmerksamkeiten ein Schritt zum heilenden Knigge hin. Wie das? Fällt Ihnen an dem Wort „Aufmerksamkeiten" etwas auf? Richtig! Es leitet sich ab von „Aufmerksamkeit".

i „Aufmerksamkeit ist die Zuweisung von (beschränkten) Bewusstseinsressourcen auf Bewusstseinsinhalte, beispielsweise auf Wahrnehmungen der Umwelt oder des eigenen Verhaltens und Handelns, sowie Gedanken und Gefühle“, heißt es in der Online-Enzyklopädie „wikipedia“ und weiter: „Als Maß für die Intensität und Dauer der Aufmerksamkeit gilt die Konzentration.“ Ob Sie sich gut konzentrieren können, merken Sie daran, ob es Ihnen gelingt, Ihre Aufmerksamkeit fokussiert auf eine Sache zu lenken.

„Ich jage nie zwei Hasen auf einmal“, hat Bismarck einst als sein Erfolgsrezept verraten. Wie eingangs erläutert, krankt die Arbeitswelt und mit ihr die Arbeitnehmer an der zunehmenden Beschleunigung und Reizüberflutung. Diesem Dilemma versuchen nicht wenige, durch Multitasking zu entkommen. Oder sie richten ihre Aufmerksamkeit nur noch auf elektronische Helfer – aber dann erfährt die sonstige Umwelt keine Wertschätzung. Wenn Sie sich dieser Tatsache bewusst werden, haben Sie in der Knigge-Kur sozusagen das erste Therapieziel schon erreicht.

Drei Denkanstöße zum Thema „Aufmerksamkeit“

- Ihre Aufmerksamkeit kann nicht gleichzeitig beim Smartphone sein und bei Ihren Kollegen.
- Ihre Aufmerksamkeit kann nicht bei Kollegen oder Mitmenschen sein, wenn Ihr Gehirn keine Pausen von der permanenten Reizüberflutung macht.
- Ihre Aufmerksamkeit leidet unter Stress – und damit leidet auch Ihr gutes Benehmen.

Schaden durch Ablenkung

Weil sich immer mehr Menschen im Job von E-Mails, Instant Messages und sozialen Netzwerken wie Facebook und Twitter ablenken lassen, entsteht der Weltwirtschaft mittlerweile ein jährlicher Produktivitätsverlust von rund 500 Milliarden Euro, wie der Providerverband Eco errechnet hat. Wie der Verband verlauten lässt, hat der Konzentrationsverlust durch Ablenkungen mittlerweile ein Niveau erreicht, das die Vorteile der elektronischen Kommunikation wieder abnehmen lässt. Auf Sie als Büroarbeiter heruntergebrochen heißt das: Der Produktivitätsverlust durch ständige digitale Störungen hat einen Gegenwert von rund 12.000 Euro pro Jahr.

Um der Ablenkungsmisere zu entkommen und die Aufmerksamkeit zu forcieren, braucht es im Berufsleben eine Mischung aus klaren Regeln und Helfern.

Knigge-Kur für weniger Ablenkung

- Alles an seinem Ort: Versuchen Sie, Tätigkeiten wieder zu entkoppeln. Im Auto fahren Sie Auto. Am Schreibtisch schreiben Sie E-Mails. Schalten Sie den Ton von Nachrichtendiensten wie „Whats-App“ und E-Mail-Diensten aus.
- Legen Sie das Handy an ausgewählten Orten bewusst weg – oder nehmen Sie es nicht mit. Wenn Ihnen das schwerfällt, lesen Sie das folgende Zitat des Zukunftsforschers Matthias Horx: „In wenigen Jahren wird das Suchtverhalten mit den elektronischen Medien so sanktioniert sein wie das Rauchen. Man wird dann als ungebildet und charakterschwach gelten, wenn man auf sein Smartphone starrt.“
- Deaktivieren Sie bei Outlook die Vorschaufunktion, die Ihnen auf dem Bildschirm des Computers anzeigt, ob Sie eine neue Mail erhalten haben.
- Testen Sie bestimmte Programme für Ihren Computer. Freiwilliger Zeitretter: Rescuetime läuft im Hintergrund des Computers und sagt Ihnen, mit welcher Tätigkeit Sie wie viel Zeit verbringen. Der Zeitretter hilft Ihnen dabei, Ihre Zeit besser zu managen. Doch Vorsicht: Treten Sie nicht in die Effizienzfalle. Verplanen Sie die gewonnene Zeit nicht! Setzen Sie bewusste Pausen!
- Freiwilliger Aufmerksamkeitsverstärker: Focusbooster hilft Ihnen dabei, Ihre Aufgaben zu unterteilen und warnt Sie, wenn Sie sich zu lange von einer Sache ablenken lassen.
- Freiwillige Ablenkungskontrolle: Anwendungen wie Freedom nehmen Sie, ganz platt gesagt, vom Netz. So werden Sie nicht angezwitschert oder von einem Mailing auf eine Einkaufsseite verführt, wenn Sie eigentlich eine Präsentation erarbeiten sollen. So können Sie sich auf wesentliche Dinge fokussieren. Netter Nebeneffekt: Ohne Internet strengen Sie Ihren Kopf mehr an, klauben weniger Infos aus dem Netz zusammen, agieren originärer. Doch auch hier ist Vorsicht geboten: Es gilt, für sich selbst den schmalen Grat zwischen Zerstreuung und Ablenkung zu erkunden – und sich nicht noch mehr zu versklaven.

Mehr Konzentration – weniger Ablenkung

Wer im Berufsleben frei und mündig darüber entscheiden möchte, warum er etwas tut und was er tut, braucht Konzentration. Denn nur wer sich konzentriert, kann die Dinge am Ende wirklich durchdringen. Der österreichische Trainer und Autor Burkhard Heidenberger hat zehn praktische Tipps zusammengetragen, die dabei helfen können, die Konzentration zu schärfen. Mit seiner freundlichen Genehmigung stelle ich die Übungen hier vor. Vor allem warnt er: „Ablenkungen in jedweder Form sind Konzentrationskiller. Dazu zähle ich insbesondere die digitalen Ablenkungen (permanentes Onlinesein und damit Erreichbarkeit …) und die damit bedingte Reizüberflutung. Auch Übermüdung, Stress, Bewegungsmangel … sind Konzentrationskiller par excellence.“ Hier also seine zehn Übungen:

1. Buchstaben zählen

Wenn Sie eine Zeitung lesen, nehmen Sie sich einen Artikel vor. Zählen Sie in diesem Artikel beispielsweise alle „i“. Am Anfang können Sie einen Stift zu Hilfe nehmen, mit etwas Übung muss es dann ohne gehen. Steigerung: Zählen Sie gleichzeitig zwei, drei … verschiedene Buchstaben.

2. Schritte zählen

Klingt zwar einfach, ist es aber nicht: Zählen Sie beim Gehen Ihre Schritte. Wenn Sie sich verzählen, beginnen Sie mit dem Zählen von vorne. Ich mache das beim Joggen. Damit schlage ich gleich zwei Fliegen mit einer Klappe: Ich trainiere meinen Körper und meine Konzentrationsfähigkeit. Steigerungsmöglichkeit: Zählen Sie jeden zweiten, jeden dritten … Schritt.

3. Wörter hören und zählen

Wenn Sie sich eine Sendung im Radio oder im Fernsehen anhören, zählen Sie bestimmte Wörter, z. B. alle „und“. Eine Steigerung dieser Konzentrationsübung besteht darin, dass Sie mehr als ein Wort herausfischen, beispielsweise alle „und“ sowie „mit“.

4. Ohren spitzen

Stellen Sie Ihr Radio oder Ihren Fernseher für genau zehn Minuten sehr leise. Versuchen Sie trotzdem, alles zu verstehen, was gesprochen wird. Steigern Sie sich dann auf 15, 20 … Minuten. Sie können gleichzeitig Ihr Kurzzeitgedächtnis trainieren, indem Sie das Gesprochene im Kopf wiederholen.

5. Sekunden zählen

So leicht sich diese Übung auch anhören mag, sie erfordert doch einiges an Konzentration: Stellen Sie eine Uhr mit einem Sekundenzeiger vor sich hin. Beginnen Sie von 100 abwärts in Zweiersprüngen zu zählen, und zwar in Intervallen von zwei Sekunden. Also 100, 98, 96 usw. Schaffen Sie es mit den Zwei-Sekunden-Intervallen bis 0, ohne sich zu verzählen?

6. Spiegelverkehrt schreiben

Das erfordert wirklich Konzentration: Beginnen Sie einfach mit Ihrem Namen, und erweitern Sie diese Übung mit langen Texten.

7. Blitzkreuzworträtsel

Lösen Sie gerne Kreuzworträtsel? Dann ist diese Konzentrationsübung vielleicht etwas für Sie. Nehmen Sie ein Kreuzworträtsel zur Hand und eine Stoppuhr. Eine Uhr mit Sekundenzeiger tut es natürlich auch. Nun versuchen Sie in genau fünf Minuten, möglichst viel vom Rätsel zu lösen. Dieser kleine Wettkampf mit sich selbst erfordert eine erhöhte Konzentration.

8. Sätze ergänzen

Und nun eine Konzentrationsübung, die auch Kindern Spaß macht. Für diese Übung sind zwei Personen nötig. Erinnern Sie sich noch an die legendäre Quizshow „Dalli Dalli“? Bei einem Quiz ging es darum, einen angefangenen Satz mit einem Wort zu ergänzen. Also beispielsweise kann sich das so abspielen:

Person 1: „Heute …“

Person 2: „Heute haben …“

Person 1: „Heute haben er …“

Person 2: „Heute haben er und …“

Witzig, welche Geschichten bei dieser Konzentrationsübung gesponnen werden. Diese Übung steigert nicht nur die Konzentration, sondern fördert auch das kreative Denken.

9. Steigerung der Konzentration und Fremdsprache üben

Wenn Sie gerade dabei sind, eine Fremdsprache zu lernen, bietet sich folgende Konzentrationsübung an: Zählen Sie in der Fremdsprache von 100 abwärts bis 0. Steigern können Sie sich dann, indem Sie in Zweiersprüngen (100, 98, 96 etc.), Dreiersprüngen usw. zählen.

Wollen Sie noch eine Steigerung? Dann machen Sie diese Konzentrationsübung auf Zeit. Stoppen Sie, wie lange Sie brauchen, bis Sie bei 0 sind. Beim nächsten Mal versuchen Sie diese Zeit zu toppen.

10. Eigene Tätigkeit beschreiben

Beschreiben Sie in Gedanken das, was Sie gerade tun. So als würde jemand neben Ihnen stehen, dem Sie jeden Ihrer Handgriffe erklären müssen.

Das klingt jetzt vielleicht leichter als es ist. Zum einen müssen Sie sich dabei auf die Tätigkeit selbst konzentrieren, zum anderen erfordert die Erläuterung Ihrer Tätigkeit auch einiges an Konzentration. Am besten eignet sich diese Konzentrationsübung für Routinetätigkeiten.

Aufmerksamkeiten im typischen Knigge-Sinne

Nach diesen Aufmerksamkeitsübungen soll es nachfolgend um Aufmerksamkeiten im Berufsalltag gehen. Wichtig ist jedoch, diese Höflichkeiten, von denen viele in den vergangenen Jahren als Benimmregeln codiert wurden, eben nicht als Erfolgswerkzeuge für die Karriere zu betrachten. Vielmehr sollen sie Anlässe sein, um sich in den verschiedensten Situationen bewusst auf die Sache zu konzentrieren. Die Aufmerksamkeiten heute sind sozusagen vielmehr Konzentriertheiten.

Die Begrüßung

„Reiche nicht jedem Deine Hand dar! Umarme nicht jeden! Drücke nicht jeden an Dein Herz! Was bewahrst Du den Besseren und Geliebten auf, und wer wird Deinen Freundschaftsbezeugungen trauen, ihnen Wert beilegen, wenn Du so verschwenderisch in Austeilung derselben bist?“ (Knigge)

Wie bereits Knigge schrieb, ist nicht jeder Kollege ans Herz zu drücken – wie es in vielen Agenturen und einigen Branchen üblich ist. Bussis werden unter guten Freunden verteilt und nicht im Geschäftsleben. Hier dominieren Blickkontakt, Handschlag und der mündliche Gruß. Doch wer grüßt wen wie? Korrekt im Berufsalltag ist der mündliche Gruß. Wenn Sie durch den Flur gehen und auf einen Ranghöheren treffen, dann grüßen Sie zuerst („Guten Tag, Frau/Herr …“). Wenn Sie sich in einer höheren Position befinden, müssten

Sie von den Rangniederen gegrüßt werden. Falls dies nicht der Fall ist, dürfen Sie darauf verzichten – oder Sie grüßen einfach selbst. Schließlich ist es höflicher zu grüßen, als es ganz bleiben zu lassen.

Hände: geschüttelt oder nicht berührt?

Achtung: Beim Grüßen sollten Sie der anderen Person kurz in die Augen blicken und freundlich zunicken. Beim alltäglichen Gruß die Hand zu geben, ist nicht üblich. Die Hand gibt man sich eigentlich nur, wenn man sich längere Zeit nicht gesehen hat und wenn man sich nach dem Grüßen noch eine kurze Weile unterhält.

Bei der Begrüßung mit Handschlag entscheidet der Ranghöhere beziehungsweise die Frau, wem er/sie die Hand reicht. Anders als von einigen angenommen ist es also keine Frage von Manieren, jedem Menschen einen Handschlag aufzunötigen.

Besonders falsch und peinlich wird es, wenn Servicepersonal dazu verdonnert wurde, Kunden die Hand zu geben. In diesem Fall ist nämlich der Kunde König und darf entscheiden, wem er die Hand reichen möchte. Auch das Händeschütteln hat am Ende viel mit Aufmerksamkeit zu tun. Achten Sie grundsätzlich genau auf Ihr Gegenüber. Holt es zum Handschlag aus oder nicht?

Falls Sie sich in der höheren Position befinden, können Sie jedoch sich und allen etwas Gutes tun, wenn Sie nicht immer zum Handschlag ansetzen. Händeschütteln ist Krankheitsüberträger Nummer 1, womit man besonders in der Erkältungs- und Grippesaison bei aller Freundlichkeit niemandem einen Gefallen tut. Nach Informationen des CDC (Centers for Disease Control and Prevention) und der Weltgesundheitsorganisation werden 80 Prozent aller Infektionskrankheiten über die Hände übertragen. Denn: Mit den Händen berühren wir unsere Augen, unseren Mund, unsere Nase und jede Menge schmutzige Oberflächen. Wenn Sie also auf das Geben der Hand verzichten, sind Sie nicht unhöflich – sondern umsichtig.

Wer in den Raum kommt, der grüßt

Wenn Sie einen Raum betreten, grüßen Sie als Erste/r. Sagen Sie kurz „Guten Morgen“ oder „Guten Tag“. Regionale Grüße wie „Grüß Gott“ sind ebenfalls korrekt. Wenn Sie einen Gruß erwidern, tun Sie das im Normalfall mit derselben Formel. Denn: Es wäre unangebracht, auf ein „Guten Morgen“ mit einem „Guten Tag“ zu antworten, da dies als Hinweis auf ein Zuspätkommen missverstanden werden könnte.

Falls Sie an einem Tag weniger gut gelaunt sind, sollten Sie nicht Ihre Kollegen und Mitarbeiter darunter leiden lassen, zumal sie wahrscheinlich nichts dafür können. Lassen Sie Ihre negative Stimmung nicht durch lautes Türenschlagen oder schnelles Grüßen an den anderen aus.

Checkliste

- ☐ *Keine Bussis und Umarmungen im Geschäftsleben. Jedenfalls sollten diese nicht von Ihnen ausgehen. Falls jemand ausholt, können Sie es noch mit einem Handschlag versuchen. Ansonsten: Erdrücken Sie Ihr Gegenüber nicht.*
- ☐ *Der Rangniedere grüßt stets den Ranghöheren zuerst, wobei der Ranghöhere entscheidet, wem er die Hand reicht.*
- ☐ *Bei der alltäglichen Begrüßung reicht man sich nicht die Hand. Auch sonst ist es umsichtiger, Handschläge zu reduzieren.*
- ☐ *Nicht zu soft, nicht zu schlapp, aber auch nicht quetschen: Bei der Begrüßung mit Handschlag niemals übertrieben fest zudrücken.*
- ☐ *Achten Sie auf korrekte Grußfloskeln. „Ciao" oder „Hallöle" gehören nicht ins Büro. Out oder bestenfalls schulhoftauglich sind Abwandlungen wie „Tschon Porno" oder bei der Verabschiedung „Ciaotschesku"*
- ☐ *Nicht gefangen nehmen: Vielleicht kennen Sie die (groß-)väterliche Variante, bei der Opa oder Papa noch zusätzlich mit einer zweiten Hand den Handschlag umfasst oder mit der zweiten Hand um den Arm greift. Im Geschäftsleben eher unangebracht. Es sei denn, Sie meinen es als Patriarch mit einem Mitarbeiter besonders gut.*

Aufmerksam beim Treppensteigen

Nebeneinander? Erst der unerschrockene Mann? Oder erst die Frau? Eigentlich ganz einfach: Als Herr gehen Sie vor der Dame die Treppe hinunter und nach der Dame die Treppe hinauf. So können Sie die geschätzte Kollegin bei einem eventuellen Sturz auffangen. Meistens sind die Treppen jedoch breit genug, dass man nebeneinander laufen kann.

Grundsätzlich ist die Ehrenseite die rechte Seite. Demzufolge gehen Sie als Mann links und die Frau rechts. Dies hat darüber hinaus den Vorteil, dass Sie als Mann mit Ihrer starken rechten Hand im Ernstfall Ungemach abwenden könnten.

Rang vor Geschlecht

Im Geschäftsleben nimmt der Ranghöhere oder der Gast quasi die Position der Dame ein. Wenn man also Geschäftspartner hat, sorgt man sich als Gastgeber um die Sicherheit beim Treppensteigen.

Aufmerksam im Fahrstuhl

Wenn Sie einen Fahrstuhl nehmen, gibt es auch hier Kniggeregeln zu beachten. Ist eine Frau zugegen, rufen Sie den Fahrstuhl und lassen der Frau den Vortritt. Schön ist die höfliche Geste, bei der der ausgestreckte Arm den Weg in den Fahrstuhl weist und gleichzeitig dafür sorgt, dass sich die Tür nicht vorzeitig automatisch schließt. Falls mehrere zusteigen, sollte man weder den Eingang noch die Schalttafel blockieren, sodass jeder sein Stockwerk wählen kann.

Beim Betreten des Fahrstuhls haben Sie andere Mitfahrer natürlich kurz gegrüßt. Während der Fahrt sollten Sie es vermeiden, andere anzustarren. Gegen ein freundliches Gesicht und einen kurzen Small Talk über das Wetter oder den Verkehr ist nichts einzuwenden. Beim Verlassen des Fahrstuhls wünschen Sie kurz einen schönen Tag. Wichtig ist: Bleiben Sie ruhig. Wer ganz hinten steht, kann nicht als Erstes heraus.

Checkliste

- ☐ *Eine rangniedere Frau öffnet dem Chef die Tür – es sei denn, der Chef verzichtet bewusst und eindeutig auf die Regel. Keine Frau sollte den Chef jedoch dazu zwingen.*
- ☐ *Der Jüngere öffnet stets dem Älteren die Tür.*
- ☐ *Der Gastgeber öffnet stets dem Gast die Tür.*
- ☐ *Im Privaten hält man als Mann der Frau die Tür auf.*
- ☐ *Es ist stets darauf zu achten, nicht im Türrahmen stehen zu bleiben und dadurch anderen den Durchgang zu verwehren.*
- ☐ *Beim Treppensteigen geht der Ranghöhere zuerst hinauf und zuletzt die Treppen hinab.*

Aufmerksamkeiten: Geschenke als Knigge-Katalysator

Die Flasche Wein zu Weihnachten? Ein Bildband? Ein neues Smartphone? Der Grat zwischen Geschenken und Korruption kann fließend sein. Nicht nur, dass es Weine in verschiedener Qualität gibt. Der Unterschied zwischen einer Flasche etwas besseren Supermarktweins und der Magnum-Ausgabe aus eines großen Jahrgangs ist sicher unbestritten. Auch die Frage, in welchem Land, in welcher Branche und zwischen welchen Geschäftspartnern Geschenke gemacht werden, ist entscheidend. Spätestens mit den Prozessen um den Ex-Bundespräsidenten oder auch dem Verhalten von Wirtschaftsbossen wie Middelhoff sind die Bewertungen, wann es sich um kleine Geschenke handelt und wann um private Vorteilsnahme, medial neu vermessen worden. Doch was heißt das? Sollten wir im Berufsleben gänzlich auf Geschenke und Aufmerksamkeiten verzichten? Sollten wir es einfach ganz mit Knigge halten: „man erlaube sich keine Art von Bestechung (…)“?

Gefahr von Bestechung

Fakt ist: Besonders bei großen und seltenen Aufträgen ist die Gefahr groß, dass Ihr Gegenüber etwas nachhelfen will. Und natürlich ist auch für Sie bei bedeutenden Aufträgen oder Budgets die Versuchung größer, das Geschäftliche durch materielle Aufmerksamkeiten oder das ein oder andere Abendessen in schöner Atmosphäre auf eine etwas wohlwollendere Basis zu stellen.

Allerdings gibt es fernab materiell gesteuerter Einflussnahme genügend Gründe, im Berufsleben seine Anerkennung oder auch Freude durch Geschenke und Präsente zum Ausdruck zu bringen. Dagegen bleibt bei allen Richtlinien nichts einzuwenden. Im Gegenteil. Jede mit Bedacht ausgewählte Flasche Wein und jedes auf den Adressat zugeschnittene Buchpräsent ist in unserer heutigen Zeit ein Zeichen:

- Ein Zeichen dafür, dass sich jemand Zeit nimmt, der selbst in der beschleunigten Gesellschaft gefühlt immer weniger Zeit hat.
- Ein Zeichen dafür, dass sich jemand trotz der erhöhten Mobilität die Mühe macht, in einem Geschäft etwas Besonders zu kaufen.
- Ein Zeichen dafür, dass sich jemand trotz allgegenwärtiger Erreichbarkeit die Mühe macht, sein Gegenüber auf andere Weise zu erreichen als mit einem schnellen Telefonat oder einer netten E-Mail.

- Ein Zeichen dafür, dass jemand nicht auf die schnellstmögliche Aufmerksamkeit im Sinne der Effizienz setzt, sondern sich wirklich mit dem Gegenüber beschäftigt.
- Ein Zeichen dafür, dass jemand in der Informationsflut nach neuen Formen der Information sucht. Nach Informationen, die anders wahrgenommen und gefühlt werden, weil sie andere Kanäle bedienen.
- Ein Zeichen dafür, dass jemand vielleicht zehn Euro mehr für ein Geschenk ausgibt als eigentlich ökonomisch betrachtet sinnvoll wäre.
- Handfeste Geschenke sind jedoch vor allem in der zunehmenden Digitalisierung ein Zeichen – weil sie analog sind.

> **i** Gerade in unserer heutigen Zeit bekommen Geschenke einen völlig neuen Stellenwert. Bedenken Sie Geschäftspartner und Kollegen durchaus mit analogen Aufmerksamkeiten.

Geschenke im Ausland

Gerade in beziehungsorientierten Kulturen, zu denen beispielsweise die arabischen und asiatischen Länder zählen, sind kleine Geschenke und Aufmerksamkeiten Bestandteil des Alltags. Im Reich der Mitte gibt es für die Gefälligkeiten sogar einen Namen – „Guanxi“. Das bezeichnet in China das gegenseitige Geben und Nehmen. Stellen Sie sich vor der Geschäftsreise darauf ein, niemals direkt einen Wunsch auszuschlagen. Sagen Sie stattdessen, dass Sie Ihr Möglichstes tun werden. Und bauen Sie Geschäftsbeziehungen schrittweise durch kleine Geschenke auf. Im Gegenzug können auch Sie sich der Hilfe gewiss sein, wenn Sie diese benötigen.

Eine besondere Rolle spielen Gastgeschenke auch in Japan. Falls Sie dorthin reisen, sollten Sie nicht nur ausreichend Visitenkarten dabeihaben, sondern vor Ort sofort Kleinigkeiten kaufen, zum Beispiel Süßigkeiten (Kekse, Pralinen etc.). Bei Geschäftstreffen werden diese zu jeder Gelegenheit ausgeteilt. Neben diesen alltäglichen Geschenken können Sie gute Geschäftspartner auch zum Mittsommer, zu Neujahr oder zum Geburtstag mit einer Aufmerksamkeit beglücken.

Auf etwas größere Aufmerksamkeiten sollten Sie sich in den Vereinigten Arabischen Emiraten einstellen. Nehmen Sie diese an, solange es Ihnen nicht unangenehm ist. Stellen Sie sich in afrikanischen

Ländern und in Russland besonders darauf ein, dass es Bestechungsversuche geben wird. Nur wenn Sie sich darüber im Klaren sind, wissen Sie, wie Sie damit umgehen. Grundsätzlich gilt: Korruption ist verboten und auch wenn es lange Zeit hieß, dass ohne Bestechung nichts ginge, müssen Sie darauf verzichten. Geschäfte kommen auch in Indien, Afrika oder Russland ohne Schmiergeldzahlungen zum Laufen – es dauert mitunter lediglich etwas länger.

Tipp!

- Nehmen Sie Geschenke nur bis zu einer Größenordnung an, in der Sie das Geschenk selbst zu erwidern bereit sind. Ist das Geschenk wertvoll, aber noch als unabhängiges Präsent zu erkennen, können Sie es zum Beispiel bei der nächsten Betriebsfeier versteigern und den Betrag spenden.
- Notieren Sie sich, von wem Sie mit welchem (größeren) Präsent bedacht wurden, damit Sie sich korrekt revanchieren können.
- Achten Sie darauf, dass alkoholische Mitbringsel wie Wein oder Champagner bei Moslems unangebracht sind.
- Schenken Sie niemals sexuell anzügliche oder freizügige Figuren. Wählen Sie besser einen Bildband über Ihre Stadt oder Ihr Land.
- Vorsicht mit dem Verschenken von Uhren – diese stehen in vielen Ländern für Vergänglichkeit.
- Bleiben Sie bei offensichtlichen Bestechungsversuchen standhaft. Wenn Sie sich über Monate hinweg als unbestechlich erwiesen haben, wird man es einsehen und auch ohne Bestechung mit Ihnen ins Geschäft kommen.
- Weisen Sie den Geschäftspartner bei extremen Geschenken auf die Folgen von Bestechung hin. Erklären Sie, dass Bestechung mit Gefängnisstrafen geahndet wird und dass Sie sofort Ihren Job verlieren. Diese persönliche Ebene hilft.
- Weisen Sie auf das öffentliche Interesse und den Kampf gegen Korruption hin. Das Unternehmen Siemens hat durch die Korruptionsaffäre einen großen Imageschaden erlitten und das Augenmerk verstärkt auf das Thema gerichtet.

Die neue digitale Mündigkeit

„Zwei Gründe hauptsächlich müssen uns bewegen, nicht gar zu offenherzig gegen die Menschen zu sein: Zuerst die Furcht, unsre Schwäche dadurch aufzudecken und missbraucht zu werden, und dann die Überlegung, daß, wenn man die Leute einmal daran gewöhnt hat, ihnen nichts zu verschweigen, sie zuletzt von jedem unserer kleinsten Schritte Rechenschaft verlangen, alles wissen (…)" (Knigge)

Michael, Mitte 30, arbeitet bei einem großen Versandhaus. Er hat eine gute Ausbildung bei der Bundeswehr genossen und weiß, wie selbst freundlich formulierte Arbeitsanweisungen in Hierarchien so durchzusetzen sind, dass sie die Wirkung eines Befehls haben. Wenn er zur Arbeit fährt, wird genau getrackt, wann er kommt, wann er genau zu arbeiten beginnt. Er selbst hat die Kontrolle über ein gutes Dutzend Mitarbeiter. Er passt auf, wann sie aktiv sind und wann nicht. Alles wird minutengenau erfasst und protokolliert. Denn, jeder Handgriff, den die Mitarbeiter ausführen, ist mit dem Mitarbeiter codiert. Über Michael wiederum sitzt ein weiterer Vorgesetzter, der die Arbeitsleistung von Michael ebenso anhand von Zahlen erfasst.

Das Beispiel zeigt schön, wie weit in vielen Unternehmen die Überwachung völlig legal reicht. Und es braucht nicht viel Fantasie, um sich auszumalen, welche Möglichkeiten es noch gibt. Weil jene Geräte, mit denen sich Stimmen, Bewegungen und Regungen erfassen und aufzeichnen lassen, immer günstiger und kleiner werden, ist es nur eine Frage der Zeit, bis sie in der Arbeitswelt noch stärker eingesetzt werden. Schon heute lässt sich durch die geschickte Erhebung von Arbeitnehmerdaten, die wiederum mit Bewegungsprofilen kombiniert werden, die Arbeitsleistung analysieren und natürlich steigern. Sie erinnern sich, Effizienz und Ökonomie lauten die Gebote der Stunde.

Schon bevor das Berufsleben überhaupt beginnt, werden Lebensläufe immer öfter digital ausgeleuchtet. Damit Personaler in Unternehmen Arbeitszeit sparen, helfen ihnen spezielle Programme dabei, von potenziellen Bewerbern Schlüsselinformationen über die Persönlichkeit aus Social-Media-Profilen herauszulesen und für den HR-Verantwortlichen so zu ordnen, dass er eine Entscheidung treffen kann. Der Personaler recherchiert also nicht etwa über die Google-Bildersuche oder auf Facebook selbst nach Partybildern von Bewerbern, dies übernehmen mittlerweile längst Anwendungen und reduzieren die Ergebnisse auf das Wesentliche.

Die Digitalisierung verändert das Berufsleben

Die Digitalisierung wird das Berufsleben in den nächsten Jahren weiterhin maßgeblich verändern und prägen. Experten sind sich einig, dass Daten das neue Öl des Wirtschaftskreislaufs sind. Entsprechend eifrig produzieren wir Daten. Wissentlich. Und zum Teil unwissentlich. „Die Stasi musste Abhörwanzen heimlich und natürlich illegal installieren", beschreibt Andre Wilkens in seinem Buch „Analog ist das neue Bio" den Alltag in der DDR und fährt fort: „Heute legen wir uns freiwillig digitale Wanzen an. Über die smarten Geräte, die wir nutzen, über die Art und Weise, wie wir digital konsumieren und kommunizieren, geben wir persönlichste Informationen (...) preis."

Das zu Beginn des Kapitels aufgeführte Zitat Knigges wird damit aktueller sein als je zuvor. Indem wir fortlaufend Daten produzieren und hinterlassen und indem Daten von uns erhoben werden, werden wir sozusagen so gläsern wie nie zuvor. Wer über die Daten verfügt, kann in uns lesen wie in einem Buch. „Treffen unsere grobkörnigen Leben auf die Feinkörnigkeit der digitalen Sensoren und Daten, lassen sich unsere Identitäten rasch entschlüsseln", schreibt Christoph Kucklick in seinem Buch „Die granulare Gesellschaft" und ergänzt: „Umgekehrt wissen wir meist wenig über die, die viel über uns wissen. Wir werden transparent, die Transparenzerzeuger bleiben undurchsichtig." Auch dies hat mehr mit Knigge zu tun, als wir denken. In diesem Fall geht es ein großes Stück weit um Mündigkeit und Kontrolle. Um Berechenbarkeit und Freiheit. Die Daten sind ein Teil unserer (Berufs-)Persönlichkeit.

Kant erklärte, dass der Mensch erst frei werden müsse, um mündig zu sein. Und hier liegt das Problem der Digitalisierung. „Menschen werden mit unfreier und komplizierter Software konfrontiert, die ihnen gar nicht die Möglichkeit bietet, deren Funktionsweise zu studieren. Der Umgang mit dem Computer wird sehr minimal und oberflächlich antrainiert und später nicht mehr hinterfragt", heißt es treffend auf der Website des Vereins Digitalcourage. Und weiter: „Wenn Mündigkeit und Freiheit Übungssache sind, dann sind in der digitalen Welt Übungsmöglichkeiten erforderlich." Die Erklärung, warum sich viele von uns digital entmündigt haben, liegt mit Blick auf die eingangs erwähnten sieben Knigge-Feinde wieder einmal auf der Hand.

Digitale Anwendungen als Helfer mit Nebenwirkungen

Um die zunehmende Beschleunigung zu meistern, setzen wir auf digitale Anwendungen. Um erreichbar zu sein und Entfernungen ohne Mobilität zu überwinden, setzen wir auf digitale Anwendungen. In puncto Kommunikation und Informationen setzen wir auf digitale Anwendungen. Um effizienter und ökonomischer zu sein – Sie ahnen es bereits: Auch da setzen wir auf digitale Anwendungen. Wir sehen uns gezwungen, die Digitalisierung für uns einzusetzen. Vielleicht fühlt es sich für viele gar nicht wie ein Zwang an. Doch es ist der Wunsch, all denen neuen Herausforderungen zu entsprechen, der die unsichtbaren Schnüre an der Marionette immer fester spinnt.

> **i** Wir nutzen den datengetriebenen Fortschritt, um mithalten zu können, um wettbewerbsfähig zu sein. Doch unterwerfen wir uns mit der Nutzung den Spielregeln der Hersteller. Hier setzt die digitale Mündigkeit an. Sie dreht sich darum, bewusst zu verstehen, wie digitale Anwendungen funktionieren und welchen Preis wir dafür zu zahlen haben.

Datenerfasser und Datenhinterlasser

Täter oder Opfer? Auf welcher Seite wir stehen, lässt sich nicht eindeutig sagen. Vielleicht befinden Sie sich in einer Position, in der Sie darüber entscheiden können, welche Daten von Mitarbeitern erfasst werden. Sollen alle Mitarbeiter durch Kameras überwacht werden? Sollen von den Mitarbeitern Bewegungsprofile angelegt werden, um zu zeigen, wie effektiv sie wirklich arbeiten? Sollen Mitarbeiter Uhren tragen, die ihren Puls und das Stresslevel an Vorgesetzte funken, um sie vor Überlastung zu schützen? Oder befinden sie sich in einer Position, in der Sie vor allem Daten für den Chef, für Ihre Kunden oder Ihr Unternehmen liefern?

An dieser Stelle will dieses Buch weder aufzeigen, welche Daten erhoben werden können. Auch geht es nicht um die Frage, welche Datenerhebung fragwürdig ist und welche nicht. Die Beispiele und Fragen dienen allein dazu, zu sensibilisieren. Ob im Bewerbercheck, in der Teamzusammensetzung oder der Kontrolle der Arbeitsleistung – Arbeitgeber oder Geschäftskunden werden künftig theoretisch und auch praktisch in der Lage sein, das Verhalten von Mitarbeitern, Kollegen und Geschäftspartnern vorherzusagen. Es wird möglich sein, persönliche Muster zu erkennen und Einfluss auf das Verhalten zu nehmen. „Meist nehmen wir gar nicht mehr so deutlich wahr, wo und wie wir überall entmündigt werden. Wenn wir einen Kredit nicht erhalten, weil uns eine Datenbank (anhand der statistischen Eigenschaften unserer Nachbarn) als nicht zuverlässig eingestuft hat, oder einen Job nicht antreten dürfen, weil wir vermeintlich Asthmatiker sind (dabei hatten wir nur für den Vater die Medikamente gekauft): Wir kennen diese Gründe nicht und wissen daher nicht, wie sehr die weltweite Datensammlung schon unseren Alltag beeinflusst“, erklärt der Verein Digitalcourage treffend.

Die digitale Mündigkeit wird ein zentrales Knigge-Thema des 21. Jahrhunderts sein. Nur wer digital mündig ist, wird wirklich frei sein können. Wer frei handeln will, muss seine Daten kontrollieren können.

Tipps für Ihre digitale Mündigkeit

- Der Tipp, im Internet bewusst weniger Daten zu hinterlassen, nützt in der Praxis leider nicht viel. Die meisten Daten werden unbewusst hinterlassen.
- Stichwort kontextuelle Integrität: Wenn Sie Ihrem Arzt Daten geben, ist das etwas anderes, als diese Daten irgendwo im Internet zu finden. Falls Sie bewusst Daten freigeben, schauen Sie genau, wie damit verfahren wird.
- Hinterfragen Sie Ihre digitalen Handlungen. Wem nützt es, wenn Sie eine App verwenden, die auf bestimmte Daten Ihres Smartphones zugreifen kann? Wer könnte Schaden nehmen?

- Seien Sie skeptisch mit kostenlosen Anwendungen. Bezahlt wird immer, die Frage ist nur: wie. Daten sind die härteste Währung. Google, dessen Geschäftsmodell ausschließlich auf Daten beruht, hat eine Marktkapitalisierung von rund 330 Mrd. Euro. Die Datenkrake Facebook kommt auf schlappe 170 Mrd. Euro. Aktuell ist jeder Facebook-Nutzer rund 100 Euro wert. Doch der Wert steigt mit den Daten- und Auswertungsmöglichkeiten.
- Wir hatten das Thema „Effizienz" schon. Auch Clouds sind praktisch, effizient, ökonomisch und auch schnell und überall erreichbar und mobil: Sicherer aber sind eigene Datenträger und Festplatten. Wie unsicher Clouds sind, hatte ein Hacker Ende 2014 gezeigt, als er mehr als 100 Accounts von Stars gehackt und unter anderem Aufnahmen der Schauspielerin Jennifer Lawrence veröffentlicht hat, die privater Natur waren.
- Ein Tipp des Chaos Computer Clubs: Nutzen Sie freie Software – Linux statt Apple oder Windows, LibreOffice statt Microsoft Office, Firefox statt dem Internet Explorer oder Chrome, Thunderbird statt Outlook. Eine Sammlung alternativer, freier Software hat die Electronic Frontier Foundation (EFF) zusammengestellt. Auch freie Software ist nicht immer sicher und verlässlich. Vor allem, wenn Firmen dahinterstecken, können sich auch hier Gemeinheiten im Code oder im Installationsprogramm befinden. Doch der Code ist für alle frei verfügbar, und somit werden Gemeinheiten viel schneller ausfindig gemacht. Auch wenn Sie den Code nicht selbst lesen können, ist es für Sie wichtig und nützlich, dass er offen ist.

Schnüffeln, spitzeln, spionieren

Wer früher im Büro schnüffeln wollte, brauchte wahrscheinlich eine stark ausgeprägte Neigung zur kriminellen Handlung. Wer wissen wollte, was der Kollege oder der Chef so treibt, musste abends länger im Büro bleiben, um dann seine Schubladen zu durchwühlen. Oder er musste einen Schlüssel klauen, um dann mit diesem Schlüssel in einen anderen Raum zu gehen, wo er wiederum Schranktüren öffnen musste, die er eigentlich nicht öffnen durfte, um dann in Ordnern und Dokumenten zu lesen, die nicht für seine Augen bestimmt gewesen sind. Während all dieser Schritte und Handlungen bestand immer die Gefahr, auf frischer Tat ertappt zu werden. Vom Sicherheitsdienst, von anderen Kollegen – oder von der Polizei, wenn versehentlich ein Alarm ausgelöst wurde.

Wer früher schnüffeln wollte, musste schon selbst aktiv werden. Wer heute in Schubladen wühlen möchte, muss sich diesen Nervenkick nicht mehr geben. In den Schubladen würde er auch gar nicht mehr viel finden. Außer vielleicht Büroklammern und einen Müsliriegel. Denn: Brisante Daten liegen heute auf dem Server oder werden über das Internet hin- und her gesendet. Wer neugierig sein will, braucht nur die richtige Software und die Fähigkeit, die Daten auszulesen. Manchmal reicht sogar ein Fehler in der Verschlüsselung, dass geschützte Daten für alle sichtbar werden. So hatten wir in einem Unternehmen, in dem ich einmal gearbeitet habe, für einige Minuten Zugriff auf das Laufwerk der HR-Abteilung. Die wenigen Minuten haben sicher gereicht, dass sich einige von der Neugier getriebene Mitarbeiter informieren konnten, wer im Unternehmen wie viel verdient …

Edward Snowden hat 2013 mit seinen Enthüllungen zum Datenhunger der USA weltweit Politik und Wirtschaft aufgerüttelt. Im Sommer 2015 wurde Deutschland von einem Spionageskandal heimgesucht, als bekannt wurde, wie der Bundesnachrichtendienst den USA wissentlich zugearbeitet hat. Die Digitalisierung erlaubt es, schneller denn je Geheimnisse von anderen Menschen und Unternehmen auszukundschaften. Die Frage lautet, ob Schnüffelei nur bei Geheimdiensten eine Rolle spielt oder zunehmend auch im normalen Berufsleben. Wie der Knigge-Report 2015 enthüllt, haben rund 8 Prozent der Deutschen schon einmal auf fremden Rechnern oder Accounts E-Mails von Kollegen oder Mitmenschen gelesen. Ebenfalls knapp 8 Prozent geben an, dies teilweise schon getan zu haben. Sie scheinen sich nicht ganz sicher zu sein, ob dies korrekt war. Ob Mann oder Frau, spielt bei den Antworten keine Rolle. Beide Geschlechter gaben zu, gleich neugierig zu sein.

Ich habe schon einmal auf fremden Rechnern oder Accounts die E-Mails von Kollegen oder anderen Mitmenschen gelesen.

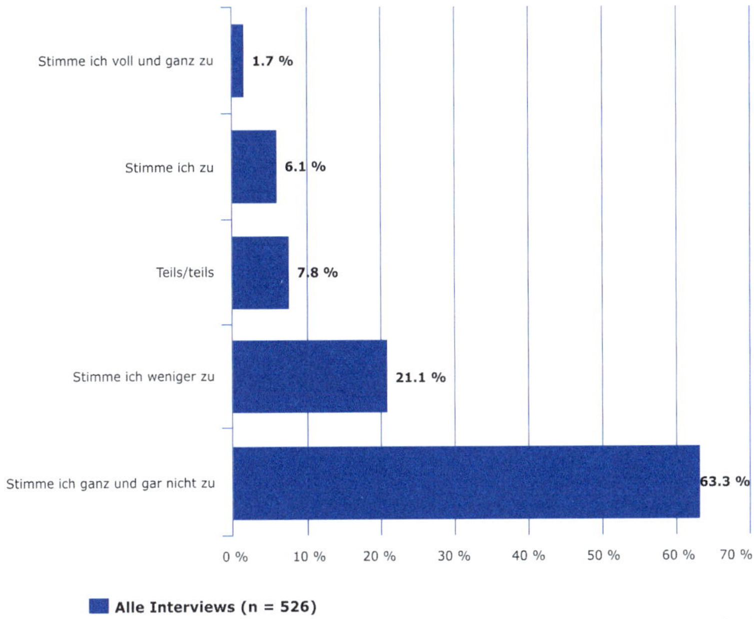

Knigge-Report 2015/Kai Oppel

Wo hört Neugier auf und wo fängt Schnüffelei an? Arbeiten wir noch oder schnüffeln wir alle schon? Im Berufsleben wird es uns zumindest einfacher gemacht, die Neugier über andere Menschen zu befriedigen.

Test – was finden Sie in Ordnung?

	Finde ich okay	**Finde ich nicht mehr okay**
Soziale Netzwerke von Kollegen nach privaten Informationen durchsuchen.		
Falls sich auf Xing oder Facebook die gesuchten Informationen nicht finden: Kollegen fragen, die mehr Zugriffsrechte auf die Social-Media-Seiten des Kollegen haben.		
Auf der Suche nach etwa einer Rechnung zum Schreibtisch des Kollegen gehen und dort nach dem Dokument suchen.		

	Finde ich okay	Finde ich nicht mehr okay
Wenn sich die Rechnung auf dem Schreibtisch des Kollegen nicht findet, kurz in seinen Schubladen nachschauen.		
Es gibt bei Ihnen auf dem Server für jeden Kollegen einen Ordner, der auch von anderen eingesehen werden kann. Fänden Sie es in Ordnung, sich hier ein wenig durchzuklicken?		
Die Deutsche Bahn hat vor Jahren einmal Personaldaten mit den Daten von Lieferanten verglichen, um Auffälligkeiten herauszufinden.		
Im Büro verschwinden neuerdings große Mengen Druckerpapier. Der Chef entschließt sich, die Mitarbeiter zwei Wochen per Videokamera zu überwachen.		
Der Kollege bittet an seinen Schreibtisch, um etwas zu besprechen. Im Hintergrund ist eine brisante E-Mail vom Chef zu lesen, weil der Kollege vergessen hat, die Mail zu schließen. Eine Einladung zum Lesen, oder?		
Im Büro spricht der Mitarbeiter mit einem anderen Kollegen über ein spannendes Thema. Sie hören mit, schließlich betrifft das Thema auch Ihren Arbeitsbereich.		

Diesem Test folgt bewusst keine Auflösung. Vielmehr soll er sensibilisieren.

In einigen Fällen ist die Ausgangslage eindeutig – in anderen hilft das persönliche Gespür. Der Chef etwa darf nicht einfach ungefragt den Inhalt von E-Mails oder von Telefonaten erfassen. Eine Firma darf nicht einfach aus Neugier Videokameras installieren, sondern nur, wenn sich bestimmte Vorfälle häufen oder sich das Problem nicht anders lösen lässt. Der Schreibtisch des Kollegen ist grundsätzlich tabu. Wer aber tagsüber etwas dringend sucht und dort vermutet, kann einen flüchtigen Blick darauf werfen. Findet man versehentlich etwas Vertrauliches, lautet die Devise Diskretion. Alles, was persönlich ist, gehört ohnehin ignoriert. Besser als ungefragt zu suchen ist auf jeden Fall, den Kollegen einfach zu fragen.

Konkrete Richtlinien, was rechtlich erlaubt ist und was nicht, liefert das Arbeitnehmerdatenschutzgesetz. Doch nicht nur für Arbeitgeber ist das Gesetz interessant. Auch Arbeitnehmer sollten sich informieren. Denn: Nur wer informiert ist, kann mündig handeln und sich entsprechend wehren.

Wer sich für Informationen über Kollegen interessiert und nicht weiß, ob seine Suche danach fragwürdig ist, sollte es mit dem kategorischen Imperativ nach Kant halten. Übertragen könnte dieser lauten: Schnüffele nur so weit in den Daten und Informationen anderer, wie du auch von anderen beschnüffelt werden wollen würdest.

Digital aktiv und dennoch mündig sein

Der einfachste Tipp, um bestmögliche Kontrolle über seine Daten zu haben, ist, so wenige Daten wie möglich zu produzieren. Doch gibt es im Berufsleben viele Online-Anwendungen, ohne die in einigen Branchen nichts mehr läuft. Insbesondere soziale Netzwerke und berufliche Onlineportale sind weitestgehend etabliert oder weiter auf dem Vormarsch. Deshalb soll an dieser Stelle trotz der eingangs beschriebenen Bedenken zu Datenfragen ausführlich darauf eingegangen werden.

Toller Chef, doofer Chef: Arbeitgeberbewertungsplattformen

Ob unbezahlte Überstunden, eine dreckige Teeküche oder ein cholerischer Abteilungsleiter: Wie sich das Arbeiten in einem Unternehmen anfühlt, wissen neugierige Bewerber immer öfter bereits vor ihrem ersten Arbeitstag. Laut einer Studie des Anbieters ADP bewerten immer mehr Mitarbeiter ihre Firma im Netz. Solche Online-Plattformen wie Kununu, glassdoor, meinchef oder jobvoting, auf denen Mitarbeiter ihre Arbeitgeber bewerten können, sind aus Kniggesicht in vielerlei Hinsicht interessant. Zunächst einmal wirken sie scheinbar demokratisierend, weil auch Arbeitnehmer und Bewerber frühzeitig etwas über das Unternehmen erfahren können, während Personaler schon lange auf Anwendungen setzen, um Kandidaten zu scannen. Die Portale sagen jedoch auch viel über den Zustand der Gesellschaft aus. Der Grat zwischen Bewertung und diffamierenden Erfahrungsberichten ist schmal.

An Regeln halten

Wer einen Arbeitgeber bewerten will, muss sich an Regeln halten. „Viele Menschen haben zwar ein gewisses Gespür, was erlaubt ist und was nicht. Oft lauern die Fallstricke aber dort, wo sie der Nicht-Jurist ausgerechnet nicht vermutet“, sagt Caroline Hevert. Sie ist Fachanwältin für Internet- und Urheberrecht und hat regelmäßig mit dieser Problematik zu tun. Die Missachtung der gesetzlichen Rahmenbedingungen kann nach ihren Worten zur Aufhebung jener Anonymität führen, unter deren scheinbarem Schutz sich Arbeitnehmer beim Ausplaudern von Betriebsinterna im Internet gerne wähnen. Der betroffene Arbeitgeber kann in gravierenden Fällen vom Plattformbetreiber verlangen, die dem Pseudonym zugeordneten Nutzerdaten bekannt zu geben. Sofern das Gericht dem Antrag des Unternehmens nicht stattgibt, kann es Strafanzeige erstatten, um an die Identität des Verfassers zu kommen. Eine rechtswidrige Bewertung kann direkte Konsequenzen im Arbeitsverhältnis nach sich ziehen. Mitunter reicht der Verdacht einer Straftat für eine fristlose Kündigung, etwa bei Verrat von Geschäfts- und Betriebsgeheimnissen. Denn: Arbeitgeber wissen natürlich um solche Portale und werfen immer öfter einen Blick hinein, um sich ein Bild von ihrem Image zu machen.

Caroline Hevert gibt zu bedenken: „Unabhängig von arbeitsrechtlichen Besonderheiten, die etwa im Arbeitsvertrag festgehalten sind oder auch branchenspezifisch sind, darf der informierende Arbeitnehmer lediglich wahre Tatsachen auf der jeweiligen Bewertungsplattform veröffentlichen.“ Dies gilt für Beschreibungen des Arbeitsplatzes und Umfeldes. Die bewusste Vergabe unberechtigt niedriger Bewertungspunktzahlen ist hierbei als nicht gestattete falsche Tatsachenbehauptung einzustufen. Fotos vom Arbeitsplatz sollten Arbeitnehmer nur online stellen, wenn darauf keine Kollegen abgelichtet sind und wenn der Arbeitgeber das Anfertigen von Fotos nicht verboten hat. Arbeitnehmer sollten jedes Einstellen einer Bewertung vorab genau überdenken. Arbeitgeber müssen sich nicht mit jeder Bewertung abfinden.

Meinungsfreiheit bedeutet nicht rechtsleerer Raum

Bei der Kundgabe ihrer Meinung müssen sich Arbeitnehmer an die Grenzen des Erlaubten halten. Das durch das Grundgesetz geschützte Recht der freien Meinungsäußerung ist hierbei weit auszulegen. Überschritten werden diese Grenzen bei Schmähkritik. „Bei einer Äußerung handelt es sich nach höchstrichterlicher Rechtsprechung dann um eine Schmähung, wenn nicht mehr die Auseinandersetzung in der Sache, sondern die Diffamierung der Person im Vordergrund steht und sie jenseits auch polemischer und überspitzter Kritik in der Herabsetzung der Person besteht", erklärt Caroline Hevert.

Eine Schmähkritik wäre also, den Arbeitgeber mit einem „beleidigenden Schimpfwort" zu beschreiben. Erlaubt wäre hingegen, ihn als Menschen zu bezeichnen, der etwa mit verschiedenem Maß messe oder je nach Tagesform und Laune unberechenbar sei, wenn das zutrifft. „Ebenso sind Verleumdungen, üble Nachrede und Beleidigungen auch anonym im Internet nicht erlaubt", warnt Caroline Hevert.

Wo Grenzen überschritten werden

Verleumdung

§ 187 StGB definiert die Verleumdung: „Wer wider besseres Wissen in Beziehung auf einen anderen eine unwahre Tatsache behauptet oder verbreitet, welche denselben verächtlich zu machen oder in der öffentlichen Meinung herabzuwürdigen oder dessen Kredit zu gefährden geeignet ist, wird mit Freiheitsstrafe bis zu zwei Jahren oder mit Geldstrafe und, wenn die Tat öffentlich, in einer Versammlung oder durch Verbreiten von Schriften (§ 11 Abs. 3) begangen ist, mit Freiheitsstrafe bis zu fünf Jahren oder mit Geldstrafe bestraft."

Üble Nachrede

§ 186 StGB definiert die üble Nachrede: „Wer in Beziehung auf einen anderen eine Tatsache behauptet oder verbreitet, welche denselben verächtlich zu machen oder in der öffentlichen Meinung herabzuwürdigen geeignet ist, wird, wenn nicht diese Tatsache erweislich wahr ist, mit Freiheitsstrafe bis zu einem Jahr oder mit Geldstrafe und, wenn die Tat öffentlich oder durch Verbreiten von Schriften (§ 11 Abs. 3) begangen ist, mit Freiheitsstrafe bis zu zwei Jahren oder mit Geldstrafe bestraft."

Beleidigung

§ 185 StGB definiert die Beleidigung: „Die Beleidigung wird mit Freiheitsstrafe bis zu einem Jahr oder mit Geldstrafe und, wenn die Beleidigung mittels einer Tätlichkeit begangen wird, mit Freiheitsstrafe bis zu zwei Jahren oder mit Geldstrafe bestraft."

> **i** Wer sich beim Posten seiner Meinung nicht zügeln kann, dem drohen Strafverfahren, Verurteilung zu Geldstrafen oder sogar Freiheitsstrafen.

Twitterknigge

Twitter wird zehn Jahre alt und ich gebe zu: Lange Zeit habe ich gehofft, der Kurznachrichtendienst verschwindet wieder. Erst hatte ich den Sinn nicht erkannt, dann schien er mir zu kompliziert. Mittlerweile habe ich den Dienst zu schätzen gelernt – vor allem in der Echtzeit-Kommunikation. Spätestens seit Twitter über die App-Periscope auch die Live-Übertragung von Videos ermöglicht, wird Twitter noch interessanter. Aber auch komplizierter, weil man etwa noch leichter Persönlichkeitsrechte verletzen kann. Mittlerweile nutzen laut Twitter rund 288 Millionen Menschen diesen Dienst mindestens einmal im Monat. Wer auf dem Microblog anderen Twitterern folgt, wird als „Follower" bezeichnet. Wie andere Netzwerke auch, sammelt Twitter personenbezogene Daten und teilt sie Dritten mit. Twitter behält sich das Recht vor, sie zu verkaufen, wenn das Unternehmen seinen Eigentümer wechselt. Wie schwierig das Thema „digitale Mündigkeit" auch hier ist, zeigte sich im Frühjahr 2015, als der Videodienst Periscope gestartet wurde. Die Ortung war so genau, dass sich der genaue Standort des Twitterers für andere problemlos nachvollziehen ließ.

Mit Twitter ist es grundsätzlich etwas kompliziert – jedenfalls für Neulinge. Was bedeuten @, RT oder FF? Dazu wollen wir später noch kommen. Doch erst einmal einige Grundlagen: Das Twittern ist eine besondere Form des Online-Netzwerkens: Hier tauschen die Mitglieder nur Kurznachrichten untereinander aus – die maximal 140 Zeichen umfassen dürfen.

Diese Kurznachrichten – auch „Tweets genannt" – können verschiedene Inhalte haben:

- Zustandsbeschreibungen: („anstrengendes #Meeting gut überstanden")
- den derzeitigen Standort („Ich bin gerade in Berlin angekommen on #Yelp")
- interessante Links („#Karriere, habe gerade einen interessanten Artikel über #Knigge gelesen LINK)
- aktuelle Informationen („Airplane just watered @hudson river")

Tipp!

Bevor Sie mit dem Versenden von eigenen Nachrichten beginnen, beobachten Sie in Ruhe Ihr angepeiltes Twitter-Umfeld:

- Zwitschern Sie sich zunächst selbst einige Fragen und Gedanken zu: Soll die Nutzung eher zum Privatvergnügen oder mit professionellem Anspruch erfolgen?
- Möchten Sie Twitter eher privat nutzen, dann abonnieren Sie die Kurznachrichten („Tweets") von Freunden und lassen die Inhalte auf sich wirken.
- Möchten Sie Twitter aus beruflichen Gründen verwenden, dann beobachten Sie, in welcher Form Ihre Kollegen beziehungsweise andere Unternehmen oder Organisationen aus Ihrer Branche den Dienst nutzen.

Nachdem Sie nun mehreren hundert interessanten Personen, Unternehmen oder Organisationen folgen, lehnen Sie sich zurück und beobachten Sie. Was lesen Sie? Mal ist etwas Interessantes oder Neuartiges dabei, mal führt der Link ins Leere oder ist Ihnen bereits bekannt, mal sind Sie anderer Meinung als der Tweet-Schreiber, mal werden Sie auf einen Trend aufmerksam oder das Gelesene ist absolut irrelevant für Sie. Egal, was es ist – es ist immer Kommunikation zwischen Menschen oder zumindest über Menschen. Das bedeutet für Sie: Es gelten die gleichen Regeln wie in jeder anderen Kommunikationssituation. Knigge sagte, niemand solle aus einer Unterhaltung gehen, ohne etwas Geistreiches gesagt zu haben. Noch nie war so viel Wissen verfügbar wie heute. Gleichzeitig werden heute im Alltag so viele Gemeinplätze wie nie wiedergekäut.

Twitterknigge heißt, nachrichtliche und an sich wertlose Informationen durch eigenes Wissen anzureichern, ins Verhältnis zu setzen oder geistreich zu kommentieren.

Twittertipps: Für Relevanz sorgen

Nun sind Sie bereit, aktiv in das Geschehen bei Twitter einzugreifen. Berücksichtigen Sie folgende Punkte, damit die Kommunikation Ihnen Freude bereitet und neue Freunde bringt:

- Twitter ist ein öffentliches Medium – jede Mitteilung kann von Google und anderen Suchmaschinen gefunden werden. Bedenken Sie dies vor dem Versenden einer jeden Nachricht.
- Formulieren Sie knapp und eindeutig. 140 Zeichen sind nicht viel – vor allem, wenn Sie noch einen Link oder ein Foto mitschicken wollen.
- Relevanz entsteht erst beim Empfänger. Erwarten Sie also keine übermäßige Reaktion auf Ihre Kurznachrichten. Nicht jeden interessieren Ihre Gedanken, Informationsbrocken oder Hinweise.
- Bedenken Sie immer: Auf der anderen Seite des Bildschirms sitzen auch nur Menschen. Antworten Sie nicht aus einer Misslaune heraus und fühlen Sie sich nicht persönlich angegriffen von den Meinungen anderer.
- Haben Sie Ihren Twitteraccount mit anderen Netzwerken verknüpft, dann achten Sie darauf, deren Mitglieder nicht mit kryptisch anmutenden Abkürzungen zu verwirren.
- Übertreiben Sie es nicht bei der Verwendung von Hashtags – das sind Schlagworte, die mit # markiert werden.

i Ein Tweet – eine Kurznachricht auf Twitter – hat in der Regel nur eine „Halbwertszeit“ von wenigen Minuten. Danach verschwindet Ihre Äußerung im allgemeinen Nachrichtenstrom der Plattform.

Netzwerken

„Vor allen Dingen hüte man sich, jemand um eine Gefälligkeit zu bitten, wenn man voraus wissen kann, dass er uns nicht wohl, wenn er es auch wollte, eine abschlägige Antwort geben darf. Wohltaten annehmen, macht abhängig; man weiß nicht, wie weit das führen kann.“ (Knigge)

Jeder kennt jeden über sechs Ecken – diese Überlegung steht hinter Businessnetzwerken wie Xing oder LinkedIn. Natürlich ist die Versuchung groß, sich durch das schnelle Hinzufügen vieler Kontakte einen umfangreichen Kontaktkreis aufzubauen. Doch der Wert eines solchen Netzwerks nimmt nicht automatisch mit der Zahl seiner Teilnehmer zu – sondern mit deren beruflichem Ansehen und deren Erfahrung. Vor allem aber leben berufliche Online-Netzwerke wie alle anderen Netzwerke auch von den Interaktionen der Mitglieder.

Wie der Knigge-Report 2015 allerdings zeigt, haben es die wenigsten Nutzer auf Interaktion abgesehen. Im Vordergrund steht nicht der Gedankenaustausch oder die Idee, sich bei Projekten und Aktionen zu unterstützen. Im Vordergrund steht für viele Menschen der schnelle berufliche Erfolg. Knapp 15 Prozent stimmen dieser Aussage zu. Da 53 Prozent der Befragten solche beruflichen Netzwerke jedoch gar nicht nutzen, entsprechen die 15 Prozent vielmehr rund 30 Prozent. 3 von 10 knüpfen also digital Bande, um erfolgreicher zu sein. Diese Logik ist nicht zuletzt dem Effizienz- und Beschleunigungsgedanken geschuldet, den Xing & Co. versprechen. Die Netzwerke erlauben, sich in kürzester Zeit in ein gutes Licht zu rücken und mit wenigen Klicks viele relevante Geschäftspartner anzusprechen oder zumindest auf sich aufmerksam zu machen.

Ich nutze berufliche Netzwerke wie Xing oder LinkedIn nur, weil ich mir dadurch schnellen beruflichen Erfolg verspreche.

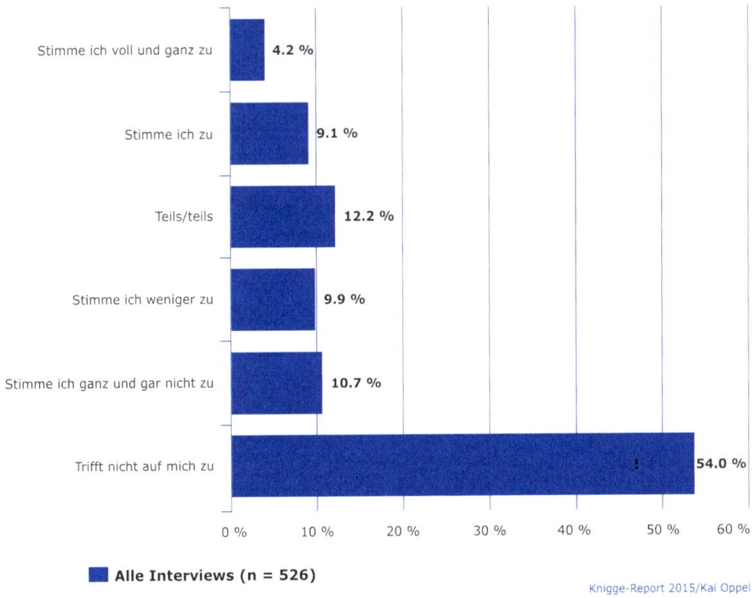

Knigge-Report 2015/Kai Oppel

Netzwerke sind seit jeher nicht nur ein Ort des Kontakteknüpfens, sondern auch des Gebens und Nehmens. Bevor Sie jedoch in einem Netzwerk Gefälligkeiten und Dienste verteilen und konsumieren, sollten Sie sich grundsätzliche Fragen stellen:

- Was erwarten Sie sich vom Eintritt?
- Können Sie jederzeit austreten, ohne dass Sie selbst oder bürgende Freunde einen Gesichtsverlust erleiden?
- Welche Kontakte im Netzwerk sind wirklich wichtig und auf welche sollten Sie besser verzichten?

Erstens: Klasse statt Masse

Es gibt bei Xing Mitglieder, die über 30.000 Kontakte haben. Doch wenn Sie sich in einem Online-Netzwerk anmelden, sollten Sie jeden Kontakt mit Bedacht wählen. Fragen Sie sich, ob Sie diesen Menschen schätzen und ob Sie sich mit ihm auch im realen Leben auf einen Wein treffen würden. Wenn Sie diese Frage mit „Nein" beantworten, sollten Sie ihn nicht zu Ihrer Kontaktliste hinzufügen. Dasselbe gilt für Menschen, denen Sie im normalen Leben aus dem Weg gehen. Warum sollten Sie in der virtuellen Welt einen Kontakt pflegen, den Sie in der Realität meiden würden? Informieren Sie sich kurz bei Google über Ihnen unbekannte Personen, bevor Sie diese zu Ihrem Netzwerk hinzufügen. Informieren Sie sich vor allem dann, wenn Ihnen diese Personen in kurzer Zeit große Hilfe versprechen.

Überlegen Sie zudem genau, welchen Ruf der zukünftige Kontakt hat. Der Spruch: „Zeige mir deine Freunde und ich sage dir, wer du bist", behält auch im Netz Gültigkeit. Am Ende wirft der schlechte Leumund eines übereilt bestätigten Kontakts ein schlechtes Licht auf Sie, da sich andere Menschen fragen, was Sie mit dieser Person zu schaffen haben. Überlegen Sie sich die Kontaktaufnahme daher sehr genau, denn es ist deutlich schwieriger, sich nachträglich von einem Kontakt zu trennen, als ihn neu hinzuzufügen.

Zweitens: Warum wollen Sie netzwerken?

Netzwerke wie Xing oder Linked-In wollen es ihren Nutzern leicht machen und vor allem selbst schnell wachsen. Daher bieten sie vorgefertigte Sätze für die Kontaktaufnahme an. Diese sollten Sie allerdings nicht verwenden. Wenn Sie zu einem anderen Mitglied Kontakt aufnehmen möchten, sollten Sie bei der Kontaktaufnahme den Grund dafür erwähnen. Diese kurze Begründung ist auch für Sie selbst ein guter Prüfstein, was Sie eigentlich von dem Kontakt wollen. Vorsicht: Die Apps der Netzwerkanbieter schlagen Ihnen regelmäßig Mitglieder vor, die aufgrund ihres Profils zu Ihnen passen könnten. Mit nur einem Klick senden Sie diesen Personen eine anonymisierte Kontaktanfrage. Klicken Sie lieber auf den Kontakt und schreiben Sie einige persönliche Zeilen.

Drittens: Ehrlichkeit beim Profil

Ob Ihre Position, Ihre früheren Arbeitgeber oder Ihre Hobbys: Die Versuchung ist groß, die eigenen Angaben in ein etwas besseres Licht zu rücken. Doch sei ausdrücklich davor gewarnt, den aktuellen Job oder den bisherigen Karriereweg erfolgreicher darzustellen als er ist oder war. Kollegen und Bekannte werden erkennen, wenn sich der einfache Angestellte im Internet die Position eines Managers zuschreibt. Auch bei der Nennung von Unternehmensnamen sollten Sie es nicht übertreiben. Wer bei der Tochterfirma eines Großunternehmens eine Position bekleidet, hat diesen Posten nicht beim Mutterhaus. Als Abteilungsleiter der Klein AG sollten Sie sich also nicht zum Abteilungsleiter der Groß AG machen. Führen Sie auch nicht jede Position auf. Zweiwöchige Ferien- oder Übergangsjobs verwässern die Vita.

Viertens: Zurückhaltung auf dem Jahrmarkt der Eitelkeiten

„Übrigens rate ich, wenn man sich so weit in seiner Gewalt haben kann, mit so wenig Menschen wie möglich vertraulich zu werden, nur einen kleinen Zirkel von Freunden zu haben, und diesen nur mit äußerster Vorsicht zu erweitern." (Adolph Freiherr Knigge)

Dieses Zitat Knigges ist in der heutigen Zeit, in der viele Menschen in Netzwerken ungefragt alles von sich preisgeben, aktueller denn je. Sorgen Sie zwar dafür, dass Ihr Online-Profil in einem Netzwerk interessant ist – verraten Sie jedoch niemals alles über sich. Warum sollte sich noch jemand für Sie interessieren, wenn Sie bereits alles in Ihrem Profil alles mitgeteilt haben? Wo bleiben beim tatsächlichen Kennenlernen die Überraschungsmomente, wenn Sie sie gar nicht erst zulassen?

Noch schlimmer als das ausführliche Beschreiben privater Vorlieben und Hobbys ist es jedoch, selbst dabei zu übertreiben. Nicht wenige haben beim Hobby Golf vermerkt, weil sie vom Glanz eines elitären Sports profitieren wollen – obwohl sie in Wahrheit weder Platzreife haben noch ein Eisen vom Holz unterscheiden können.

Fünftens: Geben und Nehmen

Netzwerke funktionieren nur dann, wenn sich alle Seiten gleichermaßen einbringen. Achten Sie aus diesem Grund darauf, nicht nur die Rubrik „Ich biete“ auszufüllen, sondern ebenso die Rubrik „Ich suche“. Online-Netzwerke sind nicht geschaffen, um ausschließlich die eigenen Erfolge zu preisen und Leistungen anzubieten. Wer nur über sich redet, wirkt eitel und arrogant.

Sechstens: Privates und Geschäftliches trennen

Auch wenn Sie bei Facebook unterscheiden können, mit welchen Freunden Sie welche Informationen teilen, sollten Sie die Wirkung der jeweiligen Netzwerke an sich bedenken. Es ist davon abzuraten, sich mit Kollegen und Geschäftspartnern auf Facebook zu vernetzen. Der gesamte Umgangston sowie die Intention des Netzwerks unterscheiden sich grundlegend von professionellen Business-Lösungen wie Xing.

Die neue Nachhaltigkeit

Nachhaltigkeit ist eines der Trendthemen – nicht nur in der Wirtschaft. Wir haben erkannt, dass wir nur ein Leben und einen Planeten haben. Ressourcen wollen geschont werden, nicht nur in Bezug auf die Umwelt, sondern ebenso auf die Gesellschaft. Viele Unternehmen orientieren sich an Richtlinien zur Corporate Social Responsibility und übernehmen Verantwortung für ihr Handeln, indem sie etwa Rohstoffe nachhaltig einkaufen, gegen Kinderarbeit vorgehen oder Geräte mit längeren Lebenszyklen produzieren.

Was eigentlich logisch klingt, war lange Zeit nicht der Fall. Angetrieben durch die Globalisierung und den Shareholder-Value-Gedanken, nach dem es für Investoren kurzfristig den höchsten Ertrag herauszuholen galt und gilt, war dasjenige Unternehmen smart, dass höchstmöglichen Profit erwirtschaftet hat. Da ließ es sich nicht vermeiden, es mit Gesetzen, der Umwelt, der Ethik und den Menschen nicht so genau zu nehmen oder alles im Rahmen der Legalität bis aufs Äußerste auszunutzen.

Das Ende des Wachstums

Immer deutlicher kommt jedoch die Frage auf, wie lange der Wachstumsgedanke allein die Wirtschaft noch tragen kann. Das Gewissen der Konsumenten und ihre Möglichkeiten, Druck auf Konzerne auszuüben, haben Unternehmen zum Umdenken gezwungen. Die Verbraucher wollen Karma-Konsum, heißt es entsprechend in der FAZ mit Blick auf den immer größer werdenden Markt von Bio- und Fair-Trade-Produkten.

Sie fragen sich, was dies mit Ihnen und Knigge zu tun hat? Erneut mehr als Sie denken. Bisher galt: Wer geschickt den Vorteil für sich nutzt, ist clever. Oder: Wer mit dem Flugzeug von München nach Leipzig fliegt, der hat es geschafft. Oder: Wer beim Geschäftsessen den Jahrgangschampagner springen lässt, der meint es gut. Der neue Business-Knigge setzt jedoch auf langfristiges Engagement:

- Knigge ist künftig Fahrrad statt Taxi.
- Knigge ist künftig Zug statt Flugzeug.
- Knigge ist künftig low Budget statt Luxusabsteige.
- Knigge ist künftig Spenden statt üppiger Weihnachtsgeschenke.
- Knigge ist künftig langfristiges Geschäft statt kurzfristiger Abschluss.
- Knigge ist künftig selbst denken statt googeln.
- Knigge ist oftmals analog statt digital.

i Agieren Sie kurz- oder langfristig? Mit seinem Verhalten kann jeder im Geschäftsleben zeigen, auf welcher Seite er steht.

Von Vorbildern lernen

Der südkoreanische Stahlkonzern Posco, der Halbleiterhersteller Infineon und das IT-Unternehmen Logica haben eines gemein: Sie wurden 2015 weltweit unter die nachhaltigsten Unternehmen gewählt. Dass sich Nachhaltigkeit und Kapitalismus nicht ausschließen, zeigt das Ranking der kanadischen Analyseberatung Corporate Knights, das seit 2005 jährlich erfasst und im Rahmen des Weltwirtschaftsgipfels in Davos veröffentlicht wird. Unter den Gewinnern finden sich auch Stahl- oder Ölkonzerne, denen man eine solche Platzierung nicht zutrauen würde. Bei anderen Rankings kommen Unternehmen aus Deutschland meist gut weg. So zeigt eine Auswertung der Münchner Ratingagentur Oekom, dass deutsche Unternehmen auch international zu den Vorreitern nachhaltigen Wirtschaftens zählen – in manchen Branchen sind hiesige Firmen sogar Vorreiter.

Nicht jedes Unternehmen – vor allem im kleinen Mittelstand – wird im Rahmen von Rankings erfasst. Doch um sich einen Überblick zu verschaffen, können schon wenige Fragen helfen.

Ergründen Sie das Nachhaltigkeitspotenzial eigener und anderer Unternehmungen

- Wer korrekt handelt, muss sich sein Recht seltener erstreiten: Wie viel Geld werden in einem/Ihren Unternehmen für Anwälte und Urteile ausgegeben?
- Wer weniger verbraucht, schont die Umwelt: Wie ist das Verhältnis in einem/Ihrem Unternehmen von Umsatz zu Energieverbrauch oder CO2-Ausstoß?
- Wer an Familien denkt, denkt an die Zukunft: Wie sehr fördert ein/Ihr Unternehmen die Vereinbarkeit von Familie und Beruf? (Arbeitszeiten, Kita-Unterstützung etc.)
- Wer sich ausruht, agiert kurzfristig: Wie innovativ ist Ihr/ein Unternehmen? (Patente, neue Produkte, neue Dienstleistungen?
- Wer Zahlen kennt, kann Ziele definieren: Misst ein/Ihr Unternehmen seine Nachhaltigkeit und werden die Ergebnisse dokumentiert?
- Wer keine Schlupflöcher nutzt, gibt der Allgemeinheit etwas: Wie viele Steuern zahlt ein/Ihr Unternehmen im Vergleich zum Branchenwettbewerb?
- Wer generisch wächst, wächst nicht um jeden Preis: Wie überschuldet ist ein/Ihr Unternehmen?
- Wer gleich behandelt, verringert Ungleichheit: Wie ist das Verhältnis zwischen Gehältern verschiedener Hierarchiestufen?
- Wer Diversifikation groß schreibt, schreibt Vorurteile klein: Wie ist das Geschlechterverhältnis in Führungsjobs und gibt es Mitarbeiter aus dem Ausland in führenden Positionen?

Die Nutzungsdauer macht die Nachhaltigkeit

Nachhaltigkeit im Geschäftsleben lässt sich auch auf den Umgang mit Arbeitsmaterialien und Arbeitsmitteln übertragen. Gemeint sind an dieser Stelle nicht Projekte wie Aqua con Viva, bei dem Büroangestellte mit jedem Wasser, das sie trinken, etwas spenden. Gemeint sind auch weniger das umweltfreundliche Papier oder der sparsame Umgang mit Papier überhaupt, indem nicht jede E-Mail ausgedruckt wird. Alles richtig, alles gut.

Die Rede ist hier jedoch davon, wie schnell wir Arbeitsmittel austauschen. Sei es das neuste Smartphone-Modell, das neuste Tablet oder der neuste Firmenwagen: Die ständige Neuanschaffung von Arbeitsgeräten ist in verschiedener Hinsicht kurzfristig. Der kanadische Philosoph Charles Taylor, der sich in seinen Werken für mehr Gemeinsinn und Solidarität einsetzt und sich viel mit der Frage der Identität beschäftigt, erklärt beispielsweise: Dinge ständig wegzuwerfen bedeute, in gewisser Weise den eigenen Charakter zu ändern.

Was das heißt? Das bedeutet, dass wir in unserer Arbeitswelt keine eigene Identität mehr finden und nicht entsprechend selbstbestimmt handeln können, weil uns mittlerweile sogar die materiellen Bezugspunkte fehlen. Zu schnell tauschen wir nicht nur Smartphones und Tablets aus, sondern wechseln gezwungenermaßen auch ständig die Betriebssysteme. Es gelingt uns nicht, Beziehungen aufzubauen. Beziehungen, die uns am Ende bei der eigenen Verortung helfen. Beziehungen, die ein Fundament bilden für Umgangsformen und Werte.

„Tatsächlich, so meine ich, sind die Dinge, mit denen wir leben und mit den wir arbeiten, immer auch bedeutsam für unsere individuelle Identität“, erklärt der Jenaer Wissenschaftler Hartmut Rosa, den ich anfangs bereits im Zusammenhang mit dem Thema „Beschleunigung“ mehrfach zitiert habe. Er vertritt die Meinung, dass wir nur dann mit unseren Dingen eine Beziehung eingehen können, wenn wir sie nicht vor dem Kaputtgehen oder Verschleißen austauschen.

Knigge-Kur für mehr Nachhaltigkeit

Lokal agieren

Ein Motto, das in den vergangenen Jahren verstärkt die Runde gemacht hat, lautet „think global, act local“ – global denken, lokal handeln. Dieses Motto ist aus Kniggesicht in mehrerlei Hinsicht spannend und nicht nur auf das Thema „Konsum“ zu transferieren. Auf Geschäftsbeziehungen übertragen heißt es beispielsweise: Setzen Sie verstärkt auf Kunden vor Ort: Im Zuge der Effizienz und Ökonomisierung wurden in den vergangenen Jahren auch Geschäftsbeziehungen regelrecht outgesourct. Über Internetplattformen ist es möglich, weltweit nach Leistungen zum besten Preis zu suchen. Dies führt jedoch wie erwähnt zu mehr Mobilität, zu mehr Digitalisierung, zu mehr Informationen und zu mehr Beschleunigung. Versuchen Sie, bei Aufträgen verstärkt mit Geschäftspartnern vor Ort zu kooperieren.

Bindungen zulassen

Bauen Sie Bindungen auf: Klar, wer heute mit diesem kooperiert und übermorgen mit jenem, der kann sich auch schnell aus dem Staub machen. Dies gilt für beide Seiten. Die Gefahr, dass einem der Programmierer Herr Sharma aus Kairo auf der Straße in Köln über den Weg läuft, ist gering. Entsprechend nimmt die Verbindlichkeit oftmals mit der Distanz ab. Ein Geschäftspartner, den man kennt, weiß mitunter um die persönlichen und wirtschaftlichen Umstände – und agiert entsprechend anders.

Nachhaltig kommunizieren

Nachhaltigkeit in der Kommunikation: Die Informationsüberflutung in Verbindung mit der dauerhaften Erreichbarkeit ist ein Kniggeproblem der heutigen Zeit. Wer nachhaltig kommunizieren möchte, sollte überlegen, wie er beide Faktoren minimiert. Eine Lösungsmöglichkeit lautet: „reduce to the max" – weniger ist mehr. Das bedeutet: Überlegen, ob in der E-Mail wirklich etwas Wichtiges steht. Nachdenken, wo die Datei abgelegt ist, statt den Kollegen im Urlaub anzurufen, selbst wenn der Anruf schneller ginge und Kosten sparen würde, ergo effizienter wäre.

Nachhaltig durch Vorbereitung

Ad-hoc-Aktionen verbrauchen in vielerlei Hinsicht Energie. Bemühen Sie sich daher um mehr Planung und realistische Zeiteinschätzung. Natürlich können Sie sich auf die Schnelle mit einem potenziellen Geschäftspartner treffen. Aber ist dies nachhaltig, wenn Sie es unvorbereitet tun? Investieren Sie lieber Zeit im Vorhinein und laufen Sie nicht in die Ökonomisierungsfalle. Die Falle schlägt zu, wenn Sie stets nur an die vorzeigbaren Ergebnisse denken, während die Vorbereitung meistens nicht sichtbar, aber spätestens beim Ablauf des Meetings doch spürbar ist.

Analog statt Digital

Schöne neue Welt. Sie kaufen eine Adressdatenbank und können mit einem Mailprogramm 5.000 Empfänger innerhalb einer Stunde anschreiben. Das würde im Prinzip sogar funktionieren, wenn Sie der einzige Absender wären. Da aber viele auf Digitalisierung und eben diesen Weg setzen, geht Ihre Kontaktaufnahme schlicht unter. Von den 5.000 Empfängern fühlen sich zudem 50 Prozent genervt. Nur einer tritt mit Ihnen in Kontakt. Wäre es, anstatt mehrere Tausend Empfänger mit Kommunikationsabsicht zu nerven, nicht zielführender gewesen, intensiv nachzudenken, welchen einen Empfänger, der Ihnen wirklich wichtig ist, Sie besser hätten anrufen oder ihm einen Brief schreiben sollen? Ich will mich selbst gar nicht ausnehmen. Auch ich setze immer wieder auf diese Mittel, weil ich mir von ihnen Effizienz und Ökonomie verspreche. In Wirklichkeit setzen wir jedoch darauf, weil wir faul sind. Oder bequem. Oder beides.

i

Das Treibhausgas Kohlendioxid gilt heute aus diversen Gründen als Messgröße, um zumindest die ökologische Nachhaltigkeit zu messen. Im Internet finden sich etwa auf www.ecogood.de oder www.mein-fussabdruck.at diverse Rechner, mit denen jeder seinen CO_2-Fußabdruck errechnen kann.

Wider die Bequemlichkeit – mit Anstrengung nachhaltig

Ein Todfeind der Nachhaltigkeit ist die Bequemlichkeit. Spannend in diesem Zusammenhang scheint ein Blick auf die Bedeutungsvielfalt der Bequemlichkeit. Als Synonyme für die Bequemlichkeit gelten Müßiggang, Faulheit, Trägheit oder Komfort. Gemeint ist an dieser Stelle jedoch vielmehr die Bequemlichkeit im Sinne von Leichtigkeit, von weniger Aufwand. Es ist bequemer, schnell das Smartphone zu zücken als den Kopf anzustrengen. Es ist bequemer, zehn Euro für das Taxi auszugeben als schnell das Fahrrad zu nehmen. Es ist bequemer, das Abstract eines Buches zu lesen als das ganze Buch. Unbequem sein heißt hingegen, sich anzustrengen.

Aber ist Anstrengung nicht dumm? Warum zwei Tage in das Lesen eines Buches investieren, wenn ich mir auf YouTube in fünf Minuten die Zusammenfassung ansehen kann? Warum um Mitternacht mit einem Geschäftspartner in Japan telefonieren, wenn sich die Zeitverschiebung auch durch zeitversetzte Kommunikation via E-Mail aushebeln lässt? Warum selbst nach einem interessanten Einstieg für die Rede suchen, wenn sich via Suchmaschine schnell ein passendes Zitat ergoogeln lässt? Warum? Ganz einfach: Die bequeme Abkürzung zu nehmen, mag eigene Ressourcen schonen. Allerdings verbrauchen wir bei externen Hilfen nahezu immer andere Ressourcen. Und Ressourcen zu verbrauchen, die nicht unsere eigenen sind, das ist nicht nachhaltig. Zudem entfremden wir uns, wenn wir uns die Dinge nicht mit einer gewissen Verarbeitungstiefe aneignen. Ja, wenn wir nur kopieren und nutzen, statt selbst kreativ zu sein und uns zu verausgaben, sind wir weniger wir selbst.

i

Anstrengung in sich selbst zu investieren ist ohne Zweifel ein wesentlicher Bestandteil der Knigge-Kur. Die Multioptionalität, nach der wir uns jeden Tag für etwas anders entscheiden können und im Prinzip nichts mit Nachhaltigkeit und Ausdauer verfolgen müssen, führt in eine Identitätssackgasse. Erst unsere Anstrengungen und Erfahrungen machen uns zu dem, was wir sind. Wer permanent auf andere vertraut, wird nie herausfinden, wer er ist – und anfällig für jene scheinbaren Kniggeregeln, die ihm nur dabei helfen, bequem und oberflächlich auf der Welle des Erfolgs zu reiten.

Die neue Beziehungsqualität

Wer öfter einmal im Ausland geschäftlich unterwegs ist, kann beim Blick auf die Geschäftsmentalität in Sachen Nachhaltigkeit einiges lernen. In einigen Ländern steht der Abschluss mehr im Vordergrund, in anderen die Beziehung. Natürlich geht es in beziehungsorientierteren Kulturen am Ende auch um den Geschäftserfolg – aber eben nicht sofort auf den ersten Blick. „It takes two to tango" heißt ein Lied aus den 60ern, dessen Aussage Anfang der 80er in der russisch-amerikanischen Politik geprägt wurde. Der Titel zeigt im metaphorischen Sinn sehr schön, worum es sich dreht: Niemand kann allein einen Tango tanzen. Es braucht zwei, die sich annähern, die sich kennen und die kooperieren.

Das Geschäftsgebaren in Deutschland, aber auch in Österreich, Frankreich, England, in den USA oder in skandinavischen Ländern gilt als abschlussorientiert. Das bedeutet: Wenn Business auf dem Programm steht, dann wird mit der Tür ins Haus gefallen. Von Land zu Land sieht das natürlich unterschiedlich aus. In Deutschland wird schon mal einem unbekannten Geschäftspartner direkt am Telefon mitgeteilt, was man möchte. In Frankreich wartet man damit zumindest bis nach der Vorspeise. Aber insgesamt eilt der teutonische Geschäftsmann stets zügig zur Sache. Zeit ist schließlich – Sie wissen schon. Und wir haben sie ja nicht zu verlieren. Es bittet quasi einer zum Tanz, aber dann gleich richtig. Oder: Der Deutsche tanzt gleich ganz allein vor sich hin. Ähnlich wie bei elektronischer Musik.

Wer als Deutscher so in Japan, in Südamerika, in arabischen Ländern oder Indien erfolgreich zum Zuge kommt will, wird meistens alt aussehen. Auch in Südeuropa ticken die Uhren diesbezüglich anders. Hier will man den Tango. Denn: Viele Unternehmen in besagten

Regionen machen nicht mit irgendwem Geschäfte. Das gilt sogar, wenn der andere etwas kaufen will.

Beziehungsorientiertes Business

- Man will den anderen Geschäftspartner erst einmal kennenlernen.
- Man möchte wissen, ob man gemeinsam andere Kontakte kennt. Denn über die gemeinsamen Bekannten kann man sich ein Bild vom Gegenüber machen.
- Man möchte herausfinden, wie der andere über bestimmte Dinge denkt.

Die deutsche Vertriebsniederlassung eines japanischen Optoelektronikunternehmens in Süddeutschland, die für mehrere Länder in Europa tätig ist, hat innovative und weltweit führende Produkte. Das wissen die Angestellten. Als im Winter 2014 ein Unternehmen aus Italien anrief und Waren im Wert von mehr als 500.000 Euro ordern wollte, passierte lange Zeit nichts. Auch die ersten E-Mails des Käufers wurden ignoriert. Als dann die Italiener in München bei einer großen Messe an den Stand des japanischen Herstellers gingen, kamen die Geschäfte langsam in Gang. Das japanische Unternehmen wollte kein Geschäft mit jemandem machen, den man nicht kennt – selbst wenn derjenige einen 500.000 Euro-Auftrag in Aussicht stellt.

Natürlich wirkt das beziehungsorientierte Handeln auf den ersten Blick umständlich, zeitintensiv und damit teuer. Langfristig gesehen ist die Beziehungspflege die ökonomisch sinnvollere Geschäftspraxis. Wissenschaftler haben herausgefunden, dass es in etwa fünfmal so teuer ist, einen Neukunden zu akquirieren, wie einen Bestandskunden zu halten.

Denn wer abschlussorientiert handelt,

- lässt Geschäftskontakte nach erfolgreichem Abschluss oft fallen wie eine heiße Kartoffel,
- muss mehr Geld in Marketing und Vertrieb investieren und
- fängt immer wieder von vorn an.

Die gute Nachricht: Die neue Knigge-Kur hilft Ihnen, in vielen Punkten automatisch beziehungsorientierter zu agieren. Indem Sie Ihr

Kommunikationsverhalten verbessern, werden Sie individueller. Indem Sie sich besser konzentrieren, werden Sie aufmerksamer. Indem Sie sich entschleunigen, bleibt mehr Zeit für Menschen als für Sachen. Viele der in diesem Kapitel skizzierten Knigge-Heilmittel maximieren den Trend zur Beziehung und minimieren die Tendenz des reinen Abschlusses.

So wird Ihr Geschäft beziehungsorientierter

Geschäftsanbahnung

Fallen Sie nicht mit der Tür ins Haus. Wenn Sie bereits soziale Businessnetzwerke haben – dann nutzen Sie diese. Schauen Sie, ob es eine Verbindung zu Ihrem angestrebten Kontakt gibt. Tauschen Sie sich zunächst mit ihrem bestehenden Kontakt aus. Vielleicht kann dieser bei der Anbahnung helfen.

Nutzen Sie Messen und Kongresse: Natürlich sind Messen teuer. Allerdings bieten sie, wie andere Veranstaltungen auch, eine hervorragende Möglichkeit, sich direkt zu beschnuppern. Im Anschluss ergibt sich zudem ein konkreter Aufhänger, um begonnene Gespräche zu vertiefen. Falls die Kontaktaufnahme per Telefon oder E-Mail erfolgt: Fallen Sie nicht mit der Tür ins Haus. Bleiben Sie allgemein und erkundigen Sie sich nach einem Ansprechpartner, bevor Sie beim Erstkontakt zum Ziel vordringen.

Kommunikation

Wie zwischen beziehungsorientierten und abschlussorientierten Kulturen unterschieden werden kann, lässt sich auch in Bezug auf die Sprache sehen: Die einen nutzen eher die indirekte, die anderen eher die direkte Kommunikation. Man könnte sagen: Beziehungsorientierte Kulturen sprechen meist indirekter miteinander. Das gilt nicht immer, aber etwa für Asien. Doch was bedeutet indirekte Kommunikation? Und wie sieht es in Deutschland aus?

Direkt versus indirekt

Wer in Deutschland mit Kollegen oder auch Geschäftspartnern spricht, sagt meist, was er denkt. Kritik wird geradeheraus geäußert. Wer zu einem Termin nicht erscheinen kann, sagt „Nein". Wer etwas nicht braucht, auch. Vier Buchstaben. Ein Statement. In vielen

Ländern undenkbar. Dort gibt es kein „Nein“ in unserem Sinne. Ein „Nein“ klingt viel zu hart, selbst wenn „Nein“ gemeint ist. Zu diesen Ländern zählen besonders Japan, China, England und auch die USA. Dort wird ein Nein einfach umschrieben. „Das könnte schwierig werden“ oder „Wir werden alles versuchen“, heißt es dann etwa. Doch die indirekte Kommunikation zieht sich durch die gesamte Sprache. „Das klingt interessant“ ist in England eine ganz ähnliche Floskel wie „Wie geht es Ihnen?“. Es handelt sich um Höflichkeiten.

Kritisieren heißt nicht Vernichten

Große Unterschiede gibt es auch beim Thema „Kritik“. Während es in Deutschland kein Problem ist, einem Geschäftspartner die Meinung zu sagen, kann dies in Ländern wie Japan, Indien oder in den USA zum Scheitern der Geschäftsbeziehung führen. Schlimmstenfalls fügen Sie dem ausländischen Kollegen oder Geschäftspartner sogar einen irreparablen Gesichtsverlust zu. Doch wie sieht es in Deutschland aus? Kann indirekte Kommunikation auch die Geschäftswelt in Deutschland zu einem freundlicheren Ort machen? Kann indirekte Kommunikation auch in Deutschland dazu führen, dass wir beziehungsorientierter handeln?

Kritik jedenfalls lässt sich auch hier durch die Blume formulieren. Statt „Das ist der größte Mist, den ich seit Langem gesehen habe“ lässt sich auch hierzulande sagen „Das ist schon ganz gut. Vielleicht könnten Sie dieses und jenes noch ändern“.

Beziehungspflege

Natürlich gibt es Customer-Relationship-Management(CRM)-Tools und andere Anwendungen, die dabei helfen, Beziehungen zu managen und zu pflegen. Doch meistens finden solche Werkzeuge vor allem im Vertrieb Verwendung. Beziehungspflege in anderen Abteilungen und Branchen sieht meist so aus: Man macht Geschäfte, weil es so ist. Und überhaupt soll nicht gequatscht, sondern das Business vorangetrieben werden!

Doch Beziehungspflege ist auch ohne CRM und abseits von Verkaufsabteilungen möglich. Ob beim Businesslunch oder bei einem außerplanmäßigen Telefonat: Es geht darum, das Gegenüber auch als Menschen außerhalb seiner Arbeitstätigkeit wertzuschätzen und kennenzulernen. Auch hier hält die Knigge-Kur einige Ansätze bereit. Von kleinen Aufmerksamkeiten bis hin zur Beschäftigung mit dem Gegenüber und zur Beziehungspflege beim gemeinsamen Mittagessen.

5 Tipps für mehr Beziehungsorientiertheit

1. Kollegen und Geschäftspartner in den Vordergrund stellen – und nicht nur die Geschäftssache.
2. Sich für Kollegen und Geschäftspartner interessieren – und nicht nur für die Geschäftssache.
3. Ein Geburtstagsgruß oder ein Mittagessen: Zeit für Kollegen und Geschäftspartner aufbringen – und nicht nur für die Geschäftssache.
4. Die Sprache durch mehr Indirektheit auf eine langfristige Basis stellen – und so Eskalationen und Verstimmungen vermeiden.
5. Nachhaltig und fair handeln statt kurzfristig agieren – und nicht Geschäftspartner nach erfolgtem Deal wie eine heiße Kartoffel fallenlassen.

Die neue Verlässlichkeit

Falls der Leiter des Verlagsprogrammes dieses Buch oder gar dieses Kapitel liest, dürfte er mit einiger Spannung erwarten, was der Autor an dieser Stelle zum Thema „Verlässlichkeit" zu berichten weiß. Das Manuskript dieses Buches sollte ursprünglich im Herbst 2014 abgegeben werden. Zum Zeitpunkt, als ich den Vertrag unterschrieben hatte, konnte ich nicht wissen, dass ich ein zweites Mal Vater werde. Ich konnte auch nicht wissen, dass ich ein Medien-Start-up gründen würde. Der Termin war unhaltbar.

Also wurde der Titel ins nächste Jahr verschoben. Neuer Abgabetermin: 30. April 2015. „Bitte ein fehlerfreies Exemplar ohne Eselsohren" hatte der Programmleiter freundschaftlich und augenzwinkernd in unserer Mailkorrespondenz geschrieben. Jetzt, da ich diese Zeilen schreibe, ist es 23.09 Uhr am – 14. Mai 2015. Immerhin, das Jahr stimmt noch. Eigentlich habe ich bisher selten ein Manuskript zum vereinbarten Termin abgegeben. Doch offensichtlich bin ich nicht der Schlimmste oder es gibt andere Bereiche, in denen ich verlässlicher bin.

„Zahlungsgsmoral der deutschen Wirtschaft sinkt weiter", heißt es in einer Mitteilung des Wirtschaftsanbieters Bisnode. In einer anderen Pressemeldung titelt der Wirtschaftsinformationsdienst Bürgel: „Zahlungsmoral der Unternehmen in Deutschland sinkt: Quote der Nicht- und Spätzahler steigt auf 17,5 Prozent / Fast jeder sechste Kunde bezahlt in Deutschland seine Rechnungen verspätet oder am Ende gar nicht." Die Meldung selbst liest sich etwas besser, aber auch nicht eben ermutigend: „Man beobachte vermehrt ein liquiditätsschonendes Verhalten seitens der Unternehmen zulasten der Lieferanten.

Ein Großteil der Unternehmen habe keine Zahlungsprobleme – sie könnten zahlen, täten dies aber bewusst verspätet mit dem Ziel, das Geld so lange wie möglich zu halten. Es sinke die Zahlungswilligkeit der Unternehmen – nicht die Zahlungsfähigkeit."

Eine zentrale Rolle in der Wirtschaft spielt das Geld. Und Verlässlichkeit zeigt sich unter anderem darin, wie sehr man sich als Unternehmen oder Geschäftsmann darauf verlassen kann, dass Rechnungen bezahlt werden. Offensichtlich hat die Zahlungsverlässlichkeit in Deutschland schon bessere Zeiten gesehen. Doch Verlässlichkeit spiegelt sich, wie im Eingangsbeispiel beschrieben, in vielen anderen Situationen des Berufsalltags wider.

Verlässlichkeit und Zuverlässigkeit im Berufsalltag

- Einhalten von Absprachen, etwa über zugesagte Lieferzeitpunkte und Termine
- Einhalten von Absprachen über Stückzahlen, Preise oder Zahlungen
- Einhalten von Absprachen zu Dienstleistungs- und Produktqualität

i

Verlässlichkeit ist eine zentrale Währung. Etwas, was heute denselben Wert hat wie morgen. Etwas, mit dem wir kalkulieren können. Verlässlichkeit bedeutet Stringenz im Handeln. Verlässlichkeit bedeutet Meinungsstärke – auch bei veränderter Themenlage. Verlässlichkeit bedeutet, die ein oder andere Chance ziehen zu lassen, um Zugesagtes einhalten zu können. Verlässlichkeit bedeutet, sich auf jemanden verlassen zu können.

Wie der Knigge-Report 2015 zeigt, ist es um die Verlässlichkeit beziehungsweise Zuverlässigkeit nicht nur in puncto Zahlungsverhalten weniger gut bestellt. Mehr als die Hälfte, nämlich 52 Prozent aller Befragten, vertreten die Meinung, dass Menschen heute insgesamt weniger zuverlässig sind als früher. Wer ein bisschen in die Tiefe geht, findet schnell Belege, dass der Eindruck nicht zu trügen scheint. Mehr noch: Das Gefühl, dass man sich heute auf Dinge weniger gut verlassen kann als früher, scheint geradezu zwingend mit den hinlänglich beschriebenen Tendenzen unserer Zeit einherzugehen.

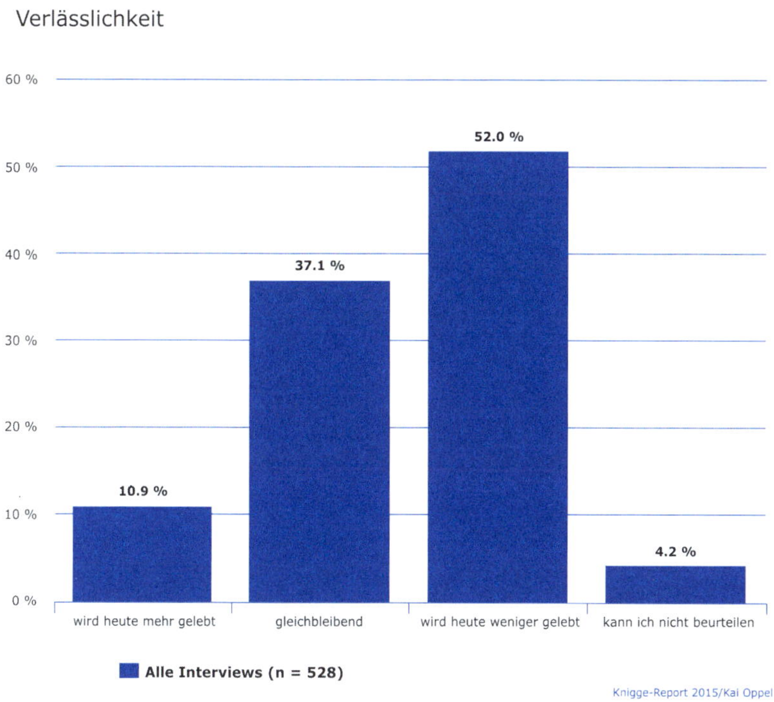

Die Mobilität führt dazu, dass wir im Berufsleben heute hier und morgen da verweilen. Früher standen die Chancen sicher um einiges besser, einen Mitarbeiter oder Geschäftspartner an seinem Arbeitsplatz anzutreffen. Ein Feind der Verlässlichkeit ist auch die Beschleunigung, die, wie eingangs beschrieben, verstärkt dazu führt, dass jeder einzelne Chancen ergreift, wenn sie sich bieten – und im Gegenzug anderes fallen lässt. Die Folge: Ansprechpartner wechseln. Zuständigkeiten wechseln. Aufgaben wechseln. Kontinutität sieht anders aus.

Digital zuverlässig

Eine besondere Rolle beim Thema „Zuverlässigkeit" nimmt die Digitalisierung ein. Daten und Informationen gelten als das neue Öl des 21. Jahrhunderts. Auf ihrer Grundlage werden Geschäftsentscheidungen getroffen. Früher lag die Informationshoheit vornehmlich bei den Medien und bei Wirtschaftsdiensten. Heute ist quasi jeder Mitarbeiter zum Pressesprecher geworden und gibt über soziale Netzwerke Informationen und Daten weiter. Doch: Sind diese Daten und Informationen zuverlässig?

Mehr denn je bietet sich hier die Chance für jeden Einzelnen, sich in puncto Daten- und Informationsangebot als zuverlässige Quelle zu positionieren. Doch wie können Sie Informationen und Daten prüfen? Diese fünf Regeln können Ihnen helfen.

Auf dem Weg zur zuverlässigen Informationsquelle

1. Misstrauen Sie allen Informationen, die Sie nicht mit eigenen Augen gesehen oder eigenen Ohren gehört haben. Selbst wenn Sie die Dinge selbst gehört haben: Fragen Sie sich, ob man Sie bewusst täuschen wollte.

2. Prüfen Sie Informationen immer nach: In Zeiten der Geschwindigkeit sind selbst tradierte Qualitätsmedien wie der öffentlich-rechtliche Rundfunk oder renommierte Zeitungen nicht vor der Veröffentlichung von Falschinformationen gefeit. Prüfen Sie immer mehrere Quellen, bevor Sie Informationen weitergeben.

3. Warten Sie: Natürlich ist Zeitvorteil = Wettbewerbsvorteil. Manchmal kann es aber im Wirtschaftsleben besser sein, nicht jeder Neuigkeit hinterherzuennen. Das gilt vor allem dann, wenn sich eine Information als falsch erweist.

4. Vorsicht bei Bildern. Nicht erst seit Nordkorea ist bekannt, dass Fotos und Grafiken manipuliert werden. Rechnen auch Sie immer damit, dass ein Foto bearbeitet ist. Sie sehen einen Kollegen mit der Frau des Chefs? Warum sollte dieses Foto nicht manipuliert sein?

5. Kollege, bleib bei deinen Informationen: Kümmern Sie sich nicht um Informationen, die nichts mit Ihrem Arbeitsgebiet zu tun haben. So bewahren Sie sich davor, zur Tratschtante zu werden.

Die neue Bescheidenheit

„Hochmut ist es, der den Pinsel von sechzehn Ahnen aufbläht, dass er die Verdienste seiner Vorfahren – die oft nicht einmal seine echten Vorfahren sind, und oft nicht einmal Verdienst gehabt haben – dass er diese sich anrechnet, als wenn Tugenden zu dem Inventario eines alten Schlosses gehörten." (Knigge)

Es ereignete sich im Jahr 2004, als Klaus Kleinfeld im Zuge seiner Ernennung zum Vorstandsvorsitzenden die teure Rolex-Uhr auf einem Foto wegretuschiert wurde. Das Zeichen der Macht wollte nicht recht zur damaligen BenQ-Pleite passen. Statussymbole in der Berufswelt sind klar auf dem Rückzug. Das gilt für die oberen Führungsetagen etwas mehr als für den normalen Arbeitnehmer, aber der Trend ist unverkennbar. Im März 2015 etwa trennte sich ThyssenKrupp von Jagdrevieren, einem Jet und einem Nobel-Hotel. Und auch bei besser gestellten Mitarbeitern der Finanzbranche sind teure Manschettenknöpfe heute etwas weniger häufig zu sehen als vor dem Ausbruch der Finanzkrise.

Von allen im Knigge-Report 2015 abgefragten Werten sind Bescheidenheit und Zurückhaltung den Studienteilnehmern am wenigsten wichtig. Auf der Skala von 1 bis 10 erreichen beide nur 6 bis 7. Wichtig bleiben beide Werte dennoch. Dies hängt nicht zuletzt damit zusammen, dass opulente Verfehlungen heute nicht zuletzt durch konventionelle und soziale Medien schneller und stärker geächtet werden. Gerade wenn Unternehmen an der falschen Stelle protzen, ist der Shitstorm programmiert.

Nachteil für Tiefstapler?

Doch wie geht Bescheidenheit abseits von Manschettenknöpfen und Prestige? Haben uns Ratgeber der vergangenen Jahre nicht allesamt gelehrt, locker flockig auf dicke Hose zu machen? Lieber etwas zu übertreiben als zu untertreiben? Sich eher in den Vordergrund zu stellen als in den Hintergrund? Keine Frage, das haben sie. Mit dem mehrfach in diesem Buch skizzierten Ergebnis einer völlig verzerrt dargestellten Welt, in der sich zwangsläufig jene etwas zu kurz gekommen fühlen, die nicht so dick aufgetragen.

Die folgenden Fragen können Ihnen helfen, selbst die Balance zu finden – zwischen Lebensetappen auf die Sie zu Recht stolz sein können, und offensichtlichen Blendattacken. Nehmen Sie sich ein Blatt Papier und versuchen Sie, ehrlich auf diese Fragen zu antworten.

- Sie haben einen wissenschaftlichen Abschluss? Steht dieser in Ihrer Signatur beziehungsweise auf Ihrer Visitenkarte? Warum? Warum nicht?
- Wie wichtig sind Ihnen Posten und Positionen? Warum?
- Posten Sie oft Statusmeldungen von typischen Business Locations wie Flughäfen oder von exotischen Orten in sozialen Netzwerken? Warum? Warum nicht?
- Wie stellen Sie sich anderen Personen vor? Warum erwähnen Sie welche Details?
- Tragen Sie teure Uhren oder Statussymbole? Warum?
- Wie gehen Sie mit Lob um?
- Was macht Sie wirklich zufrieden? Anerkennung? Geld? Einfluss?
- Sind Sie der Meinung, dass Sie und Ihre Leistung ausreichend gewürdigt werden?
- Warum halten Sie sich für wertvoller als den Menschen einer anderen Berufsgruppe?

Anhand der Antworten können Sie herauszufinden, wie Sie selbst ticken und auch wie Sie sich nach außen darstellen. Wie erwähnt, gibt es natürlich viele Lebensleistungen und Situationen, auf die Sie stolz sein können. Und wie ebenfalls erwähnt, sind es eben nicht nur die Leistungen, die in einem Leben zählen. Ein Hauptproblem der Beschleunigung der Gesellschaft liegt darin, dass Leistungen und

Errungenschaften eine immer kürzere Halbwertszeit haben, weil der Wettbewerb so gnadenlos tobt.

Früher hieß es „Was interessiert mich mein Geschwätz von gestern?" Das heißt es heute auch noch – aber zusätzlich könnte es lauten: „Was interessieren mich deine Leistungen von gestern?" Ein zweischneidiges Schwert. Bestimmte Berufsuniformen oder Titel manifestieren erbrachte Erfolge. Ist es nun bescheiden, diese Erfolge nicht nach außen zu kehren, oder ist es richtig? Die Erfolge sind doch schließlich ein Teil der Identität und nicht zuletzt ein Respektskatalysator. Wie sollen andere und man selbst Respekt vor sich haben, wenn Errungenschaften immer kürzer etwas zählen? Ich fürchte, hier muss jeder seinen eigenen Weg finden.

Umgang mit Lob

Später werde ich noch darauf eingehen, wie wichtig es ist, sich für andere Menschen und Kollegen ernsthaft zu interessieren. Dazu zählt auch die Wertschätzung der Arbeit – etwa durch Lob. Mehrere Studien zeigen, dass Lob die Arbeitsleistung deutlich steigern kann. Umfragen zeigen aber auch, dass viele Arbeitnehmer darüber klagen, zu wenig gelobt zu werden.

Lob ist im Beruf nicht nur wichtig, um andere zu motivieren. Vor allem gibt Lob Orientierung. So wichtig Lob im richtigen Augenblick für Kinder ist, damit sie ein gesundes Selbstvertrauen und ihre Identität entwickeln können, so wichtig ist die gebührende Anerkennung im Berufsleben. Denn: Da Kritik schneller und öfter geäußert wird als eine positive Beobachtung, kann sonst schnell ein verzerrtes Bild entstehen.

Besser gut gelobt als schlecht zur Kenntnis genommen

- Nie die Intelligenz loben, sondern immer die Anstrengung.
- Nicht nur die Leistung loben, sondern auch den Menschen/Mitarbeiter überhaupt. Wie erörtert, definiert sonst der Gelobte selbst seine Identität irgendwann nur über die Leistung.
- Materielle Belohnung muss nicht sein. Ehrliche und authentische Worte, die direkt geäußert werden, sind oftmals besser als ein 100-Euro-Bonus.

- Das Lob sollte die Arbeit beziehungsweise die Leistung noch einmal beschreiben. Mit eine „Super“ allein kann der Kollege meist weniger anfangen als mit zwei Sätzen, die zusammenfassen, was der andere wirklich gut gefunden hat.

Das neue Interesse

„Interessiere Dich für andere, wenn Du willst, dass andere sich für Dich interessieren sollen, Wer unteilnehmend, ohne Sinn für Freundschaft, Wohlwollen und Liebe, nur sich selber lebt, der bleibt verlassen, wenn er sich nach fremden Beistand sehnt.“ (Knigge)

Eine kleine Designagentur in Berlin. Fünf Mitarbeiter. Die Agentur floriert, die Auftragslage ist stabil. Dennoch liegt eine latent schlechte Stimmung in der Luft, woran auch die schöne Dachterrasse mit Blick auf Fernsehturm und Spree nichts ändern können. Stefanie, die zwei größere Kunden betreut und auch die Buchhaltung macht, fühlt sich überfordert. Thomas und Steffen, von denen jeder sieben Mandanten betreut, können Stefanies schlechte Laune nicht nachvollziehen. Schließlich erwirtschaftet jeder von ihnen mehr als doppelt so viel Geld wie sie. Und dann ist da noch Mathias, der ohnehin nur unterwegs und selten da ist. Die Praktikantin Helena? Die sieht zwar gut aus. Macht jedoch nur Kleinkram.

Knigges Worte zum Interesse lassen sich durchaus auch auf den Berufsalltag übertragen. In vielen Teams und Abteilungen weiß oft die eine Hand nicht, was die andere tut. Jeder werkelt vor sich hin mit dem Ergebnis, dass ein jeder seine eigene Arbeit für die wichtigste hält. Man könnte auch sagen, der eine Kollege interessiert sich nicht für den anderen. Das Ergebnis ist, dass man sich gegenseitig in seiner Arbeit nicht wertgeschätzt fühlt. Das Interesse am anderen leidet ebenfalls, wenn Kollegen oder Geschäftspartner zu sehr auf ihre Tätigkeit reduziert werden.

Den Menschen hinter der Ressource entdecken

Ob Vorzimmerdame, Fahrkartenverkäuferin oder Dienstleister: Hinter jeder Arbeitskraft steckt immer auch ein Mensch, der entdeckt werden will. Wie der Knigge-Report 2015 zeigt, wünschen sich viele Menschen in Deutschland eben Menschen und keine Automaten. Zur zehn Prozent nutzen etwa beim Check-in oder Fahrkartenkauf die elektronischen Helfer, selbst wenn diese im Laufe der vergangenen Jahre zweifelsfrei immer intuitiver bedienbar sind. Knapp jedem Zweiten fehlt durch die zunehmende Automatisierung der Kontakt mit Menschen. Nur wenige behandeln mittlerweile allerdings die Menschen, wenn sie auf welche treffen, anders als Automaten, die lediglich ihren Dienst zu erfüllen haben.

Das Problem: Wir agieren selbst immer öfter wie Automaten. Wir tauschen uns nur noch auf der Sachebene aus. Für mehr ist keine Zeit. Und auch kein Platz. „Ja, wir können gerne nach der Arbeit etwas trinken gehen, aber verzichten wir doch lieber darauf, uns unsere Lebensgeschichten zu erzählen und eine echte Resonanzbeziehung (...) einzugehen. Die Etablierung solcher Beziehungen ist viel zu zeitaufwendig und ihre Auflösung viel zu schmerzhaft in einer Welt kurzlebiger Beziehungen“, schreibt Hartmut Rosa. Die Folge sehen wir im Geschäftsleben: Selbst wenn der Laden brummt, fühlen wir uns als Menschen nicht mehr richtig wohl. Wir räumen den Maschinen und Automaten sogar mehr Zeit ein. Streikt ein Computer, wird sofort der PC-Notdienst gerufen. Stimmt etwas mit dem Computerprogramm nicht, wird stundenlang nach dem Fehler gesucht. Doch macht ein Kollege schlapp, dann muss die humane Hardware ohne Notdienst oder Kollegen klarkommen. Kleinere Bugs in der menschlichen Software werden immer öfter gar nicht erst registriert.

Drei Wege zu mehr Interesse

- Falls es keine regelmäßigen Teammeetings dazu gibt: Erkundigen Sie sich mindestens einmal in der Woche, was Ihre unmittelbaren Kollegen so treiben. An welchen Projekten und Aufgaben sitzen sie? Was bereitet ihnen Probleme? Was macht ihnen Spaß?
- Jeder Kollege und jeder Kollegin hat eine Vergangenheit: Die meisten haben sich, wie Sie selbst, oft bei Bewerbungsgesprächen gegen Mitbewerber durchgesetzt. Sie haben also eine berufliche Vergangenheit oder Ausbildungskarriere vor dem aktuellen Job.

Wissen Sie eigentlich, was ihr berufliches Umfeld noch so auf dem Kasten hat? Fragen Sie!

- Sprechen Sie mit Kollegen nicht nur, wenn Sie etwas von Ihnen wollen oder brauchen.

Ich gebe zu: Im Namenmerken bin ich eine Niete. Vor Meetings muss ich immer meine Kollegin fragen. „Heißt der Herr Steiger oder Herr Steiner? War Frau Müller von der Firma A oder von der Firma B?" Interesse funktioniert nur mit Aufmerksamkeit. Wer sich für andere interessieren möchte, muss aufmerksam sein. Und ein gutes Gedächtnis haben. Beides Voraussetzungen, an denen es heute oftmals fehlt. Multitasking und permanente Ablenkung wirken sich negativ auf die Merkleistung aus. Die nachfolgenden Tipps können helfen, nach außen nicht nur aufmerksamer zu wirken – sondern tatsächlich aufmerksamer zu sein. Zusätzlich können Sie die Konzentrationsübungen zu Beginn dieses Kapitels durchführen.

Mit Aufmerksamkeit zum Interesse

- Schreiben Sie sich Namen von Personen, die Sie treffen, in ein Notizbuch. Machen Sie sich Anmerkungen zu Besonderheiten der Person.
- Lange Zeit galt es als unhöflich, Dinge auf Visitenkarten zu notieren. Heute, in Zeiten der elektronischen Visitenkarte, finde ich es geradezu fahrlässig, diesen Mehrwert des Mediums Papier nicht zu nutzen.
- Bereiten Sie sich mental auf die Menschen vor, die Sie treffen werden. Haben Sie mit ihnen in der Vergangenheit angenehme Gespräche geführt? Was haben Sie beim letzten Treffen besprochen?
- Beobachten Sie: Wir sieht Ihr Gegenüber aus? Wie immer? Neue Frisur? Mehr Farbe im Gesicht? Müde? Wer beobachtet, interessiert sich.
- Bei Gesprächen: Stellen Sie Fragen – und hören Sie zu. Damit es nicht langweilig wird: Stellen Sie Fragen, die Sie wirklich interessieren.
- Ungeteilte Aufmerksamkeit: Schalten Sie Ihr Smartphone aus beziehungsweise teilen Sie Kollegen mit, dass Sie bei Ihrer Unterredung mit dem Geschäftskunden nicht gestört werden wollen.

Die neue Pünktlichkeit

„Sei streng, pünktlich, ordentlich, arbeitsam, fleißig in deinem Beruf." (Knigge)

Eine Tugend, die Deutschen wie Schweizern neben der Akkuratesse zugeschrieben wird, ist die Pünktlichkeit. Gerade mit dieser Tugend ist es jedoch schwer wie nie. Im ersten Teil des Buches bin ich ausführlich auf die Themen Beschleunigung, Multitasking und Stress eingegangen. Die Zeit spielt dabei stets die zentrale Rolle. Max Weber schrieb, das Verschwenden von Zeit sei „die erste und prinzipiell schwerste aller Sünden". Denn die Ökonomisierung und der bedingungslose Glaube an die Marktwirtschaft basieren auf Leistung und Output – erbracht in möglichst kurzer Zeit. In der Physik ist Leistung nichts anderes als Arbeit pro Zeiteinheit. In der Ökonomie bezeichnet die Arbeitsleistung „das Ergebnis einer zielgerichteten Anstrengung von Menschen in Verbindung mit dem Einsatz von Betriebsmitteln pro Zeiteinheit bei bestimmter Arbeitsqualität", wie es auf wikipedia nachzulesen ist.

Zeit ist mehr denn je Geld. Früher mag das Stehlen von Zeit nur ein Zeichen von Macht oder Geringschätzung gewesen sein. Heute ist das Stehlen von Zeit das Stehlen von Geld.

Da wundert es nicht, dass Pünktlichkeit heute laut Knigge-Report 2015 zu den wichtigsten Tugenden gerechnet wird. Auf einer Skala von eins bis zehn bewerten Deutsche die Pünktlichkeit mit dem Faktor neun. Doch obwohl alle um das bedingungslose Diktat und den Wert der Zeit wissen, sind nur knapp 13 Prozent der Meinung, dass Pünktlichkeit heute mehr gelebt wird als früher. 49 Prozent finden indes, dass Kollegen und Mitmenschen unpünktlicher geworden sind.

Wie kann das sein? Einerseits wissen alle um den Wert der Pünktlichkeit, gleichzeitig kommen wir häufiger zu spät.

Als Knigge einst schrieb, „sei pünktlich", war es in Anbetracht noch nicht ganz so vollgestopfter Terminkalender zweifelsfrei einfacher. Es ist paradox: Obwohl wir uns heute schneller bewegen können und so viele Hilfsmittel wie nie haben, sind wir trotzdem nicht schneller, geschweige denn pünktlicher. Das Naturgesetz lautet vielmehr, dass sich Pünktlichkeit und Komplexität ausschließen. Die Deutsche Bahn kann ein Lied davon singen. Wenn in einem hoch ausgelasteten und aufeinander abgestimmten Streckennetz nur ein Zug Verspätung hat, fällt das ganze Kartenhaus zusammen.

In meinem kleinen Buch „Business Knigge", das erstmals vor rund zehn Jahren erschienen ist, schrieb ich: „Bemühen Sie sich daher stets, zur verabredeten Zeit am verabredeten Ort zu sein. Schlimmstenfalls wertet Ihr Gegenüber die Unpünktlichkeit als Geringschätzung, wegen der er seine eigenen Termine verschieben muss – oder sich im Tagesablauf selbst verspätet. Damit der Terminplan nicht bereits am Morgen ins Wanken gerät, ist es wichtig, dass Sie rechtzeitig aufstehen." Das ist natürlich heute nicht falsch, aber eben nur die halbe Wahrheit.

Marketingleiterin Eva ist erst 31, doch sie hat es beruflich schon weit gebracht. Sie hat sich mit ihrem Fleiß bereits eine kleine Eigentumswohnung erarbeitet. Ein Blick in ihren Terminkalender zeigt, wie organisiert sie ist: 9 Uhr Telefonat mit Marketingagentur. 10 Uhr Besprechung mit Kollegen von der klassischen Werbung. 12 Uhr Mittagessen mit der Unternehmensentwicklung.

Bis dahin läuft alles glatt. Um 13.15 Uhr soll sie sich mit einem Dienstleister im Süden der Stadt treffen, weshalb sie die nette Mittagsrunde mit ihrem Kollegen von der Unternehmensentwicklung um 12.40 verlässt. Sie rennt noch nicht ganz satt zu ihrem Auto. Mist! Welcher Idiot hat sie so eng eingeparkt? Sie rudert ihren Mini aus der Parklücke und rast bei gelb über die erste Ampel. Als bei der zweiten Ampel ein Busfahrer nicht sofort bei grün losfährt, steht Eva auf der Hupe. Und flucht. Kurz nach 13 Uhr parkt sie das Auto. Sie hetzt in die andere Firma. Die Frau am Empfang, eine gute Freundin aus alten Tagen, will gerade ein paar Worte mit ihr wechseln. Doch von Eva liegt nur noch der Duft des teuren

Rosenparfums in der Luft. Pünktlich um 13.10 Uhr ist Eva da und hat sogar noch Zeit, sich die Hände zu waschen, bevor die Besprechung beginnt.

Dieses Beispiel zeigt sehr schön: Pünktlich zu sein ist durchaus möglich. Allerdings bezahlen wir für die Pünktlichkeit gegenüber anderen Menschen und Kollegen den hohen Preis der Unfreundlichkeit. Ich will nicht wissen, wie viel Unhöflichkeit auf das Konto ausgerechnet dieser Knigge-Tugend geht.

Ist die neue Pünktlichkeit also auch eine neue Unpünktlichkeit? Ja und nein. Wie bereits erklärt, plädiere ich auch in Deutschland für eine beziehungsorientiertere Kultur, die die Geschäftskultur der Abschlussorientiertheit ablöst. In einer beziehungsorientierten Kultur kommt der Mensch vor der Zeit und vor den Dingen. Das Motto lautet: Wenn sich ein anderer verspätet, wird er einen guten Grund dafür haben. Ein Treffen (ich schreibe bewusst nicht Termin, was sich von „terminus“ ableitet und heute gemeinhin als festgelegter Zeitpunkt definiert wird) mit einem anderen Menschen hat ihn vielleicht länger aufgehalten. Um die bedingungslose Herrschaft der Zeit aufzuweichen, liegt es an jedem Einzelnen, gegenüber Kollegen und Geschäftspartnern Prioritäten neu zu ordnen und dies zu kommunizieren.

Wege zur neuen „Unpünktlichkeit“

- Planen Sie Ihre Termine realistisch, damit Verspätungen nicht programmiert sind.
- Denken Sie an Wegzeiten und kurze Pausen zwischen Ihren Terminen.
- Sollten Sie sich voraussichtlich um mehr als zwei Minuten verspäten, teilen Sie Ihre Unpünktlichkeit rechtzeitig per Handy mit.
- Falls Sie Termine ausmachen: Deuten Sie an, dass Sie kleine Verspätungen in kleiner Runde tolerieren.
- Falls Sie auf Geschäftsreise sind: Bauen Sie kleine Pausen in den Terminkalender ein. Besuchen Sie Museen. Öffnen Sie Ihren Geist bewusst für den anderen Ort. Versuchen Sie zu entschleunigen. Das Ergebnis ist nicht zuletzt mehr Originalität.

Widersetzen Sie sich dem Zeitdiktat

Kennen Sie das? Sie spielen mit Ihrem Kind – und sagen, „Ich muss jetzt noch … die Wäsche machen, die Post aus dem Briefkasten holen, den Geschirrspüler einräumen". Sie sprechen mit dem Kollegen und sagen, „Ich muss noch … eine wichtige E-Mail schreiben, die Präsentation finalisieren, ein Fax versenden". Sie gehen einer Tätigkeit nach und verfolgen in Gedanken schon die nächsten Aufgaben. Ich muss dies, ich muss das, ich muss jenes.

Bitte notieren Sie stichpunktartig

- Das muss ich heute noch erledigen: …
- Dass muss ich diese Woche noch erledigen: …

Schauen Sie sich die Antworten genau an. Zu welchen Terminen sind Sie wirklich gezwungen? Zu welchen Terminen haben Sie sich selbst gezwungen? Bei welchen Tätigkeiten handelt es sich überhaupt um Termine? Wer zwingt Sie, zwischen zwei Meetings das Hemd zu wechseln? Wer zwingt Sie, nach der Arbeit ins Fitness-Studio zu hetzen? Welche Deadlines haben Sie sich im Berufsalltag selbst gesetzt, weil Sie denken, die Erwartungshaltung des Gegenübers zu kennen? Um beim Bild der Marionette zu bleiben: Wer hält die Fäden in der Hand? Wer blendet der Kasperlepuppen die Termine ein?

Meist sind wir es selbst. Nicht selten schieben wir sogar andere Menschen vor. Dabei würden diese meist ganz entspannt reagieren, wenn es einmal ein paar Minuten, Stunden oder sogar Tage länger dauert.

Anspruch erzeugt Druck

Für den Knigge-Report 2015 habe ich abgefragt, in welcher Geschwindigkeit wir erwarten, dass E-Mails abgerufen werden. Erschütternd sind die Ergebnisse nicht, aber erschreckend: 8 Prozent, also fast jeder zehnte Befragte, will sofort Feedback. Rund 23 Prozent erwarten Antwort binnen einer Stunde. Rund jeder Dritte will binnen Tagesfrist eine Antwort. Keine Frage: Die Erwartungshaltung ist hoch. Aber warum? Und wer sagt, dass wir diese Erwartungshaltung erfüllen müssen? Erst der Anspruch an die Geschwindigkeit des Feedbacks erzeugt schließlich Druck. Druck wiederrum erzeugt Stress. Viel Stress in Verbindung mit Perfektionismus wiederum sind ein Nährboden für Burn-out.

Feedbackgeschwindigkeit steuern

Wir werden das nur ändern können, wenn wir mit Geschäftspartnern darüber sprechen. Und wenn wir sagen, bis wann sie frühestens mit einer Antwort rechnen können. Weil, das müssen wir doch zugeben: Wenn zehn unserer Vorgesetzten, Kollegen oder Geschäftspartner gleichzeitig eine Antwort wünschen, dann müssten wir uns klonen. Selbst wenn wir beim Essen auf Mails reagieren und auf der Toilette, wie es viele schon machen, werden wir den Kampf gegen diesen Anspruch verlieren. Ich bin überzeugt: Die Welt wird sich weiterdrehen, auch wenn wir und andere künftig etwas mehr Geduld aufbringen müssen.

Geschwindigkeit bei der Beantwortung von E-Mails

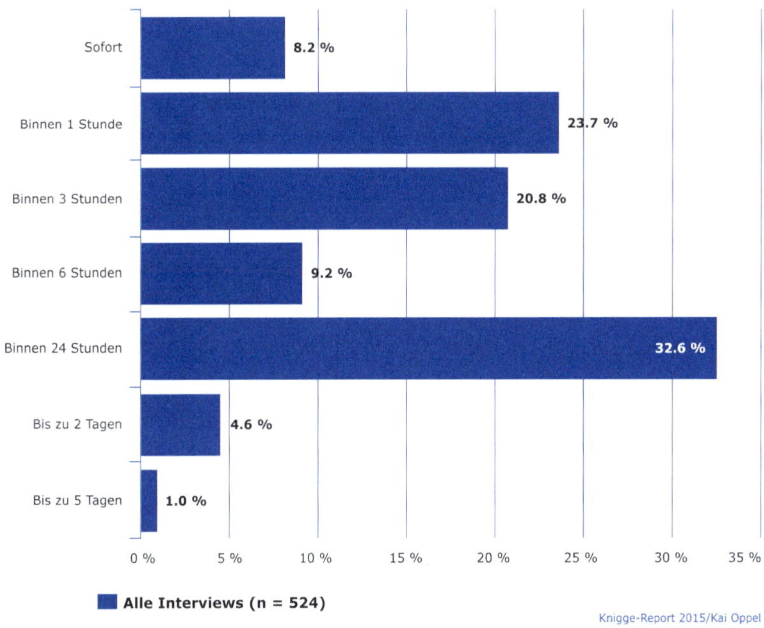

Tätigkeiten realistisch Zeit einräumen

Sie fragen sich, ob ich völlig übergeschnappt bin? Wo kommen wir denn da im Großen hin, wenn wir aufhören, uns permanent selbst zu hetzen? Wo kommen wir da hin, wenn wir jedermann plötzlich mehr Zeit einräumen? Da verlieren wir doch wohl gleich den Anschluss. Tatsächlich, ich weiß nicht, welchen Einfluss dies auf die wirtschaftliche Vorreiterrolle Deutschlands in Europa hätte, wenn wir es etwas lockerer angehen lassen würde.

Natürlich kenne ich Ihren handgeschriebenen oder elektronischen Terminkalender im Kleinen nicht. Oder gar Ihren Terminkalender im Kopf. Allerdings bin ich mir sicher, dass es sich bei vielen Dingen, die „wir dringend oder am besten sofort noch erledigen“ müssen, gar noch um Termine handelt, sondern einfach um Tätigkeiten, die wir zu Terminen gemacht haben, um

- uns etwas wichtiger zu fühlen,
- uns effizient zu strukturieren,
- ökonomisch gehandelt und keine Zeit verschwendet zu haben.

Wie Sie vielleicht merken, begünstigt unsere Lebensweise den Zeitumgang, den wir aktuell pflegen. Unzählige Ratgeber unterstützen die Tendenz zusätzlich: „30 Dinge, die Sie getan haben müssen bevor Sie 30 sind“. „50 Dinge, die Sie erlebt haben müssen, bevor Sie 50 sind“. Der Ratgeber „100 Dinge, die Sie im Büro getan haben müssen, bevor Sie tot vom Drehstuhl fallen“, steht meines Wissens noch aus. Allerdings erinnere ich mich, neulich von einem Sterbehelfer gelesen zu haben. Er sagte in etwa, dass Sterbende in ihren letzten Minuten eigentlich nie an ihre ruhmreichen Taten im Office zurückdenken, wenn das Leben vor ihnen vorbeizieht.

Doch woher rührt der Wille, so viel wie möglich noch schnell erledigen zu müssen? Die Erklärung für die permanente Angst, Dinge zu verpassen oder nicht fristgerecht zu erledigen, ist der Tatsache geschuldet, dass wir heute wirklich so viele Sachen erleben können wie nie zu vor. Die sogenannte Weltzeit mit all ihren Möglichkeiten nimmt zu, während unsere Lebenszeit gleich bleibt.

> Der schlimmste Zeitdiktator sind wir selbst. Wir müssen lernen, uns weniger streng zu terminieren. Schuld ist dabei nicht die Uhr. Schuld sind selbst gesetzte Fristen, die wir als naturgegeben hinnehmen, obwohl wir sie uns selbst setzen.

Die neue Verschwiegenheit

„Eine der wichtigsten Tugenden im gesellschaftlichen Leben und die wirklich jeden Tag seltener wird, ist die Verschwiegenheit.“ (Knigge)

Laut dem Knigge-Report 2015 bewerten Deutsche die Verschwiegenheit mit 8 von 10 möglichen Punkten. Ob im Privaten oder im Berufsleben: Es ist ihnen wichtig, dass Worte und Informationen bei demjenigen bleiben, dem sie ursprünglich zugedacht gewesen sind. Allerdings sind rund 47 Prozent der Meinung, dass die Menschen heute weniger verschwiegen sind als früher. Lediglich 10 Prozent sind der Meinung, dass heute Geheimnisse eher am rechten Ort bleiben als damals. Was heißt das für den Job?

Im Berufsleben können wir zwischen zwei Verschwiegenheiten unterscheiden. Erstens die Verschwiegenheit in Bezug auf eine Person. Zweitens die Verschwiegenheit in Bezug auf einen Geschäftsvorgang. Durch die Digitalisierung kann es heute per se weniger Verschwiegenheit geben als je zuvor. Umso wichtiger ist es, Verschwiegenheit dort noch zu wahren, wo es möglich ist. Doch wie geht das? Verschwiegenheit kommt von Schweigen. Es handelt sich also um das Gegenteil von Informationsflut und dauerhafter Sende- und Empfangsbereitschaft, die heute immer mehr gelebt wird.

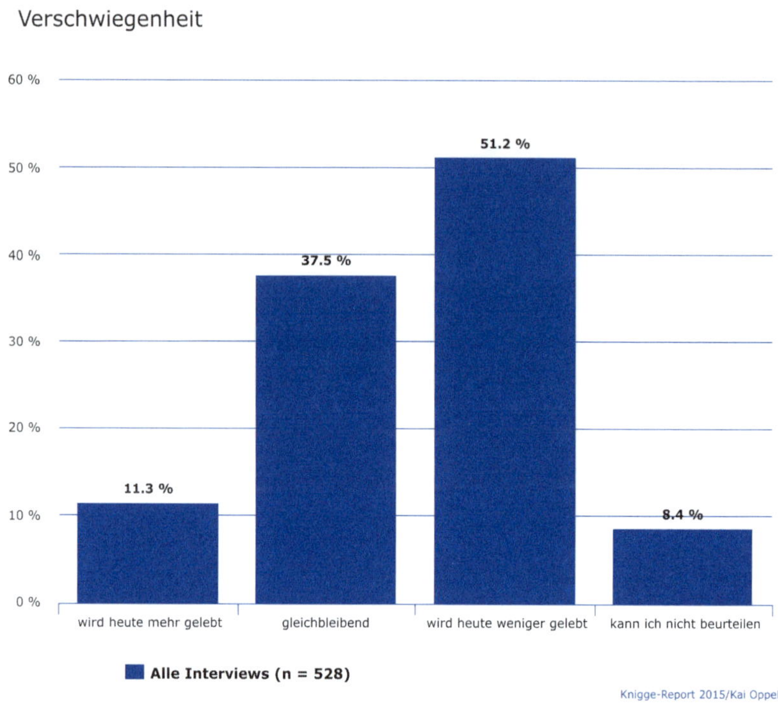

Gegen den Tratsch, für die Verschwiegenheit

Sie gehören zu jenen Menschen, die ohne Kaffee keinen klaren Gedanken fassen können? Dann sind Sie sicher öfter an der Kaffeemaschine anzutreffen. An dieser Stelle sei mir ein typischer Knigge-tipp erlaubt: Da in vielen Unternehmen die Kaffeemaschinen nicht von einer dafür vorgesehenen Person gepflegt werden, sollten Sie unabhängig von Ihrer Position zunächst darauf achten, dass Sie die Bürokaffeemaschine so verlassen, wie Sie sie vorgefunden haben. Dazu gehört das Nachfüllen von Wasser ebenso wie das Leeren des Kaffeesatzbehälters oder das Nachfüllen der Kaffeebohnen. Wichtiger aber ist, sich nicht zum Tratsch hinreißen lassen.

Für die Themenwahl beim Kaffee unter Kollegen können Sie es ganz so halten, wie es Knigge in seinem Werk „Über den Umgang mit Menschen“ empfiehlt:

- „Suche keinen Menschen, auch den Schwächsten nicht, in Gesellschaften lächerlich zu machen.“ Für das Kaffeegespräch mit Mitarbeitern bedeutet dies, dass Sie sich nicht über die schlechte Arbeit anderer Kollegen äußern sollten oder einen Fehler vorführen, der einem anderen gerade im Büro unterlaufen ist.

- „Erzähle nicht leicht Anekdoten (...), die irgendjemand in ein nachteiliges Licht setzen, auf bloßes Hörensagen nach." In hiesigen Büros passiert genau dies täglich und heißt Flur- oder Buschfunk. Beteiligen Sie sich nicht an Gerüchten über Personen oder Sachen.

- „Hüte Dich, aus einem Haus in das andre Nachrichten zu tragen, vertrauliche Tischreden, Familiengespräche, Bemerkungen, die Du über das häusliche Leben von Leuten, mit denen Du viel umgehst, gemacht hast und dergleichen, auszuplaudern." Das bedeutet: Wenn Sie bei einem Kollegen zum Abendessen waren und dort entdeckt haben, dass er gerne Comics liest: Behalten Sie es für sich. Wenn man Ihnen erzählt hat, dass das Kind krank ist: Behalten Sie es für sich. Wenn Ihnen Ihr Kollege anvertraut hat, dass er ein Kind bekommt und deshalb kündigt: Behalten Sie es für sich. Es ist ein sehr großer Vertrauensbruch, im Privaten geäußerte Dinge im beruflichen Umfeld weiterzutratschen.

Beim gemeinsamen Kaffee sollten Sie also generell darauf achten, Dritte nicht zum Thema zu machen – vor allem wenn diese gerade nicht zugegen sind. Doch worüber sprechen? Beim Kaffeeklatsch gelten dieselben Grundsätze wie bei anderem Small Talk: Politik oder Beziehungsprobleme gehören ausgespart. Ideale Themen sind aktuelle Kinofilme, Sport, der letzte Konzertbesuch, das Wetter, Essen oder Berufliches. Falls Sie es nicht lassen können und doch über Dritte sprechen sollten: Vergewissern Sie sich, dass Sie nicht von anderen gehört werden können.

Warum aber sind wir manchmal nicht verschwiegen und warum tauschen wir uns so gerne über andere Menschen aus? Ein Ausflug in die Kommunikationswissenschaft gibt Aufschluss:

Vor vielen Jahren erschien ein Buch unter dem Titel „Politainment". Darin ging es, knapp umrissen, um den Trend der Medien, alle Berichterstattung mit etwas Unterhaltung zu würzen. Das gilt nicht nur für die Politik, sondern auch für die Wirtschaft oder sogar den Sport. Vorbei die Zeiten, in denen lediglich über die Ergebnisse eines Gipfels oder Fußballspiels geschrieben wurde. Heute geht es darum, welche Frisur die Bundeskanzlerin trägt oder ob dem Trainer seine zu enge Hose gerissen ist.

Die Ursache scheint mir naheliegend: Es ist einfacher, über Oberflächlichkeiten zu berichten als über die Materie selbst. Politik und Wirtschaft sind von Haus aus nicht immer unterhaltend. Abgesehen davon haben Verständlichkeitsforscher schon früh erkannt, wie sich die Aufmerksamkeit der Zeitungsleser und Fernsehzuschauer binden lässt, um die von allen Seiten immer mehr gebuhlt wird: Unterhaltung funktioniert einfach besser als langweilige Fakten. Und zur Unterhaltung gehören eben Geschichte, Gerüchte und nette Bonmots.

Dass nicht nur Medien Politainment, Businesstainment und Infotainment betreiben, sondern auch wir selbst, geht wiederum auf eine andere Ursache zurück, für die uns ebenfalls die Kommunikationswissenschaft eine Erklärung liefert: die Kultivierungshypthese. Sie besagt in etwa, dass die Medien unsere Realitätswahrnehmung beeinflussen. Da wir wiederum selbst durch soziale Medien zu Kommunikatoren geworden sind, scheint es nur konsequent, dass wir auch unterhalten möchten. Unterhaltung als Gegenteil von Verschwiegenheit.

Tipps für mehr Verschwiegenheit

- Kümmern Sie sich weniger darum, was andere tun. Wenn schon, dann sprechen Sie zumindest nicht darüber.
- Haushalten Sie mit den Informationen, die Sie über sich selbst preisgeben.
- Thematisieren Sie wieder mehr Dinge als Menschen.
- Prüfen Sie Fakten, bevor Sie einer Geschichte glauben. Wer sagt, dass das Foto nicht manipuliert ist, auf dem die Kollegen zu sehen sind?
- Vorsicht: Verschwiegensein heißt nicht nur, selbst weniger über andere zu sprechen. Es heißt auch, andere (Medien) weniger sprechen zu lassen. Ob das hochgeladene Foto oder eine namentliche Markierung in sozialen Medien: Verbreiten Sie keine Ortsinformationen über andere Menschen, indem Sie in Bildern oder Bildanhängen (unbewusst) mitteilen, wo sich andere befinden.
- Vorsicht: Tratschen und Veröffentlichen ist auch falsch, wenn Sie es nicht beabsichtigt haben. Wenn Sie etwa eine Whats-App-Gruppe

mit Ihren Kontakten eröffnen, sehen plötzlich die Kontakte untereinander ihre Kontaktdaten.

- Wir kommunizieren mehr und wir kommunizieren mobiler. Bei Handygesprächen kann neben der NSA jeder mithören, der Ohren hat. Überlegen Sie also genau, ob Sie Personen und Unternehmen namentlich nennen, wenn Sie am Handy sprechen – das gilt umso mehr beim Telefonieren in der Öffentlichkeit.

Selfies: einarmiger Narziss

Durch Handykameras ist in den vergangenen Jahren eine völlig neue Art des Porträtfotos entstanden. Ein Porträtfoto, bei dem auch gerne ein Stück Arm zu sehen ist. Der Fotograf: der Fotografierte selbst. Gegen Selfies im Privaten und in einem gewissen Rahmen an sich ist nichts einzuwenden, besonders dann, wenn der Selfiemacher jene gewisse Altersgrenze noch nicht erreicht hat, ab der man feststellt, dass man sich über andere Dinge als Äußerlichkeiten und Anhänge definieren kann. Bei älteren Menschen jedoch, die sich permanent selbst in verschiedenen Posen ablichten, ist der Grat zur Peinlichkeit schmal. Ob das Selfie im Hotelspiegel, das Selfie auf der Autobahntoilette, das Selfie im Museum oder das Selfie am Arbeitsplatz – bei so vielen Selfies entsteht beim Selfiebetrachter ganz schnell der Eindruck, der Fotografierte sieht sich selbst gern an. Verstärkt wird der Eindruck einer narzisstischen Persönlichkeit, wenn die Selfies auf Businessanwendungen regelmäßig erneuert beziehungsweise aktualisiert werden.

i

In öffentlichen Netzwerken veröffentlichte Selfies sind die fotografische Nichtverschwiegenheit; potenziert um den Faktor des Darstellungsdrangs.

Die neue Wartezeit

Ein dunkler Flur. Der Moderator läuft hin und her. Noch fünf Minuten, dann beginnt die Show. Wie immer ist er etwas nervös. Er fingert in die Sakkotasche herum, zieht sein Smartphone heraus. Schnell noch einmal E-Mails checken. Natürlich weiß er, dass man so etwas nicht machen soll. Viel zu groß ist die Gefahr, dass er sich durch eine Nachricht zu sehr ablenken lässt. Aber er kann doch jetzt nicht einfach fünf Minuten herumstehen und warten.

So wie dem Moderator geht es täglich hunderttausenden Menschen und sicher auch Ihnen. Vor dem besetzten Kopierer, vor dem gerufenen Fahrstuhl, im Besprechungszimmer vor dem Meeting, am Bahnsteig, beim Einsteigen ins Flugzeug: Wir müssen Wartezeiten überbrücken. Es ist noch nicht allzu lange her, da wurden solche Wartezeiten ganz einfach überbrückt – durch Warten. Heute jedoch ist es vielen Menschen im Berufs- und Alltagsleben anscheinend unmöglich geworden, untätig zu warten. Die Zeit will gefüllt sein. Sie muss gefüllt sein. Also prüfen wir mit dem Smartphone schnell den Wareneingang, bemühen eine App zur Erfassung einer Aufgabe, telefonieren oder, wenn alles nichts hilft, schreiben wir eine E-Mail!

Warum in der Berufs- und Alltagswelt kaum mehr wartende Menschen anzutreffen sind, wurde eingangs schon beleuchtet. Die Ablenkung durch Smartphones ist bereits reflexartig in unser Verhaltensmuster eingegangen. Ein weiterer Grund ist vor allem der im Berufsleben rigoros gelebte Kapitalismus. Der 1864 in Erfurt geborene Soziologe Max Weber, auf den ich ein paar Seiten zuvor schon zu sprechen gekommen bin, liefert eine weitere Begründung, warum wir das Warten verlernen mussten. Für ihn konnte der Kapitalismus mit seinen modernen Rationalisierungsprozessen nur entstehen, weil es eine protestantische Ethik gibt. Nach seiner Argumentation hat der Protestantismus die Bestimmung des Menschen neu definiert: Entscheidend sei nicht die Ausrichtung auf das Jenseits, sondern der tägliche Dienst zu Gottes Ehren. Wer gläubig ist, erfüllt die Pflichten im Hier und Jetzt. Arbeit als Mittel der „innerweltlichen Askese“. Die Verschwendung von Zeit als eine der größten Sünden. Der Umkehrschluss: Wer arbeitet, dient praktisch Gott. Daraus entstand die protestantische Leistungsethik, die wir heute in Form einer bürgerlichen Berufsethik an Bahnsteigen und sonstwo sehen. Es glauben zwar immer weniger Menschen an Gott. Das gelernte Verhalten aber bleibt – nur keine Zeit verschwenden.

Doch was sollten wir tun, statt kurze Wartezeiten nicht mit scheinbar wichtiger Arbeit zu überbrücken? Andere Kollegen beobachten? Mitmenschen anstarren? Die Landschaft betrachten? In Gedanken schwelgen – wenn ja, in welchen?

Flanieren statt Hetzen

Vor gut 100 Jahren gab es ihn noch, den Flaneur. Jenen Typus Mensch, der einfach so durch die Straßen schlendert. Umherschaut. Genießt. Franz Hessel, der Vater von Stephane Hessel („Empört Euch“), hat etwa ein wunderbares Buch über das Spazieren in Berlin geschrieben. Ein Buch, in dem er durch die Stadt und damit das Leben treibt. Und zwar planlos. Heute ist das nahezu undenkbar. Wie eingangs beschrieben, haben wir das langsame Laufen verlernt – und rennen wissenschaftlich nachgewiesen ständig ein bisschen mehr, um wertvolle Zeit gutzumachen. Wer langsam läuft, wird umgerannt – was übrigens damals schon Hessel beschrieben hat. Vor allem aber widerspricht das planlose Flanieren der heutigen Grundidee, alles zu „verzielen“ und zu verplanen. Wir setzen uns heute in Bewegung, um zu einem Termin zu kommen. Um einen Plan zu verfolgen, helfen uns Terminerinnerungen und Navigationsprogramme. Wie dumm wäre es schließlich, versehentlich 1.000 Meter auf den falschen Straßen zu viel zurückzulegen. Das Ziel ist das Ziel. Und nicht mehr der Weg.

Wartezeit neu erlernen

Im Zuge dieses Buches habe ich mehrfach versucht, das verloren gegangene Warten neu zu erlernen, indem ich nicht sofort intuitiv zum Smartphone greife. Ich gebe zu: Es ist alles andere als leicht. Zu sehr steckt der Reflex in uns. Zu sehr haben wir verinnerlicht, dass wir keine Zeit verlieren dürfen. Dann habe ich versucht, Denkanreize aus diesem Buch anzuwenden. Die im Kapitel „Die neue Aufmerksamkeit" beschriebenen Konzentrationsübungen bieten eine herrliche Ablenkung, um Zeit zu überbrücken. Ich schreibe bewusst nicht „sinnvoll" überbrücken. Die mit dem Warten verbundene Zeit einfach zu verschwenden wäre sicher auch möglich und nicht verwerflich – soweit bin ich aber noch nicht. Wenn ich eine Zeitung dabei habe, konzentriere ich mich auf bestimmte Buchstaben. Wenn ich nichts dabei habe, konzentriere ich mich auf meine Situation und versuche, diese zu beschreiben. Nachfolgend noch einige Denkanreize und Tipps.

Tun Sie nichts

Sie haben richtig gelesen. Die beste Übung, Wartezeit ertragen zu lernen, ist eine Art kalter Entzug. Doch schon nach wenigen Minuten des Nichtstuns und des geistigen Leerlaufs werden Sie eine interessante Entdeckung machen: Es meldet sich eine innere Stimme. Die innere Stimme, die Sie sonst im Trubel nicht hören. Je langweiliger die Situation ist, desto mehr wird zudem Ihre Kreativität herausgekitzelt. Sie werden notgedrungen Entdeckungen machen und Gedanken haben, die sonst keinen Platz hätten.

Besorgen Sie sich einen Notizblock

Viele gute Bücher wären nicht geschrieben worden, wenn viele Schriftsteller nicht immer einen Notizblock bei sich gehabt hätten oder haben, auf dem sie Beobachtungen und Gedanken festhalten. Ich empfehle hier ganz klar einen Notizblock und nicht die Smartphone-App. Denn: Spätestens wenn Sie diese öffnen, werden Sie von E-Mails abgelenkt.

Nehmen Sie stets ein Buch mit

Es gibt wohl kaum eine bessere Möglichkeit, Wartezeit zu verkürzen, als mit einem Buch. Ein angenehmer Nebeneffekt ist, dass man über das Buch fast immer mit anderen Menschen ins Gespräch kommt. Besonders am Bahnsteig oder im Zug warten viele nur darauf, jemanden auf einen Buchtitel anzusprechen oder angesprochen zu werden.

Üben Sie sich im Small Talk

In seinem Werk geht Knigge immer wieder auf Konversationen und Gespräche ein. Für ihn ist dieser kommunikative Umgang ein Stück Kultur, aus dem nach seinen Worten niemand dümmer oder gelangweilt hervorgehen sollte. Nun will zwar nicht jeder im Büro, im Bistro, an der Haltestelle oder vor dem Bürogebäude angesprochen werden, nur weil ein anderer seine Wartezeit schön überbrücken möchte – erstaunlich viele sind über einen kleinen Plausch jedoch sehr froh.

- Erstens: Ohne Blickkontakt geht nichts. Wer nur nach unten schaut – oder auf sein Smartphone –, kann schlecht mit anderen ins Gespräch kommen. Wer hingegen offen im sich blickt und auch einmal wagt, jemanden anzulächeln, hat gute Chancen auf eine kleine ungezwungene Unterhaltung.
- Zweitens: Plaudern Sie einfach drauf los. Thematisieren Sie die Situation. Der erste Satz ist der schwierigste. Halten Sie es aber unbedingt mit Knigge und bemühen Sie sich um Witz und Charme. Die Frage nach dem Wetter ist zwar belanglos, aber nicht besonders geistreich.
- Drittens: Denken Sie an „das neue Interesse" und fragen Sie Ihr Gegenüber. Nutzen Sie den Small Talk nicht, um sich zu profilieren. Das Gespräch sollte ausgewogen sein.

Die neue Ehrlichkeit

„Schreibe aber nicht auf Deine Rechnung das, wovon anderen das Verdienst gebührt." (Knigge)

Es ist einer der letzten ICE-Züge auf dem Weg von Hamburg nach München. Ich steige in Würzburg zu und schon an der Anzeigetafel dürfen die Reisenden lesen, dass ein Zugteil fehlt. Da mit dem Zugteil naturgemäß hunderte Sitzplätze fehlen, geht es im Zug entsprechend turbulent zu. Überall stehen Fahrgäste. Ich gehe Richtung erste Klasse, obwohl ich nur zweite gebucht habe. In einem Sechser-Abteil sitzt eine attraktive junge Dame. Ich öffne die Tür, setze mich dazu. Wir kommen ins Gespräch, das Thema ist klar: der überfüllte Zug. Schnell stellen wir unsere Gemeinsamkeit fest: Wir beide haben zweite Klasse gebucht, sitzen aber auf Ledersitzen. „Ist doch kein Durchkommen", sagt sie. „Ich muss arbeiten", sage ich. Draußen ist bereits der Zugbegleiter zu hören, der einen anderen Fahrgeist in die Bretterklasse weist. Die Frau wird nervös. Ich erkläre, sie soll mich mal machen lassen.

Die Tür geht auf, ein älterer Kontrolleur mit grauem Bart kommt herein. „Guten Abend", sagt er. „Guten Abend", sage ich – und bevor er die Tickets verlangen kann, lege ich los. „Dürften wir denn bitte nicht hier sitzen? Wir müssen beide arbeiten, damit wir keine Zeit verlieren." Überhaupt könne ich mir vorstellen dass er sich heute sicher viel anhören müsse. Wir verraten es auch keinem weiter. Und so weiter. Ich schaue ihn an. Er schaut mich an. Er schaut sie an. Er will vor lauter Schreck die 2.-Klasse-Fahrkarten nicht einmal sehen. Als er rausgeht, blickt die Dame verwundert zu mir. Respekt.

„Unterwürfigkeit funktioniert fast immer", erkläre ich. Gut, vielleicht war ich einfach nur freundlich. Vielleicht aber habe ich einfach alles nur bestmöglich am Erfolg ausgerichtet. Ich wusste, was zu tun ist. Ist das geradlinig? Ist das ehrlich? Vor allem mir selbst gegenüber? Eigentlich haben wir ja bezahlt und ein völlig überfüllter Zug ist sicher nicht das, wofür wir knapp 100 Euro hingeblättert haben – auch in der zweiten Klasse nicht. Hätte ich dafür nicht ohne Unterwürfigkeit argumentieren müssen? Wie hätte ich reagiert, wenn wir nicht hätten sitzen bleiben dürfen?

Mit der Ehrlichkeit ist es so schwierig wie nie. Ehrlichkeit, vor allem sich selbst gegenüber, hat viel mit unserem Werteverständnis zu tun. Doch die Werte haben sich verschoben. Dinge, die früher unehrlich und falsch gewesen wären, erscheinen im Licht der Effizienz und der Ökonomisierung plötzlich logisch und richtig. Für Hartmut Rosa spielt es eine entscheidende Rollte, dass „die wesentlichen strukturellen und kulturellen Parameter der sozialen Welt sich schneller verändern als der Generationswechsel – daß die soziale Welt also nicht länger über die Spanne eines individuellen Lebens hinweg stabil bleibt." Das wirkt sich nach seinen Worten auf die vorherrschenden Identitäts- und Subjektivitätsmuster aus. Früher sei Identität in einem „Lebensplan" und das Selbstverständnis in „starken Wertungen" verankert. Dies habe Orientierung im Lauf des eigenen Lebens gegeben. Heute indes dominiere „situative Identität", die den vorübergehenden Charakter aller Selbstverständnisse und Identitätsparameter anerkennt. „Wann immer sich eine neue attraktive Gelegenheit ergibt, muss man zum Sprung bereit sein", sagt er.

Beim Knigge des 21. Jahrhundert geht es also weniger darum, ob man einmal im Jahr eine Büroklammer stibitzt. Es geht um die Frage, wer wir eigentlich im Berufs- und Alltagsleben sind. Was uns wirklich wichtig ist. Was wir als richtig empfinden und was als falsch. Der Umgang mit Ehrlichkeit nimmt eine entscheidende Schlüsselrolle ein: Wenn der Ehrliche früher der Dumme war – ist er heute der Schlaue? Oder ist der Ehrliche künftig der Saudumme?

Echtzeitschizophrenie

Im obigen Beispiel habe ich beschrieben, wie ich mich an eine Situation angepasst und dadurch profitiert habe. Ich war zwar ehrlich, weil ich kein Ticket gefälscht habe. Aber eigentlich empfinde ich es vor dem Hintergrund einer fast 100 Euro teuren Fahrkarte als unehrlich, sich dem Zugbegleiter gewissermaßen anzubiedern, um ihm ein gutes Gefühl zu geben, um das zu erhalten, was ich gebucht habe. Natürlich weiß ich als Vielreisender aus anderen, weniger erfolgreichen Gesprächen um den Ort des Sitzplatzes beziehungsweise des Stehplatzes, dass die Fahrkarte in Deutschland nur ein Beförderungsrecht darstellt. Das Recht auf einen Sitzplatz muss sich der Fahrgast hierzulande nämlich extra erwerben. Aber wir müssen es nicht an diesem Beispiel festmachen. Ähnliche Situationen gibt es tausendfach. Zu oft unterscheiden sich unsere Gedanken von dem, was wir sagen. Dann, wenn der Kunde einen Auftrag bis Tagesende erledigt haben möchte. Dann, wenn der Chef zum siebten Mal eine Predigt hält. Dann, wenn der Kollege die Meinung zu einem Projekt hören möchte.

In Japan wird sogar seit jeher unterschieden zwischen der inneren Wahrheit und der äußeren Wahrheit. Da der Gesichtsverlust das Schlimmste ist, wird jeder indirekt immer freundlich bleiben. Die Ehrlichkeit hat hier kulturell zwei Gesichter.

Geradlinigkeit auf dem Rückzug

Im Zuge dieser Buchrecherche bin ich auf ein Interview mit dem Personalchef einer Internetfirma gestoßen. Er beschrieb den idealen Mitarbeiter als einen Menschen, der sich genauso schnell in ein Thema verbeißen kann, wie er es wieder fallen lässt. Der ideale Kandidat von heute sagt also heute „Hü“ und morgen „Hott“. Mein Zugbeispiel geht in eine ähnliche Richtung. Im Kern geht es darum, sich schnell an eine Situation anzupassen und diese bestmöglich für sich zu nutzen. Früher bezeichneten wir diese Sorte von Menschen als „Wendehälse“ oder als Opportunisten. Heute empfinden wie diese Form der Echtzeitschizophrenie als smart. Auch der Knigge-Report 2015 zeigt, dass sich die Geradlinigkeit auf dem Rückzug befindet. Knapp die Hälfte der Befragten meint, dass dieser Wert heute weniger gelebt wird als früher.

Geradlinigkeit

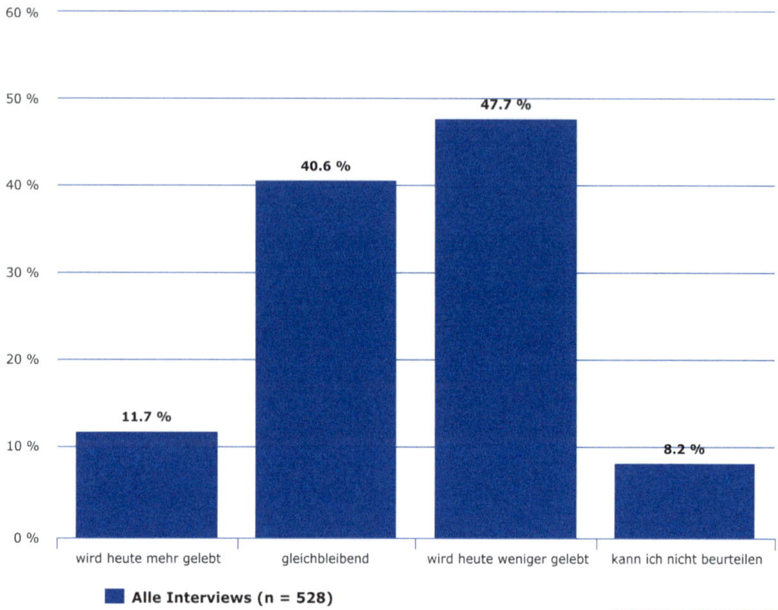

Knigge-Report 2015/Kai Oppel

Transparenz für Ehrlichkeit

Auf dem Weg zur neuen Ehrlichkeit kann uns die Transparenz helfen. Ein schönes Beispiel für Transparenz ist der Twitteraccount der Deutschen Bahn. Hier versucht das Unternehmen gar nicht erst, ein anderes Image aufzubauen. Hier lässt das Unternehmen offen zu, kritisiert zu werden. Im Gegenzug versuchen geschulte Kommunikatoren, die Situation für die Reisenden zu verbessern. Was bedeutet das für den Knigge des 21. Jahrhundert? Das bedeutet, dass wir uns, wenn wir uns widersprüchlich verhalten, durch eine gewisse Transparenz zumindest offen damit umgehen – weil es ehrlicher ist.

Körpersprache: Ehrlichkeit statt Inszenierung

„Körpersprache kann man lernen", versprechen Ratgeber und Karrierecoachs im Internet. Das Versprechen: Wer seine gebeugte Haltung aufgibt und aufrecht steht und geht, kommt besser durchs Geschäftsleben. Wer weniger mit den Händen herumfuchtelt, strahlt Ruhe und Kraft aus. Wer sich langsamer bewegt, kommt im Fernsehen besser rüber. Schauen Sie sich einmal Bundeskanzlerin Angela Merkel an.

Der Fels in der Brandung. Oder Jürgen Klinsmann. Selbst er übt sich bei Pressekonferenzen in Ruhe.

Wenige wollen Bundeskanzlerin sein – wohl aber ein erfolgreicher Wirtschaftsboss, Unternehmer oder Angestellter. Also gibt es unzählige Trainings. Erfolgreich ist schließlich der, der erfolgreich wahrgenommen wird. Das klingt grundsätzlich erst einmal gut. Umgekehrt bedeutet dies aber auch, dass immer mehr Menschen versuchen, Mimik und Gestik bewusst einzusetzen. Nur keine unkontrollierten Reaktionen, die die Wahrheit verraten. Gönnten sich vor einigen Jahren vor allem hochrangige Politiker und Wirtschaftsbosse einen Feinschliff in der Körpersprache, ziehen heute auch viele normale Angestellte mit. Sie lernen, durch Bewegungen genau den optimalen Raum einzunehmen und schnell bestmöglich zu wirken. Wenn Körpersprache, dann bewusst. Ist doch viel effizienter und ökonomischer, in den ersten Sekunden zu überzeugen – als zehn Stunden dafür zu benötigen. Sie erinnern sich, Effizienz und Ökonomie, die beiden Kniggefeinde. Wir lernen also, durch Körpersprache erfolgreicher zu sein. Doch wo beginnt die Inszenierung? Wo bleibt die Authentizität – die Ehrlichkeit?

An dieser Stelle will ich daher weniger auf Körpersprachetricks eingehen, die auf den Erfolg ausgerichtet sind. Vielmehr möchte ich lediglich kurz körpersprachliche Fehltritte anreißen, die von anderen Menschen als unhöflich wahrgenommen werden könnten. Denn, wie schrieb schon Knigge: „Sei ganz Du selbst.“ Wie langweilig wird es erst, wenn wir uns im Meeting alle gleich bewegen.

Körpersprache im Ausland

Bei Geschäftsreisen ins Ausland lautet das Motto: Andere Länder, andere Gesten. Es gibt eine ganze Palette von Besonderheiten in der nonverbalen Kommunikation. Wer als Geschäftsreisender etwa in den Vereinigten Arabischen Emiraten beim Platznehmen lässig die Beine übereinanderschlägt und dabei dem Gegenüber die Fußsohlen entgegenstreckt, beleidigt sein Gegenüber. Doch selbst scheinbar harmlose Berührungen oder Gesten können zum Problem werden.

Vorsicht mit Berührungen

In Russland gilt es als höflich, der Frau in den Mantel zu helfen, und auch in Deutschland handelt es sich um eine gern gesehene Geste. Doch was ist, wenn die amerikanische Kollegin etwas zu lange berührt wird dabei? Körperkontakte zu Frauen können in den USA schnell eine Anzeige wegen sexueller Belästigung nach sich ziehen. Auch in islamischen Staaten ist es ein Tabu, eine fremde Frau zu berühren.

Fingerzeig für den Fingerzeig

Mit dem Finger auf andere Menschen zu zeigen, gilt in allen Ländern als unhöflich. Besonders unhöflich ist dies jedoch in Asien. Besser: Wer etwas zeigen möchte, zeigt besser mit der kompletten Hand. Möglich ist es ebenso, mit dem Kopf in die gemeinte Richtung zu deuten. Auch Hand ist nicht gleich Hand. Die linke Hand gilt in arabischen Ländern als unrein. Immer mit der rechten Hand agieren!

Schau mir in die Augen

Holen Sie die Kollegen ab. Schauen Sie dem Publikum in die Augen. Blickkontakt lautet das Gebot der Stunde bei Trainings. Doch Vorsicht: Die Dauer des Blickkontakts variiert: In asiatischen Ländern ist es unhöflich, jemanden zu lange anzusehen. In arabischen Ländern sollten Frauen nicht zu lange angeschaut werden. Der Blickkontakt zwischen Männern ist in arabischen Ländern – aber auch in Italien – intensiv.

Ein Daumen, zwei Finger, viele Probleme

Der ehemalige Deutsche-Bank-Chef Josef Ackermann ist für einige Dinge in die Geschichte eingegangen. Sein Victory-Zeichen zum Prozessauftakt in Düsseldorf war ebenso bizarr wie eindeutig. Ackermann, der Inbegriff des Kapitalismus, ist sich des Sieges sicher. Vorsicht also mit den beiden zum V geformten Fingern. Wer beim Victory-Zeichen noch versehentlich die Handinnenfläche zu seinem Gesicht dreht, sagt einem Australier oder einem Engländer, er könne sich seine Finger in den Allerwertesten schieben. Wer auf Nummer sicher gehen will, streicht das Victory-Zeichen aus seinem Gestenfundus.

Vorsichtigsein heißt es auch beim nach oben ausgestreckten Daumen. Was hierzulande bedeutet, alles Roger, alles super, ist in Italien eine Beleidigung. Dasselbe gilt in vielen Ländern, wenn man Daumen und Zeigefinger zum „O“ formt.

Füße auf den Boden

Jemandem die Fußsohlen zu zeigen, ist in allen Ländern unhöflich. Deswegen war der Schuhwurf eines irakischen Journalisten auf den damaligen amerikanischen Präsidenten Georg W. Bush in doppelter Hinsicht eine klare Ansage. Jemanden in arabischen Ländern die Schuhsohlen zu zeigen, gehört zu den schlimmsten Beleidigungen. Lassen Sie daher die Füße immer auf dem Boden und achten Sie darauf, beim Hinsetzen das eine Bein nicht über das andere zu schlagen.

Gesichtsverlust

Hierzulande kann übertriebene Mimik der Karriere schaden oder den Geschäftsabschluss gefährden. Besonders in asiatischen Ländern können offen gezeigte Wut und Ärger jedoch zum Gesichtsverlust führen. Zusammengekniffene Augen, Zornesfalten und drohende Gesten sollten also unterdrückt werden, will man sich nicht seinen Respekt verspielen.

Ehrlicher Stil – das passende Business-Outfit

„Kleide Dich nicht unter und nicht über Deinem Stand, nicht über und nicht unter Dein Vermögen, nicht phantastisch, nicht bunt, nicht ohne Not prächtig, glänzend noch kostbar, aber reinlich, geschmackvoll und, wo Du Aufwand machen musst, da sei Dein Aufwand zugleich echt und schön!", postulierte Knigge in seinem Werk vor mehr als 200 Jahren.

Letztes Jahr habe ich es wieder einmal versucht. Ich habe mir zwei Paar Winterschuhe für insgesamt rund 100 Euro gekauft. Ich hätte es besser wissen müssen: Abgesehen davon, dass den Schuhen der Preis schon von Weitem anzusehen war und sie jeden guten Anzug ruiniert haben, waren die Sohlen nach wenigen Tagen abgetreten.

Dabei weiß ich, wie ein guter Schuh sein muss – und wie lange er bei richtiger Pflege hält. Einige Schuhpaare trage ich schon seit gut zehn Jahren. Auf ihnen bin ich durch die Straßen von Paris, London und durchs schöne Erfurt gelaufen. Mit ihnen war ich zu wichtigen Meetings in imposanten Büroräumen. Mit ihnen war ich sogar im Urlaub, weil sie so unverzichtbar sind. Und oft, wenn ich sie anhabe, werde ich danach gefragt. Auf die Jahre gerechnet macht das weniger als 50 Euro.

Für Anzüge, Mäntel und Pullover gilt dasselbe. Ein qualitativ guter Kaschmirpullover mag 400 Euro kosten. Aber selbst wenn die Ellbogen durchgescheuert sind, müssen nur ein paar Flicken aufgenäht werden und er sieht fast aus wie am ersten Tag. Immer hingegen, wenn ich mit verführen lasse und billig kaufe, kaufe ich am Ende teuer. Entweder halten die Kleidungsstücke nicht, oder sie gehen frühzeitig kaputt. Oder das schlechte Material fühlt sich nicht gut an. Oder alles zusammen.

Kleider machen Leute – heißt es heute mehr denn je. Wie der Knigge-Report 2015 zeigt, steht ein gepflegtes Äußeres hoch im Kurs.

Ein gepflegtes Äußeres

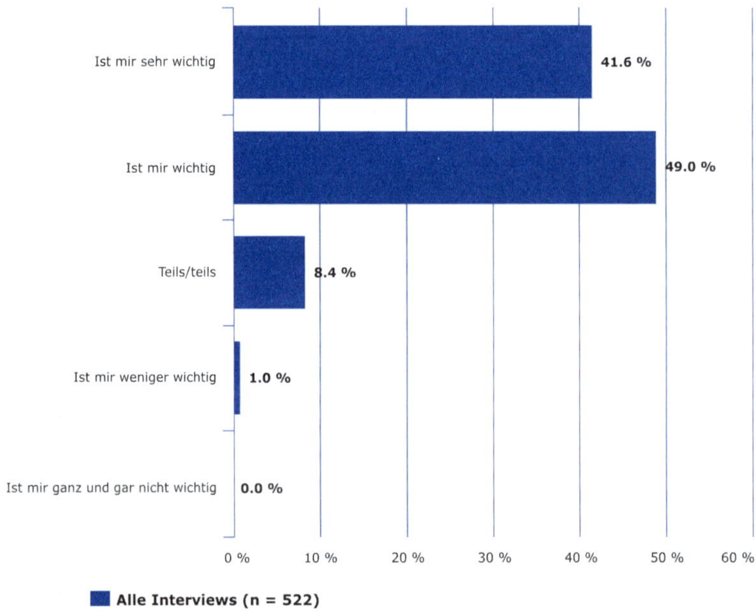

Knigge-Report 2015/Kai Oppel

Karriere und Erfolg passen nicht zu Schlabberlook und Turnschuhen. Daher darf das Thema „Dresscode" in keinem Businessratgeber fehlen. Doch was heißt das für den Kleiderknigge? Die Knigge-Kur soll Ihnen dabei helfen, freier und mündiger zu leben. Und Ihre wirklichen Werte zu erkennen und nach außen zu tragen. Outfitregeln sind allerdings das Gegenteil von Freiheit. Daher möchte ich den Kleiderknigge in diesem Buch um einige Gedanken zum Thema Wertschätzung, Haltbarkeit und Ideen zum persönlichen Stil ergänzen.

Nachhaltigkeit beim Dresscode

Frauen können ein Lied davon singen: Kaum ist die neue Strumpfhose ein Tag getragen, hat sie bereits eine Laufmasche. Dabei, so der Mythos, sei bereits 1940 eine unkaputtbare Strumpfhose erfunden worden. Warum es die nicht zu kaufen gibt, kann sich jeder denken, der sein Geld im Vertrieb verdient. Durch den einmaligen Verkauf lässt sich bei preiswerten Gütern auf Dauer kein gutes Geschäft machen.

Ob Mythos oder nicht: Ganz von der Hand zu weisen ist die sogenannte geplante Obsoleszenz, durch die Dinge frühzeitig kaputt gehen, auch in der Bekleidungsindustrie nicht. So ist bekannt, dass viele Textilfirmen lieber Fäden verspinnen, die kurzfasrig sind. Die Folge: Das Material scheuert schneller auf und sieht schneller verschlissen aus. Man kauft also Kleidung mit eingebauter Materialermüdung. Auch ohne Materialermüdung ist es jedoch nahezu kaum möglich, Kleidung im Berufsleben länger als fünf Jahre zu tragen – selbst wenn sie halten sollte. Die Mode sorgt dafür, dass die Lebenszyklen der Kleidung nicht zu lang werden. In einem anderen Kapital habe ich geschrieben, dass Nachhaltigkeit ein entscheidender Schritt in die richtige Richtung ist, um Kniggefeinden wie Beschleunigung Einhalt zu gebieten. Denn wer weniger oft sein Outfit austauschen muss,

- schont Ressourcen,
- spart Geld und
- stärkt seine eigene Identität durch einen eigenen Stil.

Weniger Farbe, mehr Nachhaltigkeit

Keine fünf Jahre ist es her, da waren unifarbene rote, grüne und blaue Baumwollhosen im Geschäftsleben der Renner. Heute sind sie kaum mehr anzutreffen. Aus der Mode. Bei der Farbwahl fährt derjenige nachhaltiger, der auf besonders ausdrucksstarke Farben verzichtet. Mit Mustern verhält es sich ähnlich. Nadelstreifen oder Glencheck sind zwar niemals richtig out, unterliegen aber dennoch gewissen Moden.

Richtige Vorbilder, mehr Nachhaltigkeit

Bei uns im Büro hängt die Fotografie eines Kinderpaares. Zu sehen sind Prinzessin Yvonne und Prinz Alexander, aufgenommen von der Fürstin Sayn-Wittgenstein-Sayn auf der Yacht von Bartholomé March, irgendwo vor Mallorca im April 1954. Abgesehen davon, dass der Junge wie ein Großer raucht und das Mädel eine Flasche Brandy ansetzt, obwohl beide keine 14 Jahre alt scheinen, fällt eines auf: Sakko, Mantel, Frisuren – alles wirkt zeitlos modisch. Denken Sie an den Schauspieler Steve McQueen oder an Audrey Hepburn oder an John F. Kennedy. Allen gemein ist ein zeitloser Stil. Auch ein gutes Vorbild ist der verstorbene Gründer der italienischen Automobilindustrie, Gianni Agnelli: grauer Anzug, blaues Hemd und schwarze Schuhe.

Standard ist immer aktuell

Klassik statt Mode heißt das Gebot der Stunde. Besonders tailliert geschnittene Mode hat ebenso eine Halbwertszeit wie locker geschnittene Kleidung. Auch das kurze Hosenbein, wie es bei Anzughosen in den vergangenen fünf Jahren zu finden war, ist schon wieder auf dem Rückzug. Wer in England als Frau mit roten Schuhen herumläuft, wird im Business auf irritierte Gesichter treffen. Wer als Mann gerne farbige Krawatten mag, sollte dennoch nicht zu übertriebenen Mustern greifen. Die einfache, wenn auch langweilige Regel: Weichen Schnitte und Muster stark von klassischen Standards ab, sollten erstens nur Menschen mit ausgeprägtem Modebewusstsein im Berufsleben damit experimentieren. Zweitens sollte man sich bewusst sein, dass dieser Stil weniger nachhaltig ist als ein klassischer.

Qualität bedeutet Nachhaltigkeit

Grundsätzlich sollte man sich im Berufsleben immer entsprechend der Position kleiden, die man gerne hätte. Also: einen Tick besser als verlangt. Das gilt aber nicht nur für Statussymbole, sondern auch für Qualität und Passform, die wichtiger sind als die Marke: An dieser Stelle kann Herren und Damen nur der Gang zum Maßkonfektionisten ans Herz gelegt werden. Preiswerte maßgeschneiderte Anzüge, Hemden und Blusen kosten meist noch immer 30 Prozent weniger als durchschnittliche und oftmals schlechtere Designerware von der Stange. Überdies kann man sich beim Anfertigen von Hemden ausführlich in die Themen Stoffe und Kragenformen einarbeiten.

In der Innentasche von Anzügen finden Sie Informationen zum Stoff. Bezeichnungen wie „Super 100“ geben Auskunft über die Qualität der Schurwolle. Sie beschreiben die Feinheit des versponnenen Wollgarns. Je höher die Zahl, desto besser und teurer. Wenn Sie auf Nummer sicher gehen wollen und knitterfrei unterwegs sein möchten, kaufen Sie „reine Schurwolle“. Das bedeutet, dass die Fasern nach der Schur zum ersten Mal zu Garn gesponnen und verwebt werden. „Reine Wolle“ bedeutet, dass es sich dabei um ein Recycling-Produkt aus Altkleidern und Faserresten handelt. Bei italienischen Anzügen müssen Sie nach dem Begriff „lana“ Ausschau halten. Vorsicht mit Stoffen wie Baumwolle oder Leinen. Diese knittern schnell und sehen niemals perfekt aus.

Nachhaltigkeit auf leisen Sohlen

Während immer mehr Männer bei Anzügen auf gute Qualität achten, treten sie mit ihren Schuhen völlig daneben. Wer alle Schuhe aussortiert, die nicht schwarz und klassisch sind, kann weniger Fehler machen. Bei der Schuhform sind Oxford, Derby und Brogue (Budapester) die Klassiker, die immer gehen.

- Budapester/Brogue: Der Budapester unterscheidet sich vom Full Brogue durch die sportliche Derby-Schnürung. Zu erkennen ist er an der typischen Lochung. Getragen wird er zu Jeans-, Cord- oder Flanellhosen. Budapester sollten weder aus grobem Leder gefertigt noch mit grober Perforation und schwerer Sohle ausgestattet sein.
- Oxford: Beim Oxford handelt es sich um ein typisch englisch-elegantes Herrenschuhmodell mit geschlossener Schnürung. Durch sein Leder (Boxkalb) in Schwarz oder hochglanzpoliert ist er das eleganteste und klassischste Modell. Er passt ins Theater, auf Hochzeiten, in die Firma oder zum Sektempfang.
- Derby: Der Derby ist ein klassisches Schuhmodell mit offener Schnürung, gekennzeichnet durch den sogenannten Derby-Schaftschnitt. Kann gut in Büro und Freizeit getragen werden, lässt sich leicht anziehen.

Wie erwähnt gibt es bei Schuhen eine Preisgrenze, die sich zu unterschreiten selten lohnt. Achten Sie auf die Sohlen. Greifen Sie zudem mit der Hand in den Schuh. Wir ist das Innere gearbeitet?

Reparieren statt Wegwerfen

Ein Pullover gehört nicht zwangsläufig in die Kleiderspender, wenn er hier und da ein kleines Loch hat. Das gilt auch für Anzüge. Um Löcher unsichtbar zu machen, gibt es drei Techniken:

- Beim sogenannten Kunststopfen etwa wird entweder Faden für Faden wieder nachgebildet, bis das Loch verschwunden ist oder es wird ein Stück identischer Stoff wieder eingewebt. Obwohl die Stoffe heute feiner sind, können gute Handwerker durch Kunststopfen Löcher fast wieder verschwinden lassen. Die Preise liegen meist um die 50 Euro pro Loch.
- Eine andere Variante ist das Ausbessern, bei der die Maschen wieder neu zusammengebracht werden. Die Preise beginnen hier ab 10 Euro.
- Die dritte Variante sind die bereits beschriebenen Flicken, also Applikationen. Durch das Auf- oder Einsetzen von Stoff können auch Textilien mit größerflächigen Beschädigungen oder „dünnen“ Stellen (z. B. am Ellenbogen) wieder fit gemacht werden.

Und hier schließt sich der Kreis: Natürlich lohnt sich das Reparieren nur bei hochwertigen Kleidungsstücken. Doch hier lässt sich die Lebensdauer entscheidend verlängern. Wer einmal einen guten Schneider gefunden hat, wird seinen Kleiderschrank deutlich besser führen können. Dasselbe gilt bei Schuhen. Auch hier gibt es eklatante Unterschiede in der Reparaturqualität. Lassen Sie sich erklären, was mit ihrem Schuh gemacht wird und welche Technik zum Einsatz kommt.

Stil ist mehr als Image

Einer der größten Fehler ist es, das Thema „Businesskleidung“ auf den Eindruck zu reduzieren, den andere von einem haben sollen. Vielleicht erinnern Sie sich an das Märchen „Des Kaisers neue Kleider“ von Hans Christian Andersen. „Vor vielen Jahren lebte ein Kaiser, der so ungeheuer viel auf hübsche, neue Kleider hielt, daß er all sein Geld dafür ausgab, um recht geputzt zu sein“, heißt es. Erzählt wird die Geschichte eines eitlen und unsicheren Königs, der sehr auf das Urteil von Experten und Anerkennung von der richtigen Stelle bedacht ist – und dabei zwei Betrügern erliegt.

Ähnlich ist es, wenn das Thema „Kleiderknigge“ auf Regeln zurechtgestutzt wird, die einzig und allein das Ziel verfolgen, bei anderen einen möglichst positiven Eindruck zu erzeugen. In diesem Sinne ist es auch ein Teil der Knigge-Kur, auf sich selbst zu hören und sich vor allem selbst genug wert zu sein. Also in Jeans ins Büro? Sandalen und weiße Socken? Denken Sie an Sascha Lobo, den Interneterklärer. Rot gefärbter Irokesenhaarschnitt, Anzug, Turnschuhe. In wahrscheinlich keinem gewöhnlichen Businessratgeber wäre eine solche Modeempfehlung zu finden. Aber der Mann ist eine Marke. Er hat Stil. Und zwar seinen eigenen. Sein Erfolg wiederum hat auch viel damit zu tun, dass er gerne und oftmals schlaue Dinge sagt.

i

Kleidung ist Kommunikation. Je nachdem, wie seriös oder nachlässig man sich kleidet, so wird man auf den ersten Blick von seinem Gegenüber eingeschätzt. Kleidung sendet Signale, die andere dekodieren. Trotzdem müssen Sie sich in Ihrer Haut wohlfühlen.

Nackte Haut kostet Autorität und Ansehen

Auch wenn ich versuche, in diesem Buch aus bekanntem Grund auf Regeln und Verbote zu verzichten, so sollten Männer und Frauen jedoch den Ratschlag beherzigen, niemals mehr Haut zu zeigen als notwendig ist. Wer zu viel Haut zur Schau trägt, sendet falsche Signale und verspielt Autorität. Sie sind Führungskraft? Dann sollten Sie auch entsprechend wahrgenommen werden – und nicht als Sexobjekt oder Sportler. Das bedeutet auch, dass beim Hemd maximal der oberste Knopf geöffnet wird und nicht wie bei Formel-1-Chef Flavio Briatore die halbe Knopfleiste. Frauen sollten ihre Schultern im Berufsleben bedecken und beim Thema „Ausschnitt" nicht zu tief blicken lassen.

i

Im Zweifel für den Zweifel: Falls Sie sich selbst die Frage stellen „Kann ich diese Kleidung im Büro tragen?", so ist bereits die Frage die Antwort. Und diese lautet: „Nein." Wenn Sie sich unsicher sind, ob ein Kleidungsstil ins Büro passt, sollten Sie keine Experimente wagen.

Dresscodes kennen und respektieren

Ganz so unabhängig kann im Geschäftsleben jedoch nicht jeder agieren. Fast jedes Unternehmen hat mittlerweile einen schriftlich fixierten oder unausgesprochenen Dresscode. Dieser gibt eine Orientierung. Wer neu in einem Unternehmen startet, kann sich auf der Homepage des Arbeitgebers einen ersten Eindruck verschaffen, wie die Mitarbeiter gekleidet sind. Am ersten Arbeitstag kann man nachfragen, ob es einen speziellen Dresscode gibt.

Ob in der Finanzbranche, im Versicherungswesen oder in der Kanzlei: Ist der Dresscode etwas strenger, fahren Männer im Büro mit dem Anzug beziehungsweise einer Stoffhose mit Hemd perfekt. Bei Frauen ist die Bandbreite schon etwas größer. Hier sind Rock, Bluse, Blazer, Kostüm, Hosenanzug oder Kleid möglich, wobei das Kleid beziehungsweise der Rock über die Knie gehen muss und zum Kleid stets eine Jacke gehört, die die Schultern bedeckt. Die Beine sind immer bestrumpft – auch im Sommer. Falls Sie gerne Schmuck tragen, sollten Sie darauf achten, nie mehr als fünf Schmuckstücke gleichzeitig zu präsentieren.

Jackett und Sakko dürfen Sie als Erster ablegen, wenn Sie in der Hierarchie ganz oben stehen. Im Übrigen heißt es: Schwitzen, bis sich der Ranghöhere seines Sakkos entledigt. Im Stehen muss immer mindestens ein Knopf des Sakkos geschlossen sein.

Dabei gilt folgende Schließordnung:

- 2-Knopf-Sakko: oberer Knopf
- 3-Knopf-Sakko: entweder der mittlere Kopf oder die oberen beiden Knöpfe
- 4-Knopf-Sakko: entweder die Knöpfe in der Mitte oder die drei obersten Knöpfe

Outfit-Tipps für den Mann

- Setzen Sie auf Qualität und Zeitlosigkeit: So ist Ihr Outfit nachhaltig und Sie entwickeln Ihren eigenen Stil.
- Schwarz zu schwarz: Zu einem schwarzen Gürtel passen schwarze Schuhe, zu einem braunen Gürtel passt das Schuhwerk braun. Auf Abendterminen sind schwarze Schuhe Pflicht. Denn: Nicht nur in England heißt es „No/never brown after six".
- Kleiden Sie sich immer eine Position besser und wählen Sie klassische Schnitte.
- Hemden bleiben zugeknöpft. Es darf lediglich der oberste Kragenknopf geöffnet werden, wenn keine Krawatte umgebunden ist. Sobald eine Krawatte gebunden wird, müssen alle Knöpfe geschlossen sein.

- Tragen Sie ausschließlich Hemden in der Langarmvariante und niemals kurze Ärmel im Büro. Unter das Hemd gehört ein Unterhemd, kein T-Shirt.
- Beine werden mit hohen Kniestrümpfen bedeckt.

Outfit-Tipps für die Frau

- Lassen Sie sich nicht von dem extrem freizügigen Kleidungsstil einiger Kolleginnen beeinflussen.
- Verzichten Sie auf kurze Röcke, tief ausgeschnittene Blusen sowie frei liegende Schultern.
- Spaghetti-Träger gehören niemals ins Büro.
- Das Schuhwerk ist geschlossen, Sandalen und Flip Flops bleiben selbst bei 35 Grad Celsius im Schrank.
- Meiden Sie übertriebene Muster.
- Die Beine werden immer bestrumpft, auch im Hochsommer.
- Achten Sie auf eine gute Qualität. Stoffe sollten nicht knittern und hochwertig aussehen.
- Notieren Sie sich Ihre Kleiderwahl bei wichtigen Kundenterminen, damit Sie ein einprägsames Outfit nicht doppelt tragen.
- Entscheiden Sie sich grundsätzlich für eine feminine Businessgarderobe, die jedoch nicht sexy ist. T-Shirts und Sweatshirts sind bei Frauen im Büro tabu.
- Immer richtig liegen Sie mit den Farben Schwarz, Weiß, Grau sowie mit dezenten Tönen.

Das neue Miteinander

Das Wort „Teamarbeit“ ist ein Schlüsselbegriff in der modernen Arbeitswelt. Kaum eine Stellenbeschreibung wird veröffentlicht, in der nicht das Wort „Team“ vorkommt. Gesucht werden Teamplayer. Der Anglizismus „Team“ geht auf das Altenglische zurück und hat dort ursprünglich „Familie“ beziehungsweise „Gespann“ bedeutet. Heute wird unter „Team“ ein Zusammenschluss von Personen verstanden, um ein Problem zu lösen oder eine Aufgabe zu erreichen. Klingt positiv. Auch im Sport steht das Team für eine Mannschaft, die gemeinsam das Ziel erreicht. Den Sieg.

Allerdings sind die Aufgabenverteilungen im Unternehmen oft weniger klar geregelt als in einer Sportmannschaft. Beim Fußball ist klar, wer vorne steht und wer welche Aufgabe hat. Bei Arbeitsteams sieht es fast immer so aus, dass jeder für sich selbst denkt zu wissen, welche Aufgabe er hat – und um welche Dinge sich andere kümmern dürfen. Auch die verschiedenen Arten von Teams im Unternehmen (virtuelle Teams, Projektteams, Aufgabenteams, Managementteams usw.) lassen erahnen, dass mit der Bildung von Teams oft vor allem der Wunsch nach einer Mannschaftsleistung einhergeht. Aber: Wenn Individuen zu einem Team zusammengeschlossen werden, wird daraus noch lange kein Gespann.

Die Kniggefeinde als Gegner der Teamarbeit

Die bereits mehrfach genannten sieben Kniggefeinde sind die wahren Feinde der Teamarbeit. Auch dies hängt wieder einmal mit den äußeren Faktoren zusammen, die seit Jahren verstärkt auf uns wirken: Die zunehmende Mobilisierung führt dazu, dass die Personen in einem Team eben nicht wie früher mehrheitlich an einem Ort arbeiten, sondern verstreut an verschiedenen Plätzen agieren und zwischen diesen hin- und herpendeln. Die zunehmende Ökonomisierung hat zudem dafür gesorgt, dass sich jeder Einzelne im Wettbewerb gegen Kollegen durchsetzen muss, wenn er einen Vorteil erlangen möchte. In der Folge spürt der Einzelne vermehrt den Druck der Konkurrenz. Das zeigt auch der Knigge-Report 2015, nach dem gut 80 Prozent der Meinung sind, dass sich die Ellenbogengesellschaft in den vergangenen Jahren verschärft hat.

Die Ellenbogengesellschaft hat sich in den vergangenen Jahren verschärft.

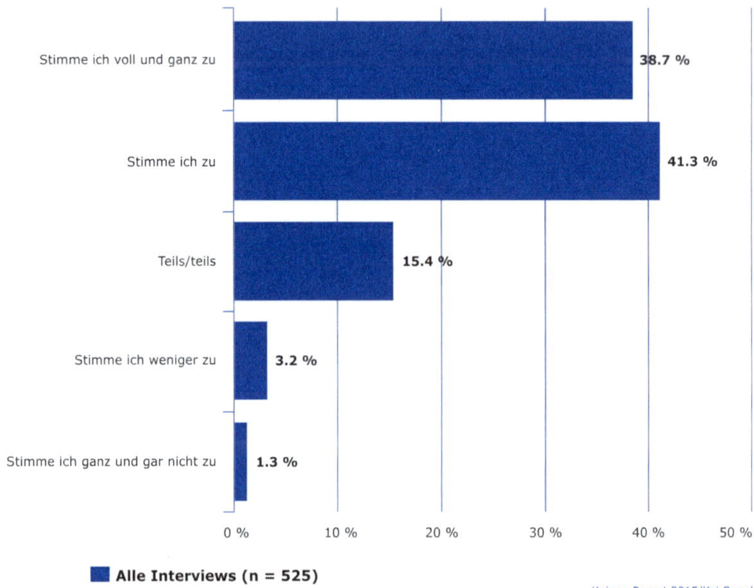

Knigge-Report 2015/Kai Oppel

Die zunehmende Informationsflut bringt es mit sich, dass in Teams heute so schnell komplexe Informationen zusammengetragen werden, dass die Beteiligten an einem Information Overload leiden. Die zunehmende Digitalisierung wiederum hat die Kommunikation in Teams nicht wirklich verbessert, weil die digitale Mailkommunikation für Teamkommunikation die denkbar ungeeignetste Form ist. Die zunehmende Beschleunigung wiederum macht Teamarbeit zu einem Wettlauf gegen selbst gesetzte Meilensteine und Deadlines. Die ständige Erreichbarkeit von Teammitgliedern führt dazu, dass immer jemand im Team angesprochen wird und sich gestresst fühlt.

Und auch der zunehmende Effizienzgedanke trägt seinen Teil dazu bei, dass Teams oft nicht wirklich funktionieren.

Effizienzsteigerung und Beschleunigung als Teamgegner

Die Effizienz ist, wie skizziert, einer der sieben Knigge-Feinde. Dumm nur, dass Effizienzsteigerung seit Jahren in der Unternehmenskultur als Zauberwort gilt. Um Unternehmen und Teams noch effizienter zu gestalten, werden sie regelmäßig auf den Prüfstand gestellt und optimiert. Solche Veränderungsprozesse, aber auch Restrukturierungsmaßnahmen führen jedoch mehrheitlich zu Stress und machen letztendlich krank. Die Gründe sind vielfältig. Fast immer spielt die Angst der Betroffenen eine Rolle, weil sie lediglich Betroffene sind und nicht Beteiligte.

Studien haben jedoch gezeigt, dass Mitarbeiter gesünder sind, wenn sie etwa bei Veränderungsprozessen frühzeitig eingebunden werden. Dies ist nicht nur gesünder, sondern zudem zielführender. Mitarbeiter, die Entscheidungen im Veränderungsprozess mit generieren, befürworten den Umbruch mehr. Je nach Studienlage sieht die Realität allerdings anders aus: Rund zwei Drittel aller Unternehmen unterscheiden sich gegen die Einbindung, selbst wenn diese möglich wäre.

Ebenso kommt es vor allem auf die wahrgenommene Unterstützung durch Kollegen und Vorgesetzte an. Richtige Teamarbeit kann also ein wichtiger Schlüssel sein – ein Teil der Knigge-Kur.

Diese Faktoren fördern das Wir-Gefühl

- **Vertrauensvolle Gesprächskultur:** Inhalte, die im Vier-Augen-Gespräch besprochen wurden, sollten nicht an anderer Stelle verwendet werden – vor allem wenn es nicht explizit so vereinbart wurde. „Vertrauensvoll" heißt auch, Kollegen nicht absichtlich mit Falschinformationen in die Pfanne zu hauen.
- **Mitarbeiter sollten Neuigkeiten nicht aus der Presse erfahren:** Diesen Ratschlag sollten sich besonders Vorgesetzte zu Herzen nehmen, die mit Unternehmensfremden über Veränderungen sprechen. Mitarbeiter wertzuschätzen bedeutet, Ihnen bei der Informationsweitergabe Priorität einzuräumen.
- **Regelmäßige Gespräche:** Wer weiß, was ansteht, der weiß auch, wofür er arbeitet. Nur wer sich regelmäßig austauscht, kennt den gemeinsamen Kurs und vor allem notwendige Kurskorrekturen.

Regelmäßige Gespräche fördern das Wir-Gefühl jedoch nicht nur auf informativer Ebene, sondern auch emotional.

- **Dialoge statt Monologe:** Es ist immer wieder interessant, wie unterschiedlich die Auffassungen von einem Gespräch sind. Wer einen Kollegen nicht zu Wort kommen lässt, der spricht nicht mit ihm. Eine Unterredung muss nicht 50/50 ausgewogen sein – aber sollte den anderen eben doch immer einbeziehen.
- **Vermeidung von Vorwürfen:** Gemeinsam arbeiten heißt nicht, andere für Fehler verantwortlich zu machen. Das fängt bei der richtigen Kommunikation an. Gibt es subjektive Meinungsverschiedenheiten, kommt es auf die Technik an. Kritisieren Sie fair, indem Sie „Ich"- statt „Sie"-Botschaften formulieren. Nicht: „Sie haben Mist gemacht." Sondern: „Mir persönlich gefällt das so nicht."
- **Soziale Unterstützung im Team:** Natürlich hat jeder seine Aufgaben und genug zu tun. Dennoch hilft es, Kollegen immer wieder Hilfe anzubieten. Selbst wenn der Kollege die Hilfe gar nicht in Anspruch nimmt, so weiß er doch, dass er nicht ganz allein ist.
- **Teilen von Aufgaben:** Es sind kleine Gesten, aber sie sind wichtig. Wenn jeder einmal den Geschirrspüler einräumt, Kaffee kauft oder den Konferenztisch abwischt, dann sitzt man auch hier in einem gemeinsamen Boot.
- **Erfolge gemeinsam feiern, Niederlagen gemeinsam verarbeiten:** Auf einen gewonnenen wichtigen Auftrag sollte man gemeinsam anstoßen. Das Wir-Gefühl kann aber auch gerade in schlechten Zeiten stärker werden, wenn man sich gemeinsam ärgert und auf neue Erfolge einstimmt.

Von Auto bis Zug: das neue Miteinander in der Mobilität

In öffentlichen Verkehrsmitteln

Wie im ersten Kapitel beschrieben, nimmt die Mobilität einen immer größeren Stellenwert in unserem Leben ein. Umso unverständlicher ist es, dass wir nicht versuchen, uns die Zeit, die wir mit dem Reisen von A nach B verbringen, etwas angenehmer zu gestalten. Eine Ursache ist natürlich der Stress, unter dem wir stehen, weil wir eigentlich viel zu wenig Zeit haben. Eine andere Ursache ist, dass wir zunehmend gezwungen sind, die Zeit der Mobilität effizienter zu nutzen.

Umso mehr müssen wir uns zwingen, auch hier stärker aufeinander achtzugeben. Es beginnt bereits beim Warten auf den Bus. Wenn Sie jeden Morgen denselben Bus nehmen, spricht nichts dagegen, die anderen Pendler zu grüßen. „Guten Morgen“ ist eine Höflichkeit, die allen den Tag etwas verschönt. Da auch der Busfahrer ein Mensch ist, wird auch er sich über einen Morgengruß freuen – und im Gegenzug eher einmal auf Sie warten, wenn er Sie verspätet kommen sieht.

Das Einsteigen

Die Regel, nach der die Fahrgäste erst aussteigen und dann die anderen einsteigen, ist in den vergangenen Jahren in Vergessenheit geraten. Warten Sie daher einen Augenblick, bevor Sie einsteigen. Lassen Sie an der Tür etwas Platz, damit die anderen aussteigen können. Beim Einsteigen haben Frauen und ältere Menschen Vortritt.

Im Bus oder in der Bahn angekommen, empfiehlt es sich, nicht direkt hinter der Tür stehen zu bleiben. Meist warten draußen noch andere, die aus diesem Grund nicht hineinkommen. Gehen Sie einfach in den Mittelgang. Wenn sich andere bereits dort aufgebaut haben und den Durchgang verwehren, hilft ein freundliches „Entschuldigung“.

Respekt vor älteren Menschen

Wenn der Wagen stark überfüllt ist, geht es weder vor noch zurück. In diesem Fall sollten Sie an den Stationen aussteigen, um anderen Fahrgästen nicht den Weg zu blockieren.

Sitzplätze sind in überfüllten Bussen und Bahnen ein rares Gut. Das merken die Personen noch mehr, die schlechter stehen oder gehen können als Sie. Bieten Sie Älteren oder Schwangeren Ihren Platz an. Sobald in Ihnen die Frage auftaucht, ob Sie sich erheben sollten, folgen Sie diesem Gedanken. Warten Sie nicht, bis andere sich zum Handeln entschließen. Natürlich sind wahrscheinlich Jüngere zugegen, die ebenso aufstehen könnten. Verlassen Sie sich nicht darauf und seien Sie ihnen ein Vorbild.

Wie der Knigge-Report 2015 zeigt, geben 58 Prozent der Befragten an, dass ihnen der Respekt vor älteren Menschen sehr wichtig ist. Wichtig ist er immerhin 35 Prozent. Das macht insgesamt mehr als 90 Prozent! Umso erstaunlicher ist, wie selten hierzulande älteren Menschen oder auch schwangeren Frauen in öffentlichen Verkehrsmitteln Platz gemacht wird.

i Anderen einen Platz anbieten kann nur, wer aufmerksam ist. Aufmerksam sein kann jedoch nur, wer nicht ständig den Blick auf sein Smartphone richtet – beziehungsweise wer sich auf den Augenblick konzentriert.

Respekt vor älteren Menschen

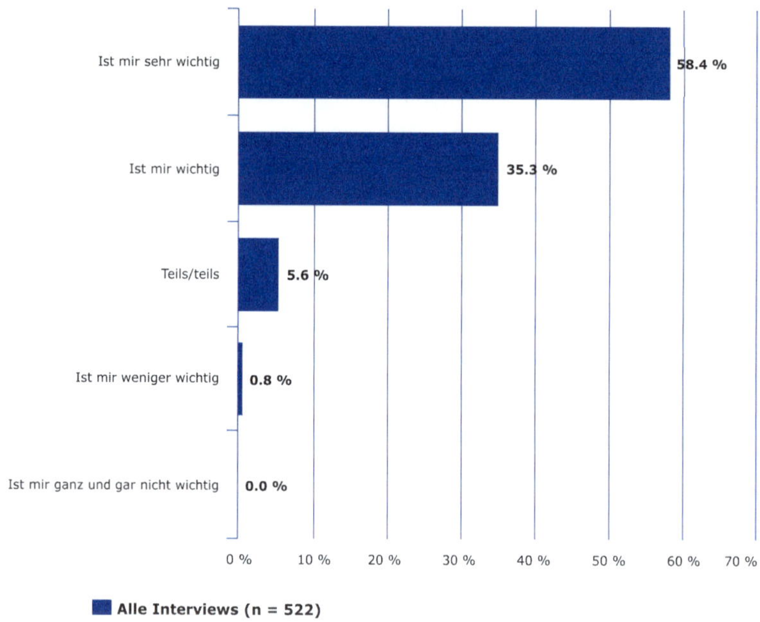

Knigge-Report 2015/Kai Oppel

Wer in öffentlichen Verkehrsmitteln die tägliche Zeitung liest, sollte darauf achtgeben, niemanden damit zu stören. Schlagen Sie Ihren Lesestoff nicht komplett auf, sondern falten Sie ihn auf Artikelgröße. Eine Unsitte ist es, anderen ins Blatt zu schielen. Eine BILD-Überschrift zu lesen, lässt sich aufgrund der Schriftgröße zwar nicht umgehen. Allerdings ist es sehr unhöflich, anderen Fahrgästen von hinten über die Schulter zu blicken. Zum Thema „Laptop" und „Tablet": Sicher ist Zeit ein knappes Gut. Verzichten Sie jedoch darauf, private oder geschäftliche Korrespondenz im morgendlichen Berufsverkehr vorzunehmen – weil dann jeder mitlesen kann.

Mit dem Auto

Wenn Sie mit dem Auto zur Arbeit fahren, sind Sie zwar isolierter als in der U-Bahn – aber dennoch nicht allein auf der Welt. Beginnt Ihr Arbeitstag sehr zeitig und Ihr Wagen parkt unter Fenstern oder in einer ruhigen Straße, sollten Sie die Türen etwas leiser zuziehen, um nicht die gesamte Nachbarschaft zu wecken.

Auch wenn die Zeit jeden Morgen knapp ist: Versuchen Sie, höflich zu fahren. Hier ein über die Straße gelassener Fußgänger, dort ein freundliches Winken, mit dem Sie ein anderes Auto ausparken lassen. Es sind die kleinen Gesten, die das Zusammenleben auf der Straße für alle erträglich gestalten. Wenn Sie einen Autofahrer in den Verkehr einfädeln lassen, sollten Sie stets darauf achten, durch diese Geste nicht wiederum andere stark zu behindern. Müssen zehn Autofahrer hinter Ihnen warten, sollten Sie lieber darauf verzichten.

Mitfahrgemeinschaften und Mitnehmen von Kollegen

Falls Sie mit Ihrem eigenen Auto andere Kollegen oder gar Geschäftspartner mitnehmen, gibt es neben den genannten Punkten noch einiges mehr zu beachten. Der Innenraum eines Autos sagt viel über den Fahrer aus und gibt Einblicke in sein Leben. Squash-Schläger oder schmutzige Reitschuhe erzählen etwas über das Hobby und leere Getränkeflaschen über den Ordnungssinn. Benutzte Taschentücher, verlorene lange Haare oder Haargummis muten Mitfahrern indes ein Stück Intimität zu, gegen die sie sich nicht wehren können.

- Status: Wenn Sie ausländische Geschäftspartner vom Flughafen abholen, überlegen Sie zuvor, ob Ihr Wagen Ihnen und Ihren Geschäftspartnern gerecht wird. Ein heruntergewirtschafteter Kleinwagen könnte schnell an Ihrem Status und an Ihren Fähigkeiten zweifeln lassen. Wählen Sie besser einen Mietwagen oder ein Taxi.
- Körperliche Nähe: Im Auto ist man sich sehr nahe, einander ausweichen ist nicht möglich. Verzichten Sie darauf, Kaugummi zu kauen oder zu essen.
- Telefonieren: Auch wenn das Thema an anderer Stelle mehrfach angesprochen wird – das eigene Auto verleitet beim Telefonieren zu Privatheit, der andere Mitfahrer nicht entfliehen können. Führen Sie keine privaten Gespräche. Vorsicht ist auch bei Freisprechanlagen geboten! Wenn Ihre Frau als Erstes säuselt: „Hallo Hasi, nachts bist du der Größte“, ist alles zu spät.

- Musik: Drehen Sie vor dem Motorstart das Radio leiser, falls Sie allein sehr laut Musik hören. Stellen Sie es während der Fahrt auf einen normalen Lautstärkepegel. Üben Sie sich in Zurückhaltung mit spezieller Musik, wie Techno, Hard-Rock oder neuer Klassik. Wählen Sie einen Radiosender, der für alle akzeptabel ist – wie Deutschlandradio Kultur.
- Gerüche: Verzichten Sie darauf, vor der Fahrt zu rauchen oder sich während der Fahrt zu parfümieren.
- Wünsche erfragen: Dem Fahrer ist es meist zu warm – dem Beifahrer zu kalt. Der Beifahrer braucht Frischluft – die Passagiere auf der Rückbank leiden unter Zugluft. Einer hat Durst – der Nächste verspürt ein Bedürfnis. Bei längeren Strecken sollten Sie ab und an nach Wünschen und Sorgen fragen sowie Pausen einlegen. Nicht jeder Beifahrer traut sich, seine Wünsche unaufgefordert zu äußern.

Mit dem Taxi

Auch wenn es sich in einer Taxireihe beim fünften Taxi um eine nagelneue Luxuskarosse handelt und der erste Wagen ein in die Tage gekommener gelber Kombi ist. Es gehört sich so, das erste Taxi zu nehmen. Grundsätzlich haben Sie als Fahrgast zwar freie Taxiwahl und niemand kann Ihnen vorschreiben, für welches Gefährt Sie sich entscheiden. Allerdings halten sich die Taxler untereinander an das Prinzip der Reihe, damit jeder von ihnen nach dem Zufallsprinzip auf gleich viele Fahrgäste und ähnliche Strecken kommt. Wenn Sie Gepäck haben, geben Sie dieses einfach dem Fahrer, der es für Sie im Kofferraum verstaut. Warten Sie danach kurz, damit Ihnen der Fahrer die Autotür öffnen kann.

Sitzordnung im Taxi: Rückbank statt Beifahrersitz

Wird Ihnen die Tür nicht aufgehalten, steigen Sie selbstständig auf der hinteren Beifahrerseite ein. Wenn Sie mit Geschäftspartnern unterwegs sind, überlassen Sie dem Gast den rechten hinteren Platz und steigen auf der anderen Seite ein. Wenn Sie sich zu dritt chauffieren lassen, zahlt der, der neben dem Fahrer sitzt. Steigen Sie jedoch niemals auf den Beifahrersitz, wenn Sie allein unterwegs sind. Das gehört sich nicht. Während der Taxifahrt dürfen Sie mit dem Handy telefonieren oder Zeitung lesen. Beim Bezahlen runden Sie einfach auf den nächsten vollen Euro auf.

Im Flugzeug

Beim Einsteigen grüßen Sie das Personal mit einem freundlichen Kopfnicken und dem jeweiligen Tagesgruß. Werfen Sie zuvor einen Blick auf die Bordkarte, um ihr die Sitzplatznummer zu entnehmen. Wenn Sie Ihren Platz gefunden haben, treten Sie eventuell in die Sitzreihe, um Passagiere unmittelbar hinter Ihnen zunächst vorbeizulassen. Danach verstauen Sie schnell Ihren Aktenkoffer. Grüßen Sie kurz und freundlich Ihren unmittelbaren Sitznachbarn (beziehungsweise verabschieden Sie sich nach dem Flug) – schließlich verbringen Sie die nächsten Minuten und Stunden neben ihm.

Sitzknigge im Flugzeug

Wenn Sie zu einem Fensterplatz müssen, bitten Sie höflich um Entschuldigung. Während des Fluges sollten Sie darauf achten, dass Sie anderen nicht mehr Platz wegnehmen als nötig. Nutzen Sie also die Armhalter nicht über die Maßen. Wenn Sie in der Mitte einer Dreierreihe sitzen, stehen Ihnen beide Armlehnen zu, da Sie am wenigsten Platz haben.

Wenn Sie den Sitz nach hinten verstellen, sollten Sie dies vorsichtig und vor allem nicht im Fünf-Minuten-Takt machen. Der Hintermann könnte seinen Tisch heruntergeklappt haben und es ist nur eine Frage der Zeit, bis das Getränk durch die Stuhlbewegung umfällt. Bei Kurzstreckenflügen bleibt die Sitzlehne komplett gerade.

Stilvoll essen über den Wolken

Während des Fluges gibt es eine Verpflegung? In diesem Fall gelten gegenüber den Stewardessen die herkömmlichen Höflichkeitsregeln. Beim Bestellen ist es daher unhöflich, auf die Wörter „bitte" und „danke" zu verzichten und den Wunsch nicht in zumindest einem vollständigen Satz zu formulieren. Es heißt nicht: „Einen O-Saft!", sondern: „Kann ich bitte einen Orangensaft bekommen?". Damit Getränke nicht umfallen, wird der Fensterplatz stets zuerst bedient. Halten Sie beim Essen die Arme eng am Körper. So treten Sie stilsicher auf und vermeiden, dass Ihre Sitznachbarn die Ellenbogen ins Gesicht bekommen. Falls Sie nach dem Mahl aufstehen möchten, ziehen Sie sich bitte nicht durch das Festhalten am Vordersitz in die Höhe. Der Passagier vor Ihnen könnte schlafen und würde spätestens dann erwachen, wenn Sie die Lehne loslassen.

Geschäftsgespräche und Beifallsbekundungen

Wenn Sie öfter fliegen und mit Kollegen reisen, versuchen Sie sicherlich, die Zeit bestmöglich für die Arbeit zu nutzen. Dagegen spricht auch nichts, solange Sie andere Fluggäste dadurch nicht stören. Versuchen Sie also, möglichst leise über geschäftliche Dinge oder die anstehende Verhandlung zu sprechen. Nennen Sie keine Namen von Mitarbeitern, Kollegen, Unternehmen oder Projekten: Sie wissen nie, wer hinter oder neben Ihnen sitzt. Aufgeregte und mit englischen Managementvokabeln angereicherte Konversationen sind ebenso tabu. Diese klingen ausgesprochen großspurig und wichtigtuerisch.

Da ein Flug trotz Turbulenzen keine Actionvorstellung ist, wird am Ende auch nicht geklatscht. Das gilt sowohl für Business- als auch für Urlaubsflüge. Wenn Sie Ihre Begeisterung über eine gelungene Landung kundtun möchten, können Sie dies den Flugbegleitern beim Verlassen der Maschine sagen. Apropos Verlassen: Immer wieder kommt es im Gang zum Stau, weil alle auf einmal versuchen, nach draußen zu stürmen. Gehen Sie mit gutem Beispiel voran und bleiben Sie sitzen, bis das Aufstehen sinnvoll ist.

Tipps für das mobile Miteinander

- Beim Zusteigen gilt: erst raus, dann rein.
- Bieten Sie Älteren und Schwangeren Ihren Platz an.
- Eingangsbereich an den Türen und den Kabinengang im Flugzeug räumen, damit alle zusteigen können.
- Das Mitlesen der Tageszeitung bei anderen in öffentlichen Verkehrsmitteln gehört sich nicht.
- Es ist unhöflich, in öffentlichen Verkehrsmitteln zu essen. Wer es nicht bleiben lassen kann, muss zumindest auf stark riechende Speisen verzichten.
- Besonders wenn es eng wird, dringen wir in die Privatsphäre anderer ein. Vermeiden Sie langes Anstarren und entschuldigen Sie sich bei Berührungen.
- Vermeiden Sie laute Konversationen, in die andere Fahrgäste unfreiwillig involviert werden, und verzichten Sie auf lautstarke Telefonate.
- Behalten Sie Ihre Schuhe im Zug und im Flugzeug an.

Das neue Miteinander am Mittagstisch

Immer wenn ich etwas frühzeitiger zum Mittagessen gehe, also siemensmäßig kurz nach halb zwölf, komme ich an der Nymphenburger Straße in München an einem dort wartenden Bus vorbei. Der Bus ist leer, die Türen sind geöffnet. Jeden Wochentag wartet dieser Bus vor dem Ableger eines Versicherungskonzerns. Laufe ich mittags an dieser Stelle vorbei und der Bus wartet nicht, muss Wochenende sein oder schon Nachmittag. Worauf der Bus wartet? Das habe ich eines Tages aus Neugier den Busfahrer gefragt. Die Antwort: Er wartet auf jene Versicherungsmitarbeiter, die in die konzerninterne Kantine fahren möchten, weil es im Haus keine Kantine gibt. Ob dies einmal eine Abteilung durchgesetzt hat oder ob jeder Mitarbeiter ein Recht auf ein Kantinenessen hat, habe ich nicht erfragt. Aber dieser Bus ist für mich der Beweis, dass es sie noch gibt, die Bastionen einer verschwindenden Arbeitswelt. Konzerne, Großbetriebe oder Mittelständler, bei denen Kollegen noch miteinander essen gehen. Der Bus fährt meistens mit nur wenigen Kantinenhungrigen ab. Die meisten Mitarbeiter bevorzugen die Italiener in der Gegend, bei denen sie große Tische bestellen und gemeinsam die Mittagspause verbringen.

Leider befindet sich der gemeinsame Lunch auf dem Rückzug. Wie die neue Arbeits- und Kantinenwelt aussieht, darf der geneigte Beobachter ebenfalls in der Nymphenburger Straße etwas weiter Richtung Stiglmairplatz beobachten. Dort hat in einem architektonisch gelungenen Wohn- und Bürokomplex der Ableger einer auf gesund getrimmten Salat- und Sandwichkette eröffnet. In den umliegenden Bürogebäuden arbeitende Mitarbeiter können dort via Smartphone-App ihre Salat- oder Lunchbox ordern und sie in einem schlanken Prozess bezahlen und abholen. Keine lästige Wartezeit. Keine Schlange. Kein Gequatsche mit Kollegen oder anderen. Stattdessen: Effizienz pur. Schnell das Essen bestellt und abgeholt oder besser gleich geliefert und ruck zuck ab an den Arbeitsplatz. Flink noch am Programmcode arbeiten und nebenbei ein paar Salatblätter oder einen Chickenwrap in den Mund schieben.

Dabei ist das Geschäftsessen oder das Mittagessen mit den Kollegen nicht nur eine hervorragende Möglichkeit, das Angenehme mit dem Nützlichen zu verbinden. Der Lunch eröffnet vor allem die Chance, mit Kollegen fernab der Arbeitswelt ins Gespräch zu kommen.

Socialising, wie es neudeutsch so schön heißt. Der kommunikative Aspekt und das Fördern der Wir-Kultur bilden dabei den neuen Teil der Knigge-Kur. Doch die Lunchkultur hält auch jenen Knigge parat, der als Synonym für Knigge gilt. Darum soll es auf den nächsten Seiten gehen.

Gut organisiert ist gut gespeist

Falls Sie das Geschäftsessen organisieren, wählen Sie zunächst ein geeignetes Restaurant aus und reservieren Sie unbedingt einen Tisch. Fragen Sie, ob es sich um einen gut platzierten Tisch handelt und es dort nicht zu laut ist – denn das kann bei einem Geschäftsessen sehr störend sein. Wenn Sie mit Kollegen unterwegs sind und Sie Ihre Stammlokale kennen, erübrigt sich dieser Schritt natürlich. Falls Sie ausländische Gäste empfangen, sollten Sie daran denken, dass Gäste aus dem indischen und dem arabischen Raum oftmals kein Fleisch essen (das gilt vor allem für Rind und Schwein).

Wann sollten Sie bei Geschäftsessen erscheinen?

Handelt es sich um ein Geschäftsessen, so erscheinen Sie als Gastgeber einige Minuten vor dem Termin im Restaurant. So können Sie nochmals alles überprüfen. Warten Sie danach im Eingangsbereich oder in der Nähe der Bar auf die Gäste, um mit ihnen gemeinsam zum Tisch zu gehen. Wenn Sie Gast sind und der Gastgeber noch nicht erschienen ist, sollten Sie zunächst fünf Minuten warten. Danach können Sie sich zum Tisch bringen lassen.

Wer geht wann ins Restaurant?

Als Gastgeber beziehungsweise als Mann betreten Sie das Restaurant als Erster. Da Sie dabei meist die Tür öffnen, halten Sie diese kurz auf, damit die anderen hindurch gehen können. Setzen Sie sich jedoch danach wieder an die Spitze, um sich als Gastgeber nach dem reservierten Tisch zu erkundigen. Wenn Sie als Frau mit Kollegen unterwegs sind, dürfen Sie als Erste eintreten. Schließlich kennen Sie das Restaurant und kein Mann muss Sie vor etwas bewahren oder schützen. Als besonders ungehobelt wird es empfunden, mit den Händen in den Hosentaschen und geöffnetem Jackett ins Lokal zu marschieren. Achten Sie daher darauf, dass Sie Ihre Hände neben dem Körper halten. Je nach Position helfen Sie anderen aus dem Mantel oder lassen sich selbst aus der Jacke helfen.

Tisch nicht selbst suchen

Eine Unsitte, egal ob beim Mittagslunch oder Abendessen, ist der invasionsartige Einfall von Arbeitnehmerrudeln und das ungefragte Okkupieren von Tischen. Warten Sie stets, ob Sie vom Servicepersonal zum Tisch geführt werden. In gehobenen Restaurants ist dies ohnehin Usus und es wäre peinlich, sich selbst einen Tisch zu suchen. Der Tisch steht fest? Dann sieht die Reihenfolge beim Gang dorthin wie folgt aus: Der Kellner geht vor, gefolgt von Ihren Gästen beziehungsweise Kunden. Danach laufen Ihre Mitarbeiter. Am Schluss geht der Gastgeber. Führt Sie kein Kellner zum Tisch, gehen Sie als Gastgeber voran.

Beim Hinausgehen lassen Sie dem Ranghöheren (Gast, Kunde, Dame, Älterer) den Vortritt. Sie sind mit Kollegen unterwegs? Dann lassen Sie es natürlich locker angehen. Nutzen Sie die gemeinsamen Schritte zum Mittagessen für einen Plausch oder tun Sie einfach nichts. Versuchen Sie jedoch unbedingt, das Smartphone oder die Smartwatch außen vor zu lassen. Sie sind gerade erst aus dem Büro. Die Chancen stehen also gut, dass in den letzten fünf Minuten keine enorm wichtigen E-Mails eingelaufen sind.

Die Sitzordnung im Restaurant

Mit der Sitzordnung im Restaurant ist es eigentlich ganz einfach und dann auch doch wieder kompliziert. Der Anlass spielt eine maßgebliche Rolle. Wenn es grundsätzlich freie Platzwahl gibt, können Sie mit dem Sitzplatz auch bestimmen, ob Sie lieber sprechen oder essen wollen. Je mehr Sie in der Tischmitte sitzen, desto aktiver können und sollten Sie sein. Die ruhigeren Plätze sind eher die an der schmalen Tafelseite beziehungsweise an den Ecken.

Wer im Restaurant wo sitzt, hängt natürlich davon ab, mit wie vielen Personen Sie unterwegs sind.

- Speisen Sie zu zweit, sitzen Sie sich gegenüber. Eine schöne Geste ist es, den Kollegen oder Geschäftspartner zu fragen, wo er sitzen möchte. Gerade wenn Sie das Restaurant kennen, sollten Sie sich selbst für den schlechteren Platz entscheiden.
- Essen Sie zu viert, sitzen Sie als Mann links von einer Frau und als Frau stets rechts vom Mann. Sind die weiteren Geschäftspartner ebenfalls ein Mann und eine Frau, sitzen sich Mann und Frau gegenüber.

Neben dieser klassischen Sitzordnung gibt es noch die Bonner Variante. Hier platzieren sich die Herren nebeneinander und die Damen ebenso.

Falls Sie mit einer kompletten Geschäftsgesellschaft unterwegs sind, wird es etwas komplizierter.

- Bei einer langen Tafel sitzt der Chef in der Mitte und rechts neben ihm der ranghöchste Geschäftspartner. Möglich wäre ebenso, den Ehrengast vis-à-vis des Chefs zu platzieren. Neben dem Vorgesetzten sitzen dann die Rangnächsten.
- Handelt es sich um ein sehr traditionsreiches Unternehmen, sitzt der Chef mitunter am Tafelkopf. Aus diesem Grund sollten Sie sich niemals zuerst an diesen Platz setzen, falls Sie nicht selbst der Chef sind. Verzichten Sie zunächst auch auf die mittleren Plätze an der Tafel, damit diese gegebenenfalls dem Ranghöchsten zur Verfügung stehen. Sie sind der Chef? Dann ist ja alles klar.

Das Timing beim Setzen

Bei der Reihenfolge des Platznehmens kommt es wieder auf den Anlass an. Beim gemeinsamen Lunch mit den Kollegen sollten Sie versuchen, sich gleichzeitig mit den anderen zu setzen. Besonders wenn Sie keine Führungsposition innehaben oder nicht über eine gewisse Seniorität verfügen, dürfen Sie sich niemals setzen, bevor es Ranghöhere (Position, Alter) getan haben. Wenn Sie mit Geschäftspartnern speisen, bitten Sie diese, Platz zu nehmen und setzen sich nach ihnen.

i Je unwichtiger jemand in der Hierarchie ist, desto weiter entfernt befindet er sich vom Gastgeber (Chef) beziehungsweise dem Ehrengast (ranghöchster Geschäftspartner).

Das Bestellen: Einfaches statt Kompliziertes

Was auf den Tisch kommt, entscheiden nicht nur die Speisekarte und Ihr Appetit. Auch der Rahmen spielt eine Rolle. Liegt die anberaumte Zeit unter einer Stunde, verbietet sich ein aufwendiges Menü. Bezahlt ein Gastgeber, wählt man nicht die teuerste Speise aus. Wollen Sie sich geschäftlich unterhalten, entscheiden Sie sich nicht für ein kompliziertes Gericht, das Ihre gesamte Aufmerksamkeit erfordert. Wenn Sie mit Geschäftspartnern unterwegs sind, kann es ratsam sein, auf folgende Gerichte zu verzichten:

- Makkaroni statt Spaghetti: Bestellen Sie statt Spaghetti besser kleinere Pastasorten, die beim Aufrollen auf die Gabel nicht zur Soßenschleuder mutieren. Noch peinlicher, als die Tomatensuppe auf die eigene Krawatte zu befördern, ist es, die Kollegen zu bekleckern. Falls Sie die Spaghetti schneiden wollen: Lassen Sie es. Wie mehrfach betont, ist dieses Buch keine Besserwisserfibel für Karriereknigger. Aber Spaghettischneiden ist ein entschiedenes No-Go, wenn auch eigentlich ein belangloses.
- Salate: Kompliziertes Falten mit Kleckerpotenzial: Wenn Sie kein Profi im Verspeisen von Salaten sind, sollten Sie bei wichtigeren Lunchs besser keine Salate ordern. Salat darf nicht geschnitten werden, sondern wird gefaltet. Allerdings beherrschen nur die wenigsten die Technik fehlerfrei, ein riesiges Salatblatt zur Größe eines Würfels zu falten und zum Mund zu führen, bevor es sich wieder entblättert und den ganzen Aceto Balsamico abwirft. Zudem wird in den meisten Restaurants der Salat vorher nicht zerkleinert.

Wünsche äußern ist natürlich erlaubt. Wenn Sie bei den Beilagen statt Reis lieber Kartoffeln hätten, können Sie diesen Wunsch gerne kundtun. Achten Sie jedoch darauf, nicht ein komplettes Menü umzubestellen. Das nervt die anderen Anwesenden. Falls Sie Fisch bestellen, können Sie fragen, ob dieser für Sie filetiert wird.

Oh Schreck – ein Fleck

Falls Sie sich beim Lunch die geliebten Spaghetti mit Tomatensoße nicht verkneifen konnten oder falls das Messer so stumpf und das Fleisch so zäh waren, dass Sie sich bekleckert haben: Bewahren Sie die Ruhe. Entfernen Sie das Gröbste und kümmern Sie sich um größere Flecken in Ruhe auf der Toilette. Falls Sie Ihre Mittagsgäste mit dem Malheur in Mitleidenschaft gezogen haben: Entschuldigen Sie sich, mache Sie jedoch kein Riesending daraus. Kümmern Sie sich unauffällig beim Kellner um ein angefeuchtetes Tuch und geben Sie es dem Betroffenen. Reiben Sie niemals an ihm herum! Niemals.

Das Rufen des Kellners

Wenn Sie als Gastgeber Geschäftspartner einladen, dürfen Sie gerne ein Gericht empfehlen – allerdings mit dem Hinweis, dass der Gast gerne jedes andere Essen genauso bestellen darf. Wenn der Kellner etwas auf sich warten lässt, sollten Sie überprüfen, ob Sie nicht zufälligerweise noch die Karte in der Hand halten oder diese geöffnet neben Ihnen liegt. Beides sind Zeichen, dass Sie noch kein Gericht gefunden haben und nach wie vor mit der Auswahl beschäftigt sind.

Sind die Karten geschlossen und der Kellner kommt dennoch nicht, nehmen Sie Blickkontakt auf und rufen Sie ihn mit: „Herr Ober!“. Eine Kellnerin mit „Fräulein“ anzusprechen, gilt heute als unhöflich – ebenso wie „Hallo“, ein durchs Restaurant gerufenes „Wir möchten bestellen!“ oder gar das Schnipsen mit den Fingern. Suchen Sie Blickkontakt und warten Sie, bis das Personal an Ihren Tisch kommt. Schließlich wird es dafür bezahlt.

Das Bestellen eröffnet der Gastgeber, indem er den Kellner lediglich an den Tisch bittet. Danach gibt er an die Gäste ab. Falls Sie eingeladen werden, heißt das, dass Sie niemals sofort und ungefragt als Erster ordern. In kleineren Gruppen ist es ebenso möglich, dass der Gastgeber für seine Kunden mitbestellt.

Keine Extravaganzen auf Kosten anderer

Wer sich für ein Menü entschieden hat, aber feststellen muss, dass die anderen nur einen Gang wählen, sollte sich anpassen. Es wäre sehr unhöflich, wenn die anderen beim Essen zusehen müssen und der ganze Zeitplan an einem Menüesser ausgerichtet wird.

Wein bestellen und verkosten

Zum Mittagstisch ist die Flasche Wein eher unüblich (aber durchaus möglich und passend). Spätestens abends sind Wein oder andere alkoholischen Getränke kein Problem. Allerdings gibt es bei der Wahl des richtigen Tropfens immer wieder Fragen und Missverständnisse. Grundsätzlich sollten Sie sich an die Regel halten, nach der zum Fisch eher ein Weißwein bestellt wird und zu Fleisch oder Käse eher ein Rotwein. Die Chance, zum Fisch einen passenden Rotwein zu bestellen, ist bei Nicht-Weinkennern äußerst gering. Wenn es ein Weißwein werden soll und Sie in puncto Traubensaft weniger bewandert sind, machen Sie kaum etwas falsch mit einem weißen Bordeaux, einem Chardonnay, einem Sauvignon Blanc oder einem Riesling. Bordeaux ist auch beim Rotwein eine gute Wahl – ebenso wie ein Cabernet oder Shiraz. Falls Sie sich nicht sicher sind, können Sie jederzeit den Kellner um eine Empfehlung bitten.

Wenn Sie den Wein bestellt haben, bekommen Sie ihn auch zum Verkosten. Falls Ihnen Wein beim besten Willen egal ist, können Sie natürlich in die Runde fragen, wer das Verkosten übernehmen will. Dann hätte man auch gleich ein Gesprächsthema, falls die Kommunikation bis dato stockend verlaufend ist. Bei der Verkostung geht es aber vorrangig nicht darum, ob Ihnen der Wein schmeckt, sondern ob er korkt und richtig temperiert ist. Dreht der Kellner einen Kunststoffkorken heraus oder handelt es sich um einen Glas- beziehungsweise Drehverschluss, geht es nur noch um die Temperatur, weil der Wein nicht korken kann. Möglich wäre nur noch ein anderer Schaden am Getränk. Halten Sie Ihre Nase ins Testglas. Normalerweise hat der Kellner bereits am Korken geschnuppert und es dürfte nicht muffig oder vergammelt riechen. Nehmen Sie noch einen Schluck, um den Geschmack zu prüfen. Trinken Sie das Testglas aber nicht aus.

Tipps für den gelungenen Businesslunch

- Lassen Sie Ranghöheren und Gästen den Vortritt.
- Wählen Sie keine ausgefallenen Speisen und kein Menü, wenn Sie der Einzige wären, der mehrere Gänge isst.
- Besprechen Sie Geschäftliches mit Neukunden nicht in der ersten halben Stunde. Mit Kollegen darf es natürlich auch ums Business gehen.
- Wein am Mittagstisch ist erlaubt. Halten Sie jedoch Maß. Vorsicht: Wer nicht frühstückt, der bekommt bereits ein kleines Glas zu spüren.
- Beginnen Sie nicht mit dem Essen, bevor die anderen ihre Gerichte erhalten haben.
- Natürlich wird während des Essens gesprochen – aber nicht mit vollem Mund.
- Eine typische Benimmregel, aber leider wahr: Mit offenem Mund kauen und Schmatzen gilt auch im 21. Jahrhundert als klassisch schlechte Kinderstube und ist zu vermeiden.
- Sich zu viel Essen auf die Gabel bugsieren zeugt nicht von Tischmanieren.
- Ein Don’t ist es, über die Teller anderer greifen, um beispielsweise zum Salz zu gelangen.

Gesprächsthemen am Tisch

Sie kennen das vielleicht: Sie sind mit dem Chef in der Mittagspause unterwegs und wollten eigentlich einige Minuten Abstand vom Tagesgeschehen gewinnen – aber Ihr Vorgesetzter missbraucht Ihre Mittagspause und spricht nicht nur über den Job im Speziellen und Allgemeinen, sondern überschüttet Sie mit Aufgaben, Projekten und Kritik. Das liegt schwer im Magen und ziemt sich nicht.

Ebenso unhöflich ist es, wenn Sie sich mit neuen Geschäftspartnern zum Lunch verabreden und sofort ins Geschäftliche einsteigen. Zwar müssen Sie hierzulande nicht wie beispielsweise in Frankreich bis zum Dessert warten. Allerdings sollten Sie zumindest die Vorspeise nutzen, um ein wenig Small Talk zu betreiben, beispielsweise über die Anreise, eine aktuelle Ausstellung in der jeweiligen Stadt oder das Wetter. Ungeeignete Small-Talk-Themen, weil verfänglich und die Gemüter erhitzend, sind Geschichte, Politik und Beziehungen. Wenn der Geschäftspartner von sich aus mit dem Geschäftlichen beginnt, steigen Sie selbstverständlich darauf ein. Damit es allerdings nicht zu förmlich wird, sollten wichtige Punkte nur grob angesprochen werden. Es gehört sich nicht, während des Essens Notizen zu machen. Versuchen Sie, sich wichtige Eckpunkte des Gesprächs zu merken – zurück im Büro fassen Sie diese sofort zusammen.

Brot und Couvert-Brot

Vor den eigentlichen Gängen wird in einigen Restaurants ein Brotkorb gereicht. Hier lauern gleich mehrere Kniggefallen. Selbst wenn Sie Hunger haben: Greifen Sie nach Möglichkeit nicht sofort beherzt in den Korb. Warten Sie mit dem ersten Bissen, zumindest bis der Wein gebracht wurde. Oftmals gehört das Brot zu den Vorspeisen oder zum Salat. Falls der Hunger gesiegt hat und der Brotkorb nach fünf Minuten bereits leer ist, bringt der Kellner meist einen neuen. Es ist auch völlig okay, Brot nachzubestellen.

Kleine Häppchen statt ganzer Schnitte

In besseren Restaurants und in Hotelgaststätten erhalten Sie meist ein so genanntes Couvert-Brot mit Aufstrich (Butter, Olivenpaste etc.) zur Vorspeise. Bestreichen Sie nie die komplette Scheibe. Es handelt sich schließlich nicht um eine Brotstulle! Ebenso unangebracht ist es, wie von einer zu Hause zubereiteten Schnitte abzubeißen. Brechen Sie stattdessen mundgerechte Stücke ab (das Brot zu schneiden gehört sich ebenfalls nicht) und bestreichen Sie immer nur den nächsten Bissen. Das abgebrochene Brot legen Sie auf Ihrem Brotteller ab, der links neben Ihrem Gedeck steht. Auch das Brotmesser sollten Sie nie auf dem großen Teller stationieren. Wenn Sie nun alle Häppchen mit der linken Hand zum Mund führen, ist es perfekt. Während Ihr Glas beziehungsweise Ihre Gläser rechts von Ihnen stehen, befindet sich das Couvert-Gedeck links von Ihnen.

Haltung an der Tafel

Für die richtige Sitzhaltung am Tisch gibt es eine einfache und leicht zu merkende Regel: Auf dem Schoß sollte eine Katze Platz finden, zwischen Rücken und Stuhllehne eine Maus. Das bedeutet, dass Sie aufrecht sitzen und den Stuhl nahe genug an den Tisch gerückt haben müssen, sodass zwischen Oberkörper und Tischkante etwa eine Handbreit Abstand ist. Die Füße stehen direkt vor dem eigenen Stuhl und sollten nicht ausgestreckt werden. Die Hände verschwinden niemals unter dem Tisch, sondern befinden sich oberhalb, wobei maximal die Handgelenke abgelegt werden. Es sich mit Ellenbogen oder komplette Unterarmen dauerhaft bequem zu machen, gibt kein optimales Bild ab.

Besteck richtig eindecken und benutzen

Die Sache mit dem Besteck ist gemeinhin einfacher, als sie aussieht. Beim normalen kleinen Gedeck liegt die Gabel links vom Teller, Messer und Suppenlöffel befinden sich rechts. Rechts oberhalb steht das Glas. Quer über dem Teller ruht der Dessertlöffel.

Beim einfachen Mittagstisch mit Kollegen wird das Besteck mitunter in Krügen in der Tischmitte platziert. Hier decken Männer für Frauen und Rangniedere für die Ranghöheren schnell mit ein. Legen Sie dafür eine Serviette rechts neben den Teller und darauf von rechts nach links (zum Teller hin) Löffel, Messer, Gabel. Achten Sie darauf, das Besteck nicht an den Schneideflächen zu berühren. Wenn Sie täglich mit denselben Kollegen zum Essen gehen, ist jeder einmal mit Eindecken dran.

Stets von außen nach innen benutzen

Bei einem mehrgängigen Menü, wie es eigentlich zum Abendessen eher üblich ist, sieht die Sache mit den Schneidewerkzeugen auf den ersten Blick vielleicht etwas komplizierter aus. Aber auch hier können Sie wenig falsch machen. Was Sie mit der rechten Hand anfassen, liegt rechts – und umgekehrt. Nun essen Sie sich beim Besteck ganz einfach Gang für Gang von außen nach innen vor. Gibt es eine Vorspeise, nehmen Sie also ganz einfach rechts das kleinere Messer und links die kleinere Gabel, die jeweils ganz außen liegen. Wenn Sie Fisch bestellt haben, wird Ihnen ein extra Fischbesteck eingedeckt und das unnötige Besteck abgeräumt.

Das Besteck mittig greifen

Nachdem Sie wissen, welches Besteck Sie wann zur Hand nehmen, stellt sich die Frage nach dem „Wie?“: Fassen Sie den Griff so an, dass Sie beim Messer nicht zu nah an der Schneide sind und bei der Gabel nicht zu nah am Zinken. Da das Besteck kein Werkszeug ist, wird es nicht mit der kompletten Hand umklammert wie ein Hammer. Achten Sie auch beim Schneiden von Fleisch darauf, dass Sie das Messer nicht mit einer Faust greifen, sondern stets elegant anfassen. Das Essen wird mit der Gabel zum Mund geführt – und nicht der Kopf zum Essen. In England und in feinen Restaurants können Sie die Gabel umdrehen und mit dem Rücken zum Mund führen. Es ist aber völlig okay, wenn Sie die Gabel im Alltag normal benutzen.

Tipps für das richtige Verhalten am Tisch

- Achten Sie auf eine korrekte Haltung am Tisch. Die Arme sind nah am Körper und werden nie auf dem Tisch abgelegt oder darunter versteckt.
- Nur die Hände (Handgelenke) dürfen auf dem Tisch abgelegt werden.
- Nehmen Sie immer das Besteck, das ganz außen liegt, und arbeiten Sie sich Gang für Gang nach innen vor.
- Benutztes Besteck wird nie auf dem Tischtuch abgelegt – weder komplett noch mit dem Griff, auch nicht auf der Serviette, die ohnehin nichts neben dem Teller zu suchen hat.
- Wenn Sie das Besteck während des Essens abgelegen, bedeutet die 20-Minuten-nach-sieben-Uhr-Stellung, dass Sie pausieren. Hier ruht das Messer auf 20 Minuten (Schneide nach innen/links) und die Gabel auf sieben Uhr. Anders ausgedrückt: Wenn Sie beim Essen pausieren, ergibt das Besteck ein „A“ ohne Querbalken. Achten Sie aber darauf, dass Sie das Besteck nicht in die Soße legen.

- Wenn Sie mit dem Essen fertig sind, platzieren Sie Messer und Gabel auf die 20-Minuten-nach-vier-Uhr-Stellung. Messer und Gabel liegen dabei parallel im zweiten Quadranten des Tellerkreises – das Messer befindet sich oberhalb der Gabel.
- Greifen Sie das Besteck elegant und führen Sie stets das Besteck zum Mund und nicht umgekehrt.
- Anders als in den USA gehört es sich in Deutschland nicht, erst mit rechts zu schneiden und anschließend mit der Gabel einhändig zu speisen.
- Außer beim Italiener gehört die Gabel immer in die linke Hand und das Messer in die Rechte. Mit der Gabel in der rechten Hand loszulegen, ist ein No-Go.

Wie sieht es im asiatischen Ausland oder asiatischen Restaurants aus?

Kein Europäer muss mit Stäbchen essen. Man kann durchaus nach Besteck verlangen – ohne dass dies als beleidigend angesehen wird. Wer allerdings zu Stäbchen greift, erweist dem Gastgeber Respekt und zeigt, dass er die Esskultur schätzt. Immerhin geht die Benutzung von Stäbchen in China bis ins 15. Jahrhundert zurück. Werden die Stäbchen nicht benutzt, kommen sie auf den Stäbchenhalter oder auf das Tablett – nicht aber wie Messer und Gabel auf den Teller.

Sieben Don'ts beim Essen mit Stäbchen

1. Stäbchen nie senkrecht in den Reis stecken (erinnert Japaner an Opfergabe).
2. Die Stäbchen nie dazu benutzen, um Dinge auf dem Tisch zu verschieben (etwa Schalen).
3. Die Stäbchen nie wie eine Gabel benutzen, um etwas aufzuspießen.
4. Essen nie von einer Schale in eine andere hieven.
5. Nie mit den Stäbchen auf andere weisen.
6. Anderen eigenes Essen nicht mit den eigenen Stäbchen reichen.
7. Niemals gestikulieren mit Stäbchen in der Hand.

Kleine Gläserkunde

Das Rotweinglas befindet sich über der Spitze des Tafelmessers. Es ist meist etwas bauchiger als das Weißweinglas. Zudem ist die Öffnung größer, damit die Nase hineinpasst und sich der Wein besser entwickeln kann. Das kleinere Weißweinglas befindet sich rechts darunter. Falls es ein höheres dünnes Sektglas gibt, steht dies links darüber. Für gewöhnlich können Sie bei den Gläsern nichts falsch machen, da sie vom Kellner befüllt werden. Andernfalls schenkt der Gastgeber nach. Als Frau nehmen Sie sich nie allein vom Wein, sondern warten, dass Ihrem leeren Glas ein anderer Aufmerksamkeit schenkt.

Weingläser: Stil statt Kelch

Weingläser bestehen aus Stiel und Kelch beziehungsweise Cuppa. Fassen Sie das Glas nie am Kelch an, sondern stets am Stiel. So vermeiden Sie Fingerspuren und ein zu schnelles Aufwärmen durch die Körpertemperatur. Interessanterweise ist sowohl in Filmen, die das Leben in besseren Schichten zeigen, als auch immer wieder bei Empfängen zu sehen, dass Gläser am bauchigen Kelch angefasst werden. Dies ist und bleibt ein Irrtum. Das gilt selbst bei Rotweingläsern. Auch diese werden am Stiel angefasst. Sie haben vor Ihrem Auge das Bild, in dem ein Rotweinglas genüsslich in der Handinnenfläche gehalten und geschwenkt wird? Das ist nur bei Cognacschwenkern der Fall. Diese können Sie so halten. Das gilt auch bei Biergläsern. Auch diese können am Kelch angefasst werden.

Serviettenkunde

Damit Ihre Gläser nach dem Essen nicht die Menüfolge erzählen und Sie das Restaurant unbefleckt verlassen können, gibt es die Serviette. Auch wenn es praktisch wäre: Die Serviette wird weder in den Hemdkragen gesteckt, noch umgebunden oder neben dem Teller liegen gelassen. Stattdessen kommt sie auf Ihren Schoß – und zwar sofort nach dem Platznehmen und nicht erst zum ersten Gang. Gewöhnen Sie sich am besten einfach an, die Serviette sofort auf Ihren Schoß zu legen, wenn Sie sich gesetzt haben. Ausschließlich beim Essen von Spaghetti dürfen Sie sich den Schutz in den Kragen stecken, wobei Sie – wie bereits erwähnt – auf Spaghetti beim Geschäftsverzichten sollten.

Wenn Sie die Serviette benutzen, tupfen Sie damit Ihren Mund ab. Die Betonung liegt dabei auf dem Wort „tupfen". Nutzen Sie die Serviette immer dann, bevor Sie etwas trinken möchten. So bleibt das Glas sauber und ansehnlich. Falls Sie während des Essens den Tisch verlassen müssen – was sich übrigens nur im äußersten Notfall und zwischen den einzelnen Gängen gehört –, legen Sie die Serviette links neben dem Teller ab.

Wohin mit der benutzten Serviette?

Legen Sie Ihre Stoffserviette nach dem letzten Gang niemals auf den Teller, sondern links daneben. Falten Sie sie dabei entgegengesetzt, damit die schmutzigen Stellen nicht zu sehen sind und die benutzte Serviette nicht unappetitlich aussieht. Papierservietten wurden lange Zeit auf den leeren Teller gelegt, doch auch hier setzt sich durch, diese wie die Stoffbrüder zu behandeln und links neben dem Tisch abzulegen. Anders als etwa in den USA ist es in Deutschland unüblich, die Serviette auf den Stuhl zu legen, wenn man den Tisch verlässt.

Falls Ihnen die Serviette während des Speisens herunterfallen sollte: Krabbeln Sie bloß nicht unter die Tafel und versuchen Sie auch nicht, den Ausreißer mit den Füßen zurück zu den Händen zu befördern. Warten Sie einfach auf den Kellner und bestellen Sie eine neue.

Das Bezahlen

Besonders ausländische Geschäftspartner sind immer wieder irritiert, wie Deutsche im Restaurant bezahlen. Für Italiener beispielsweise ist das gegenseitige Einladen eine Einstellung. Die Devise lautet „Heute ich, morgen du". Bei dieser Regel schwingt der positive Gedanke mit, dass es bei der Geschäftsbeziehung ein nächstes Mal gibt. In vielen anderen Ländern und auch in Deutschland war es lange Zeit Usus, dass der Gastgeber nach dem Dessert zum Kellner gegangen ist und die Rechnung einfach beglichen hat. Wer als Gastgeber auftritt, übernimmt die Rechnung für den kompletten Tisch. Die Endsumme wird dabei nicht thematisiert.

Wenn Sie mit Kollegen unterwegs sind, können Sie die Rechnung wie gewohnt teilen. Die meisten Häuser haben sich darauf eingestellt und rechnen getrennt ab. Aber schön ist das getrennte Zahlen deswegen noch lange nicht. Etwas besser ist es, wenn einer die Rechnung übernimmt und man die Rechnung anschließend teilt. Eine andere Variante ist es zusammenzulegen. Dafür legt jeder seinen Teil (inklusive Trinkgeld) in die Mitte.

Tipps für ein gemeinsames Essen

- Vor dem Trinken die Serviette benutzen, die sonst auf dem Schoß liegt.
- Vermeiden Sie, sich am Tisch die Nase zu putzen. Wenn es nicht anders geht, drehen Sie sich vom Tisch weg und tupfen Sie die Nase leise ab.
- Rauchen Sie niemals während der Gänge und fragen Sie stets, bevor Sie sich eine Zigarette anzünden. Achten Sie darauf, dass an angrenzenden Tischen nicht gegessen wird.
- Ein Essen schließt zumindest in Italien nicht mit einem Cappuccino, sondern mit einem Espresso. Der Cappuccino ist ein Frühstücksgetränk.

Vive la fête: damit die Firmenfeier nicht zum Fiasko wird

Ich weiß nicht, ob das typischerweise nur in München so ist oder auch in anderen deutschen Städten oder ob es sich generell um ein deutsches Phänomen handelt: Wir haben ein wenig das Feiern verlernt. Vorbei die Zeiten der New Economy um die Jahrtausendwende, als eine Party die andere jagte. Heute wird gearbeitet bis zur Erschöpfung. An ein Feierabendbier mit Kollegen ist nicht zu denken. Man muss nicht nach Australien fahren, um zu sehen, dass es auch anders geht. Wien reicht schon. Oder eine Stadt in Italien.

Nachfolgend soll es um Zusammenkünfte unter Mitarbeitern gehen. Ob monatliches Get-together, das Sommerfest oder die jährliche Betriebsweihnachtsfeier – einige Firmenfeiern gibt es zum Glück schließlich noch. Das Ziel solcher Zusammenkünfte lautet: Mitarbeiter sollen sich abteilungsübergreifend kennenlernen und austauschen. Das Zusammengehörigkeitsgefühl soll gestärkt und die Bindung ans Unternehmen erhöht werden. Damit die Bescherung nach einer Weihnachtsfeier nicht neun Monate später kommt oder am nächsten Tag in Form einer Kündigung folgt, finden Sie in diesem Firmenfeier-Knigge zahlreiche Tipps.

Dresscode bei Firmenfeiern

Ob Aperitivo oder After-Work-Party: Bei Zusammenkünften direkt nach Feierabend tragen Sie natürlich das, was Sie ohnehin gerade anhaben. Bei Firmenveranstaltungen, wie einer Weihnachtsfeier oder einem Sommerfest, sollten Sie sich jedoch an die Vorgaben halten, die Ihnen gemacht werden. Dabei gelten für Männer und Frauen folgende Regeln:

- Business-Suit: Gedeckter, dunkler Geschäftsanzug, der kein Aufsehen erregt. Darunter gehören ein normales Oberhemd und eine Krawatte oder eine Fliege. Mit diesem Kleidungsstil liegen Sie richtig, wenn eine elegante oder gehobene Garderobe erwartet wird. Wenn beim Mann ein dunkler Anzug verlangt wird, entscheidet sich die Frau für eine elegante Tageskleidung. Möglich wären etwa ein Kleid mit passender Jacke, ein elegantes Kostüm oder ein Hosenanzug. Tipp: Je konservativer die Veranstaltung, desto passender sind Rock oder Kleid. Wichtig: Keine auffallende Muster oder Farben wählen.
- Lounge-Suit: Der Anzug darf etwas heller sein, etwa für eine Gartenparty. Frauen sollten sich hier für ein Sommerkleid mit Strickjacke entscheiden.
- Black Tie, Cravate noire, Tuxedo: Smoking wird nur am Abend getragen (ab 19 Uhr). Er heißt auch „kleiner Abendanzug" – im Gegensatz zum großen Abendanzug (Frack). Den Smoking ergänzt immer eine schwarze Fliege, einen Frack eine weiße Fliege. Ein Smoking ist meist schwarz oder tiefblau. Frauen tragen als Pendant je nach Anlass ein schlichtes langes (Abend-)Kleid oder ein Cocktailkleid.

Wenn keine Angaben zum Dresscode gemacht werden, können Sie in der Kommunikationsabteilung des Unternehmens nachfragen. Kleiden Sie sich auf jeden Fall etwas eleganter als gewöhnlich. Eine Krawatte können Sie im Notfall immer ablegen und mit einem Oberhemd beziehungsweise mit Bluse und Stoffhose sind Sie niemals overdressed. Wenn indes bei einer Sommerveranstaltung ausdrücklich von Freizeitkleidung die Rede ist, bleibt der Anzug zu Hause. In diesem Fall ist ein Polo- oder ein hochgekrempeltes Langarmhemd die richtige Wahl.

Get-togethers

Wöchentliche oder monatliche Zusammenkünfte dauern meist 20 bis 60 Minuten und eignen sich hervorragend für einen kleinen Plausch mit den Kollegen. Wenn Ihr Unternehmen solche Auszeiten anbietet, sollten sie diese auch nutzen. Eine Unsitte ist es, auf seinen überladenen Schreibtisch und den Stapel voller Arbeit zu verweisen. Andere Kollegen haben auch viel zu tun und machen sich deshalb dennoch nicht wichtig.

Zurückhalten beim Essen

Wenn es zu der Zusammenkunft eine Kleinigkeit zu essen gibt, sollte sich jeder in Zurückhaltung üben. Falls etwas aufgeschnitten werden muss, ist es eine schöne Geste, nicht nur selbst den Teller zu füllen, sondern auch die Teller einer Handvoll anderer Mitarbeiter. Dabei erhalten die Ranghöheren zuerst. Ist ein kleines Büffet aufgebaut, gehen Sie nicht direkt darauf zu, sondern warten Sie ein paar Minuten.

Regeln für das Buffet

Falls ein Buffet aufgebaut wurde, sollten einige Dinge beachtet werden:

- Ein absolutes No-Go ist es, zum Buffet zu stürzen, bevor es eröffnet wurde.
- Es gehört sich nicht, mehr als einen Gang auf einen Teller zu schaufeln.
- Es ist unanständig, auf den Teller einen ganzen Berg zu laden.
- Es sollte unterlassen werden, bereits am Buffet vom Essen zu naschen.
- Es zeugt von mangelnder Höflichkeit, sich vorzudrängeln.
- Es ist für andere sehr unappetitlich, die Häppchen mit der Hand vom Buffet zu nehmen.
- Es sollte unterlassen werden, benutztes Besteck oder benutzte Teller zum Buffet zu nehmen.

Networking statt Hungerstillen

Bei einem Get-together dienen die Häppchen nicht zum Hungerstillen oder gar als Wegzehrung für den Arbeitsplatz. Solche Zusammenkünfte veranstaltet das Unternehmen schließlich nicht, damit sich die Mitarbeiter ihre Ration holen und in ihrem Büro zu sich nehmen. Es geht vielmehr darum, mit Kollegen aus anderen Abteilungen ins Gespräch zu kommen.

Wenn Sie etwas zu essen oder zu trinken haben, stellen Sie sich am besten im Kreis mit Ihren Kollegen auf. Schleichen Sie sich nicht von hinten an bestehende Gruppen an. Wenn man Sie nicht bemerkt, können Sie kurz auf sich aufmerksam machen und sich dazugesellen. Falls Sie sich bereits in einer Gesprächsgruppe befinden, achten Sie darauf, den Kreis im Gegenzug für andere offenzuhalten. Die Regel, nach der man mit vollem Munde nicht spricht, hat natürlich auch hier Gültigkeit. „Erst kauen und schlucken – danach sprechen", lautet die Devise.

Apropos: Als Themen eignen sich das gegenwärtige Geschehen im Unternehmen ebenso wie aktuelle bunte Geschichten. Seien Sie jedoch bei Kritik äußerst behutsam. Selbst wenn es gerade einmal nicht so gut läuft oder es an bekannten Punkten hakt, sollten Sie dies nicht über alle Maßen thematisieren. Unter Kollegen könnten Sie sonst als Miesepeter abgestempelt werden. Andererseits kann das Get-together eine gute Gelegenheit sein, ein Problem noch einmal bei einem Entscheidungsträger auf die Agenda zu rufen, um später mit ihm in Ruhe darüber zu sprechen.

Die Weihnachtsfeier und das Sommerfest

Flirts, Schäkereien, wilde Tänze, Witze: Nicht wenige Unternehmen lassen es zur Betriebsweihnachtsfeier oder beim Sommerfest derart krachen, dass sie in der eigenen Stadt zunehmend Probleme haben, einen Gastronom zu finden, der ihnen seine Räumlichkeiten überlässt.

Duzen und Siezen nach dem Rausch

Ihnen wird zur Weihnachtsfeier das „Du" angeboten? Dies auszuschlagen, wäre sehr unhöflich. Wenn Ihnen das Du noch im nüchternen Zustand offeriert wurde, können Sie es getrost annehmen und auch am Folgetag so handhaben. Falls der oder die Vorgesetzte jedoch schon etwas getrunken hatte, sollten Sie sie beziehungsweise ihn am folgenden Tag zunächst weiterhin siezen. Wenn Sie daraufhin nochmals das Du angeboten bekommen, entschuldigen Sie sich. Sagen Sie jedoch nicht, Sie hätten das gestrige Du nicht ernst genommen, weil schon Alkohol geflossen war. Das wäre sehr beleidigend. Reden Sie sich besser heraus, indem Sie beispielsweise sagen: „Entschuldige. Ich muss mich noch an das Du gewöhnen.“ Die Regeln, nach denen man sich das Du anbietet, sind klar: Die Offerte darf immer nur vom Ranghöheren ausgehen.

Firmenwagen und andere Beförderungen

Neben dem kameradschaftlichen Du gibt es zu fortgeschrittener Stunde noch viele andere Versprechen. Egal ob die Gehaltsverhandlung oder der Dienstwagen, vergessen Sie alles unter Alkoholeinfluss Gesagte und sprechen Sie den Vorgesetzten nicht darauf an. Nur wenn der Ranghöhere in den Folgetagen von selbst auf das Thema zu sprechen kommt, hat das Versprechen Bestand.

Sind Sie selbst in der Position des Chefs, trinken Sie einfach etwas weniger und denken Sie daran, welche unangenehmen Folgen leichtfertig abgegebene Versprechen haben. Falls Sie jemandem eine Gehaltserhöhung geben wollen, können Sie ihm dies auch bei einem Mittagessen oder zu einer anderen Gelegenheit sagen.

Berührungen und Belästigungen

Einige Mitarbeiterinnen und Mitarbeiter suchen nach dem dritten Glas Wein körperliche Nähe. Falls Sie zum Schulteranlehnen oder für sonstige Belästigungen auserkoren wurden, machen Sie deutlich, dass Sie dies nicht wünschen. Den Kollegen auf seinen Alkoholkonsum hinzuweisen, steht Ihnen nicht zu. Besser: Ignorieren Sie ihn einfach. Wenn er nicht ablässt, entschuldigen Sie sich und behaupten Sie, sie müssten noch etwas mit einem Kollegen besprechen.

Umarmungen und eindeutige Berührungen sollten Sie stets abwehren. Denken Sie daran, dass Sie auch von anderen Mitarbeitern gesehen werden und der Gerüchteküche Vorschub leisten, wenn Sie nicht sofort einen Riegel vorschieben. Sprechen Sie am besten mit möglichst vielen verschiedenen Mitarbeitern. So ist es für andere schwer, sich an Sie „dranzuhängen“. Haben Sie tatsächlich körperliches Interesse an einer Kollegin oder einem Kollegen, kann dies auch bis nach der Weihnachtsfeier warten. Wenn es Ihnen wichtig ist, sollten Sie den ersten Schritt niemals bei der Weihnachtsfeier machen, sondern besser einige Tage danach.

Hochprozentiges Business

„In vino veritas" – heißt es bekanntlich. Zu viel der Wahrheit wird es jedoch, wenn Sie einer Kollegin oder einem Kollegen Ihre Zuneigung offenbaren oder über ein geheimes Unternehmensprojekt plaudern. Ähnlich schlimm sind peinliche Tanzvorstellungen oder obszöne Witze. Selbst wenn der Rest der Belegschaft nicht mehr klar sieht, sollten Sie sich nicht zu Grimassen oder Bauchtanzvorführungen hinreißen lassen. Tabu sind ebenfalls frauenfeindliche und unsittliche Witze.

In weiser Voraussicht keinen Alkohol zu konsumieren, wäre jedoch auch unangemessen. Trinken Sie stattdessen mit Bedacht und vor allem zwischendurch unbedingt alkoholfrei. Essen Sie vielleicht schon am Arbeitsplatz ein zusätzliches Sandwich, damit Sie mehr vertragen. Verzichten Sie zu fortgeschrittener Stunde auf Taschenrutscher oder sonstiges Hochprozentiges. Diese Regeln gelten unabhängig von der Hierarchiestufe. Wenn Sie sich betrinken wollen, sollten Sie dies mit guten Freunden und im privaten Rahmen tun – aber niemals während einer Betriebsfeier.

Der nächste Tag

Der Tag danach ist eigentlich wie der Tag davor. Während man sich in anderen Ländern nach einer gemeinsamen Feier tatsächlich näher ist, bleiben in Deutschland Hierarchien und Umgangsformen bestehen. Bier ist Bier, Schnaps ist Schnaps. Die Maßgabe lautet also „business as usual". Dazu gehört auch der pünktliche Arbeitsbeginn. Agieren Sie nach dem Motto „Work hard – play hard" und kommen Sie am nächsten Tag auf keinen Fall zu spät. Wer verkatert mit einer zweistündigen Verzögerung erscheint, verspielt unnötig sein Ansehen.

Nehmen Sie daher in weiser Voraussicht nach der Weihnachtsfeier Kopfschmerztabletten und trinken Sie viel Wasser. Duschen Sie etwas länger und versuchen Sie, eine Kleinigkeit zu frühstücken. Der größte Kniggefehler ist es, sich auf Arbeitgeberkosten krankzumelden. Denken Sie daran, dass es anderen Kollegen auch nicht bessergeht, und verhalten Sie sich an dem Tag einfach ruhig. Überdenken Sie jeden Schritt mehrfach und lüften Sie regelmäßig Ihr Zimmer.

Falls sich am Schreibtisch vor Ihrem geistigen Auge der Vorabend wie ein Puzzle zusammensetzt und Sie feststellen müssen, jemanden beleidigt zu haben, gehen Sie zur betroffenen Person und entschuldigen Sie sich aufrichtig.

Tipps für eine gelungene Feier

- Kleiden Sie sich angemessen feierlich und nicht nachlässig. Hemd beziehungsweise Bluse sind ein „Must".
- Halten Sie sich mit Alkohol zurück, trinken Sie zwischendurch alkoholfrei.
- Verbringen Sie den Abend nicht nur mit dem Lieblingskollegen, sondern unterhalten Sie sich auch abteilungsübergreifend. Nutzen Sie die freie Platzwahl.
- Sprechen Sie zur Weihnachtsfeier oder zum Sommerfest nicht über Geschäftliches, Politisches oder zu Privates.
- Seien Sie sich darüber im Klaren, dass Sie auch bei der Weihnachtsfeier von Vorgesetzten beobachtet werden.
- Gute Gäste wissen, wann es Zeit ist zu gehen. Schließen Sie sich an, wenn die meisten anderen Kollegen den Heimweg antreten.
- Widerstehen Sie der Versuchung, mit einigen Kollegen nach der Betriebsweihnachtsfeier oder dem Sommerfest durch weitere Clubs zu ziehen.
- Der Tag danach ist wie der Tag zuvor.

Raucherknigge für die Zigarettenpause

„Er hat sich schon frühmorgens aufs beste ausgeschmückt und sich die sonst gewöhnte liebe Pfeife Tabak versagt, um nicht nach Rauch zu riechen." (Knigge)

Auch wenn das Rauchverbot längst von den meisten Unternehmen umgesetzt wird, gibt es noch immer Firmen, in denen Rauchen an bestimmten Orten erlaubt ist. Auch bei Firmenfeiern wird gerne geraucht. Wichtig ist, dass Sie Nichtraucher so wenig wie möglich belästigen. Seien Sie sich darüber bewusst, dass Nichtraucher eine wesentlich feinere Nase haben als Sie. Sie nehmen den Rauch extremer wahr und empfinden ihn oft als sehr unangenehm. Falls Sie ein Nichtraucher darum bittet, die Zigarette an einem anderen Ort zu rauchen, sollten Sie sich entschuldigen und dieser Bitte nachkommen.

Raucherpausen sind immer auch gesellschaftliche Zusammenkünfte, zu denen die aktuellsten Nachrichten ausgetauscht werden. Doch Vorsicht: Hier gelten die gleichen Grundsätze wie beim Kaffeetrinken. Lästern, private Geschichten und Verunglimpfungen sind untersagt.

Die neue Fairness

Wie wir in den Wald hineinrufen, so schallt es heraus. Das gilt für die gesamte Bandbreite unseres Verhaltens. Der Knigge-Report 2015 zeichnet ein dunkles Bild davon, wie wir uns verhalten. Ob Fairness, Menschlichkeit oder Toleranz – alle diese drei Werte werden immer weniger gelebt. Natürlich können wir dafür die in diesem Buch aufgeführten Herausforderungen verantwortlich machen: Wer erfolgreich sein will, kann schließlich nicht fair sein. Wer effizient sein möchte, kann nicht menschlich sein. Wer immer mehr von Informationen überflutet wird, ist weniger tolerant. Doch da würden wir es uns ein wenig einfach machen. Es ist an uns, trotz der Umstände zu versuchen, die Werte bestmöglich vorzuleben. Beginnen wir also mit dem Thema „Fairness".

Beim Thema „Gehaltsungerechtigkeit" schlagen in Deutschland regelmäßig die Wogen hoch, wenn die Managergehälter veröffentlicht werden. Aktuell beträgt die Durchschnittsvergütung eines Dax-Vorstandes knapp 5 Millionen Euro im Jahr. An der Gehaltsspitze fährt aktuell Volkswagenchef Martin Winterkorn mit rund 13 Millionen Euro. Die Bundeskanzlerin bekommt knapp 200.000 Euro pro Jahr. Ein Chemiker rund 75.533 Euro. Ein Bäcker rund 25.632 Euro. Was ist gerecht? Welche Arbeit rechtfertigt welches Gehalt? Und warum verdienen Frauen noch immer rund ein Viertel weniger als Männer?

Rund zwei Drittel der Deutschen sind laut Knigge-Report 2015 der Meinung, dass Fairness heute weniger gelebt wird. Doch was heißt fair – beziehungsweise unfair? Am ehesten übersetzen lässt sich der Begriff mit „anständig, gerecht" beziehungsweise „ordentlich".

Und als ordentlich wird empfunden, das wurde in verschiedenen wissenschaftlichen Studien gezeigt, wenn sich Ausreißer nicht zu sehr vom Durchschnitt wegbewegen. Wenn also ein Einzelner überproportional viel im Vergleich zur Masse erhält, wird dies als unfair empfunden. Die Frage nach der Ungleichheit lauert im Berufsleben nicht nur beim Gehalt. Es geht auch um solche Fragen:

- Wer hat den besseren Parkplatz?
- Wer muss besonders viel oder wenig arbeiten?
- Wer hat das bessere Büro?
- Warum hat Kollege Maier früher Feierabend als Kollegin Müller?
- Ist die Preispolitik fair?
- Sind die Produktionsbedingungen fair?

Fairness

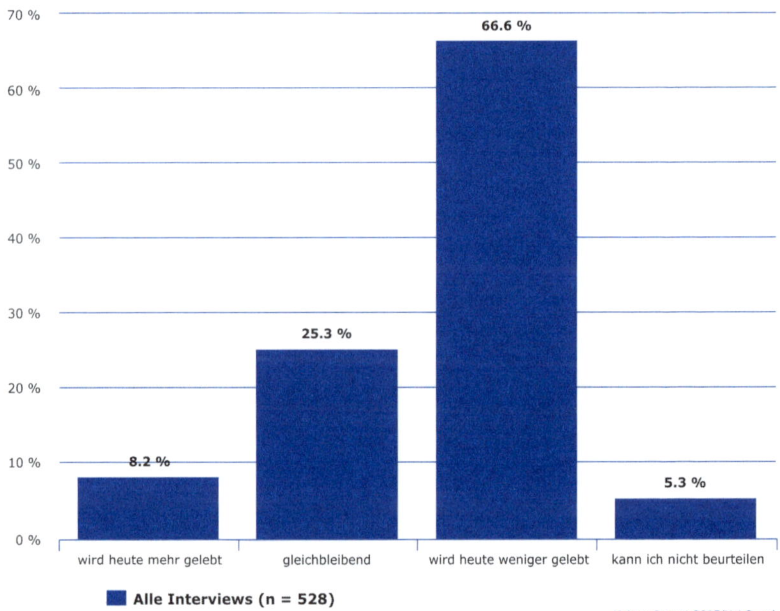

Knigge-Report 2015/Kai Oppel

Das Thema „Fairness“ wird in den nächsten Jahren weiter an Stellenwert gewinnen. Im Zuge der Nachhaltigkeitsdebatte ist die Fairness bereits in einige Bereiche der Landwirtschaft eingezogen. Ob Kooperativen zum Anbau und Vertrieb von Tee, Kaffee oder Bananen von einer fairen Plantage: Der faire Handel kann besonders in benachteiligten Regionen Bauern helfen, das eigene Leben zu verbessern, weniger abhängig zu sein und gerechter zu verdienen. In den vergangenen Jahren haben zudem mehrere Tragödien in asiatischen Bekleidungsfabriken das Bewusstsein für den ökologischen und menschlichen Preis von Mode geschärft. Und selbst Nutzer von Apple-Geräten fragen sich, ob iPads, iPhones oder iWatches angesichts ihres teilweise immensen Anschaffungswertes unter gerechten Bedingungen produziert werden und wie es sein kann, dass ausgerechnet die größten Konzerne prozentual die geringsten Steuern entrichten. Nicht zuletzt das Internet hat entschieden dazu beigetragen, dass sich jeder innerhalb weniger Minuten darüber informieren kann, ob ein Unternehmen fair handelt – oder eben nicht. Die Produktionsstätten mögen tausende Kilometer entfernt sein, doch die Probleme gehen alle an. Niemand kann sich herausreden, er hätte es nicht gewusst.

Unfairness hat viele Gesichter

Im Berufsalltag eröffnen sich verschiedene Möglichkeiten, fairer zu agieren. Dazu zählt allein schon der bewusste Verzicht auf alle Arten der Unfairness, die die Arbeitswelt kennt.

- Die wahrscheinlich geläufigste Form unfairen Verhaltens ist das Mobbing. Laut Angaben der von Dr. Norbert Copray gegründeten Fairness-Stiftung sind jährlich allein in Deutschland 1,5 Millionen Menschen von Mobbing betroffen, das sich größtenteils in feindseligen verbalen Angriffen äußert. Mobbing erlaubt Tätern das Ausleben oft unbewusster Konflikte. Während sich Mobbing zwischen Personen auf derselben Hierarchieebene ereignet, lässt sich Unfairness natürlich ebenso von oben nach unten und vice versa beobachten.

- Unfairness am Arbeitsplatz zeigt sich in diesem Zusammenhang auch im sogenannten „Bossing“, das heißt in systematischen, sich regelmäßig wiederholenden Attacken von Vorgesetzten gegenüber untergeordneten Mitarbeitern. Bossing soll die Opfer gefügig machen, sie zur Anpassung bewegen oder sie letztendlich aus ihrer Position drängen. Die feindseligen Handlungen des Vorgesetzten gründen dabei häufig gar nicht auf schwachen Leistungen der Betroffenen, sondern vielmehr auf persönlichen zwischenmenschlichen Differenzen. Unfair agierende Chefs nutzen hierbei ihre Machtposition aus, manövrieren untergeordnete Kollegen in prekäre Situationen und teilen ihnen Aufgaben unter ihrem Niveau zu.

- Umgekehrt kann es in Unternehmen aber auch zu Staffing kommen, ein Begriff, den die Fairness-Stiftung eingeführt hat. Beim Staffing handelt es sich um unfaire Angriffe untergeordneter Mitarbeiter gegenüber Personen auf einer höheren Hierarchieebene oder gegenüber der gesamten Führungsebene.
- Üble Gerüchte über eine Person in die Welt zu setzen, fällt unter den Begriff „Defaming". Dieser stammt ebenfalls von der Fairness-Stiftung und beschreibt die Erniedrigung und Abwertung einzelner Menschen oder ganzer Organisationen, um deren Reputation zu schädigen. Das Gerücht selbst ist nicht selten gegenstandslos, weswegen es den Betroffenen aber nicht weniger Schaden zufügt. Besonders häufig lässt sich Defaming zwischen Konkurrenzunternehmen beobachten.

Die Mittel und Instrumente des unfairen Verhaltens sind zahlreich und reichen von Verleumdung bis hin zu körperlichem Missbrauch:

- Anhaltendes und als besonders aufdringlich empfundenes Verhalten fällt in den Bereich der Belästigung. Diese tritt als Diskriminierung und Nötigung Einzelner auf und schränkt deren freies Handeln erheblich ein. Ein besonders häufiges Thema am Arbeitsplatz ist die sexuelle Belästigung, obwohl Unternehmen dies mittlerweile ausdrücklich untersagen und auch sanktionieren.
- Zu den unfairen Handlungen zählen darüber hinaus Schikanen, durch die Zwangslagen entstehen, die den Opfern im Grunde genommen unnötige Schwierigkeiten bereiten. Um sich aus der Schikane zu befreien, muss der Betroffene meist all seine Kräfte mobilisieren. Wo zwischen Kollegen Schikanen auftreten, mangelt es unter Umständen an Personalbetreuung.
- Als verschärfte Form der Schikane gilt die mit System betriebene Sabotage, die vielmehr eine methodische Zerstörung darstellt und Personen, die sich in der Opferrolle befinden, bezüglich ihrer Handlungsmöglichkeiten lähmt.

Allen Arten und Instrumenten unfairen Verhaltens ist gemein, dass sie nicht nur Antipathien unter Mitarbeitern verschärfen – sie schaden darüber hinaus dem gesamten Unternehmen. Wenn Menschen, die eigentlich kollegial miteinander umgehen sollten, sich gegenseitig den Arbeitsalltag erschweren, statt Synergieeffekte durch faire Zusammenarbeit zu erzielen, leidet neben dem Betriebsklima früher oder später der Betriebsumsatz.

Preispolitik

Ein Geschäftspartner, mit dem ich schon lange arbeite, pflegt immer zu sagen: „Jeder soll sein Auskommen haben." Wenn er eine Leistung einkauft, dann hat er fast immer eine Vorstellung, in welchem Rahmen sich der Preis bewegen sollte. Wegen 10 Prozent mehr oder weniger würde er nicht annähernd auf die Idee kommen zu feilschen. Geschäftsleute wie er, die einen Deal auch mit einem Handschlag besiegeln, sind rar geworden. Für viele gehört es schon zum guten Ton, andere ordentlich im Preis nach unten zu handeln. Das Problem: Es ist selten derjenige, der den niedrigeren Preis akzeptiert, der am Ende wirklich unfair behandelt wird. Denn: Er wird versuchen, die entgangene Marge andernorts wieder hereinzuholen. Vielleicht versucht er, Zutaten oder Teile noch günstiger einzukaufen. Oder andere Mitarbeiter müssen länger arbeiten oder erhalten einen geringeren Lohn. Die Ungerechtigkeit wird in vielen Fällen nach unten weitergerecht. Die unfaire Suppe muss auslöffeln, wer am untersten Ende sitzt und sich am wenigsten wehren kann.

Verhandlungsknigge

Gelassenheit und Contenance sind grundlegende Kniggetugenden. Dass bei Verhandlungen auch förmliche Geschäftsleute immer wieder ausfallend und unsachlich werden, liegt nicht nur daran, dass sie im Zuge der Ökonomisierung und Beschleunigung immer mehr unter Druck stehen, sondern manchmal auch am Naturell. Die Folge sind Beleidigungen und unheilbare (Image-)Schäden. Denn: Was nützen korrekte Benimmregeln und freundlich aufgehaltene Türen, wenn der wahre Charakter in einer Verhandlung als Fratze zum Vorschein kommt?

In Verhandlungen kann es um Leben und Tod gehen – etwa wenn es um die Freilassung von Geiseln geht. Im Berufsalltag geht es meist um Folgeaufträge oder Tarifverhandlungen. Wie schwierig Verhandlungen bei diametraler Interessenslage sind, machen seit Jahren die Deutsche Bahn und die Lokführergewerkschaft GDL eindrucksvoll deutlich. Sowohl der frühere GDL-Chef Manfred Schell als auch Nachfolger Claus Weselsky zeigen immer wieder, wie Verhandlungen eskalieren können. Nicht selten trägt der Kommunikationsstil seinen Teil dazu bei. Manfred Schell etwa bezeichnete einst die Bahn-Personalchefin Margret Suckale als „Super Nanny" und Bahnchef Hartmut Mehdorn als „Außerirdischen". Mehdorn indes erklärte, Schell sei ein „Rumpelstilzchen" und „der Anführer einer Terrorgruppe". Weselsky spitzt seine Aussagen ebenso zu. Er bezeichnet den Bahnvorstand als „realitätsfremd". Anderntags erklärt er, einzig die Bahn habe das Streikchaos zu verantworten und sei „schuldig". Vorwürfe und Verbalattacken führen regelmäßig direkt zum Streik. Die Öffentlichkeit wird nicht nur Zeuge, sondern auch Opfer.

Wie das Beispiel zeigt, können Verhandlungen binnen weniger Minuten festgefahren werden. Dabei ist es gar nicht schwer, höflich und sauber zum Ziel zu kommen. Der Verhandlungsknigge zeigt in fünf Schritten, wie das geht:

Verhandlungsknigge

Immer wieder gehen Teilnehmer in Verhandlungen, ohne sich über die Ziele Gedanken gemacht zu haben. Stattdessen heißt es, man wolle erst einmal darüber reden. Das Problem bei diesem Vorgehen ist folgendes: Wer ein Ziel verfolgt, muss Ross und Reiter nennen. Andernfalls wird um den heißen Brei herumgeredet und die andere Partei hört nicht heraus, worum es eigentlich geht. In der Folge reden beide Verhandlungspartner aneinander vorbei. Sie fühlen sich missverstanden, zweifeln an der Auffassungsgabe des anderen – und werden schnell beleidigend.

Wenn Sie eine Verhandlung planen, definieren Sie Ihre Verhandlungsziele genau und verstecken Sie diese nicht hinter Pauschalisierungen. Wer ein neues Arbeitszimmer will, darf nicht von besseren Arbeitsbedingungen sprechen und jammern, der Job werde immer anspruchsvoller.

Geeignete Sachargumente finden

Wenn Sie Ihre Ziele formuliert haben, sollten Sie nach Begründungen suchen, die diese untermauern. Immer wieder scheitern Verhandlungen, weil stets dieselben Argumente angeführt werden. Das Wiederholen gleicher Begründungen führt jedoch zu überhöhter Lautstärke und damit direkt in eine Verhandlungssackgasse. Suchen Sie stattdessen nach mehreren unterschiedlichen Argumenten. Gute Verhandlungen beginnen zudem mit einer professionellen Vorbereitung. Wenn Sie zehn Argumente gefunden haben, sollten Sie diese ordnen. Bringen Sie das beste Argument niemals zu Beginn an, sondern eher am Ende.

Eine Rhetorikregel besagt, dass die Chance der Zustimmung nach dreimaligem Nicken besonders groß ist. Merken Sie sich, auf welche Argumente Ihr Gegenüber positiv reagiert. Fassen Sie diese Punkte zusammen und krönen Sie sie mit Ihrem Joker. „Sie finden, dass ich erstens ..., zweitens ..., drittens .... Darüber hinaus biete ich viertens ... Mein Ziel ist daher nur logisch."

„Interessiere dich für andere"

Das Kniggemotto „Interessiere dich für andere" gilt auch bei Verhandlungen. Denken Sie nicht nur an Ihre Vorteile, sondern versetzen Sie sich auch in die Lage des Gesprächspartners – schon bei der Vorbereitung. Empathie kann bei Verhandlungen Wunder wirken. Nur wenn Sie sich Gedanken über die andere Interessenslage machen, können Sie Argumente finden, die die Gegenseite überzeugt. Während der Verhandlung sollten Sie aufmerksam zuhören und nicht desinteressiert wirken.

Geduld statt Unterbrechungen

Ungeduld ist ein großer Kniggefehltritt. Sie entsteht vor allem, wenn man sich unverstanden fühlt und die Verhandlungen stillstehen. Zur Geduld gehört es in solchen Situationen, den anderen aussprechen zu lassen und ihm nicht ins Wort zu fallen. Falls Sie Angst haben, einen wichtigen Punkt zu vergessen, machen Sie sich eine Notiz und kommen Sie darauf zurück, wenn der andere geendet hat. Verlieren Sie nie die Beherrschung und zeigen Sie keine Emotionen. Falls Sie in der Hierarchie über dem Verhandlungspartner stehen, sollten Sie Ihre Dominanz nicht durch Machtdemonstrationen beweisen. Dies erzeugt ein raues Klima und führt in eine unprofessionelle emotionale Auseinandersetzung.

Alternativen unterbreiten

Überlegen Sie sich bereits bei der Vorbereitung, mit welchem Minimalziel sie zufrieden sind und auf welche Kompromisse Sie sich einlassen können. Passen Sie Ihre Forderungen den Gegebenheiten flexibel an. Niemand verlangt, dass Sie sofort auf einen Vorschlag eingehen. Daher kann es hilfreich sein, eine Verhandlungspause zu verlangen, in der Sie die neue Sachlage in Ruhe überdenken können.

Tipps für eine gelingende Verhandlung

- Bereiten Sie sich auf die Verhandlung vor, tragen Sie Argumente zusammen.
- Bewahren Sie Ruhe. Werden Sie niemals persönlich oder emotional.
- Seien Sie nicht stur, arbeiten Sie an Alternativen.
- Zeigen Sie Interesse an der anderen Position.
- Vermeiden Sie Wörter wie „alle“, „nie“, „immer“, „jeder“ oder „ständig“. Diese verquicken die aktuelle Verhandlung mit früheren und andere Sachverhalten.
- Killerphrasen wie: „Das bringt doch nichts“ oder „Das haben wir noch nie gemacht“ sind tabu.

Die neue Menschlichkeit

„Nur wer menschlich kompetent ist, führt langfristig erfolgreich", titelt eine Schweizer Tageszeitung über ein Interview mit einem Postvorstand. „Menschlich sein heißt, sein Gegenüber ernst nehmen", lautet die Headline eines anderen Interviews mit einem Mediator. „Unsere Arbeitswelt muss menschlicher werden", heißt es in einem Artikel der Wirtschaftszeitung Handelsblatt. Darin erklärt Götz Mundle, der sich auf die Behandlung von depressiven Führungskräften spezialisiert hat: „Es sollte nicht immer nur um fachliche, sondern in Zukunft mehr auch um emotionale Kompetenz gehen. Und zwar mit dem Ziel, dass nicht nur der Profit im Vordergrund steht, sondern auch eine gesunde Arbeitsumgebung und die Ressource Mensch."

Laut Knigge-Report 2015 kommen die Appelle nicht von ungefähr. Mehr als die Hälfte empfindet die Berufswelt heute als unmenschlicher als früher. Der aufmerksame Leser wird sich an dieser Stelle an mögliche Ursachen aus der ersten Hälfte des Buches erinnern. Mehr und mehr übernehmen Computer und Roboter Aufgaben in der Arbeitswelt, die vieles können, aber eben nicht menschlich sein. Längst ist darüber hinaus die Digitalisierung in der Lage, jeden Menschen in Daten aufzulösen. Lange vor der Digitalisierung, wie wir sie heute kennen, hat das Controlling im Berufsleben bereits den Weg dahin geebnet – indem sämtliche Arbeitsschritte, Prozesse und Ergebnisse nicht mehr anhand der Leistung von Menschen gemessen werden, sondern indem Arbeitskräfte und Arbeitsleistung in Zahlen erfasst und verarbeitet werden.

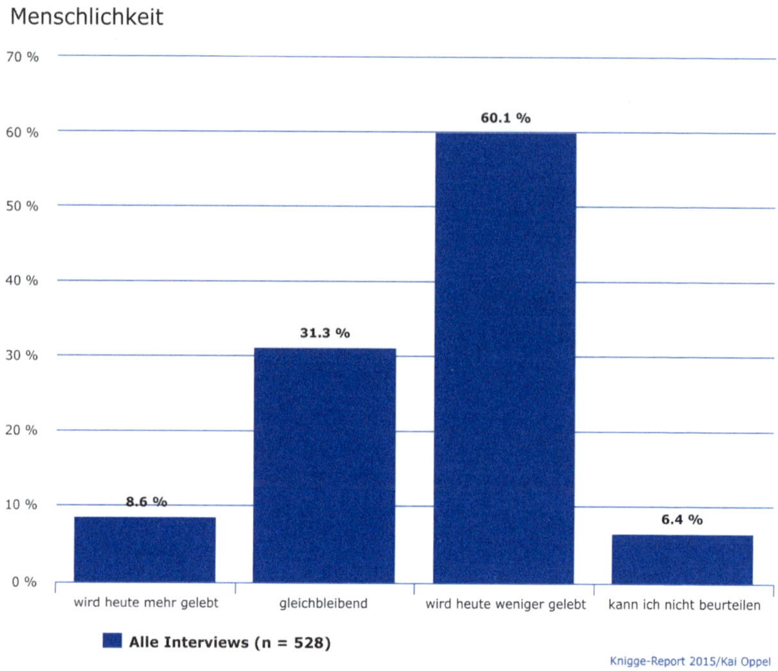

Von 70 Manntagen zu sprechen oder von der Entlassung von 3.000 Arbeitskräften klingt freilich harmloser als aufzudröseln, welche Mühen sich hinter den Manntagen verbergen und wie die Einzelschicksale von 3.000 Menschen aussehen, die ihren Arbeitsplatz verlieren. Was es für ihr Leben bedeutet, für ihre Familien, für ihre Häuser oder für ihre Zukunft. Zu guter Letzt wurde die Menschlichkeit durch den Neoliberalismus zurückgedrängt, indem die Kraft des Marktes über den Menschen gestellt wurde. „Es gibt keine Gesellschaft", sagte die ehemalige britische Premierministerin Margaret Thatcher, die sicher ihren Teil zum Ökonomisierungswahn und schlussendlich auch zur Krise beigetragen hat, in der sich Europa, Kapitalismus und Demokratie seit dem Platzen der amerikanischen Immobilienblase im Jahr 2009 befinden.

Mehr Menschlichkeit im Berufsleben wagen

Menschlichkeit lässt sich nicht losgelöst betrachten von Themen wie Fairness, Interesse oder Teamarbeit. Damit zusammen hängt auch die Frage, wie sich die Geschäftskultur im deutschsprachigen Raum beziehungsorientierter gestalten lässt und welche Rolle das Thema „Zeit" dabei einnimmt.

An dieser Stelle möchte ich weitere Ansätze nennen, die zu mehr Menschlichkeit im Berufsleben beitragen können.

- Controlling ja, blinde Zahlengläubigkeit nein: Wer hinterfragt, was sich zum Beispiel hinter „Einheiten" versteckt, zeichnet ein menschlicheres Bild. Stellen Sie sich einen namhaften internationalen Versandhändler vor. Dieser erfasst, wie viele Einheiten ein Mitarbeiter am Tag bearbeiten muss. Das klingt logisch. Doch macht es einen gewaltigen Unterschied, ob es sich im Sommer wegen der Temperaturen um sperrige Klimaanlagen handelt oder um TV-Geräte in der Weihnachtszeit oder um handliche Bücher.
- Chef ja, Freund ein bisschen: Noch immer denken viele Führungskräfte, die Führungsrolle definiert sich vor allem durch die Distanz zum Untertanen. Doch menschliche Nähe und professionelle Distanz müssen nicht zwangsläufig ein Widerspruch sein. Im Gegenteil: Nur ein Vorgesetzter, der seine Mitarbeiter kennt, kann auf sie eingehen und sie fördern. Hilfreich für eine menschliche Führung ist auch, sich als Hierarchiehöherer als Teil des Systems zu sehen. Darüber reden oder etwas ansprechen ist besser als verordnen. Gemeinsam lernen und machen ist besser als lenken.
- Heute Redakteur, morgen Lkw-Fahrer: Wer es irgendwie einrichten kann, dem öffnen sich bei einem beruflichen Seitenwechsel oftmals die Augen. Ich kenne einen Redakteur, der während seines Urlaubs immer mit dem Lkw fuhr, um dieses andere Leben besser kennenzulernen – und um sich zu erden. Selbst wer nur für einige Tage die Branche und Position wechselt, lernt ein völlig neues Leben mit neuen Schwierigkeiten, aber auch Vorteilen kennen. Zurück im alten Beruf hilft dies, die Sorgen und Wünsche anderer Menschen besser zu verstehen. Natürlich muss es nicht immer der Interimsfernfahrer sein: Ob Nachhilfelehrer für Kinder, eine Frühschicht Brötchenbacken oder Kellner in einem anderen Ort: Es gibt unzählige Möglichkeiten, andere Berufsrollen zu erkunden.
- Ohne Zeit keine Menschlichkeit: Wie erwähnt bieten sich gemeinsame Lunchtermine oder auch ein Feierabendbier an, um außerberuflich einiges über seine Kollegen und Mitarbeiter zu erfahren. Je knapper die verfügbare Zeit ist, desto eindrucksvoller die Geste und auch die Erkenntnis. Wer eine andere Arbeit für einen Kollegen ruhen lässt, demonstriert, wo er die Prioritäten setzt – und was ihm die menschliche Seite wert ist.

Menschlichkeit statt Machtproben

Mit den Hierarchien manifestieren sich im Berufsleben oft die Machtverhältnisse und auch die Handlungsoptionen. Hier haben es diejenigen in der Hand, die auf der Karriereleiter oder auf der Hierarchietreppe weiter oben stehen. Und zwar im doppelten Sinne. Natürlich sticht Ober Unter. Die Frage ist aber, ob Ober Unter vor allem fachlich sticht und im Sinne der Verantwortung – oder ob der Chef vor allem seine Macht ausspielt, die ihm die Position automatisch verleiht. Es ist gut, mit Macht verantwortungsvoll umzugehen. Besser ist es, sie gar nicht erst einsetzen zu müssen. Weil man sie nicht braucht. Weil man etwas Besseres hat.

Wo Menschlichkeit aufhört und Macht beginnt

Viele Führungskräfte und Kollegen machen ihren Mitarbeitern das Leben zur Hölle, weil sie Führung mit Macht verwechseln. Die Grenzen zwischen Führungsverantwortung und Weisungsbefugnis sowie Machtverhalten mögen für manche fließend sein. Die Betroffenen indes erleben ein auf Macht basierendes Arbeitsverhältnis als unmenschlich. Das Machtmotiv treibt Menschen an, mentale oder körperliche Überlegenheit zu demonstrieren.

Übung: Sind Sie ein unmenschlicher Machtmensch? (Test für Chefs und Führungskräfte)

Situation	Ja	Nein
Brummen Sie Mitarbeitern gerne einmal kurz vor Feierabend eine Aufgabe auf?		
Trauen sich Ihre Mitarbeiter nicht, einfache Fragen zu stellen – etwa ob sie übermorgen einen halben Tag Urlaub nehmen können oder ob eine Aufgabe verschoben werden könnte?		
Wenden sich Ihre Mitarbeiter oftmals bei Entscheidungsfragen an andere Führungskräfte, weil sie Angst vor Ihnen haben?		
Lassen Sie Mitarbeiter/Kollegen gerne einmal auf Sie warten?		
Ist es Ihnen wichtig, dass Mitarbeiter, wenn sie in Ihr Bürokommen, auf der anderen Seite des Schreibtisches bleiben beziehungsweise dass Sie die Situation dominieren?		

Situation	Ja	Nein
Werden Sie als Alphatier bezeichnet?		
Lassen Sie Mitarbeiter gerne einfach Dinge tun – weil Sie es einfach können?		
Wenn Sie mit Mitarbeitern sprechen: Leiten Sie vor allem das Gespräch?		
Sind Ihnen Statussymbole wie Eckraumbüro, Assistenz oder Firmenauto wichtig?		
Machen Sie zu Beginn von Besprechungen allen klar, was Sie in Ihrem Leben alles geleistet haben und was Sie alles dürfen?		
Lassen Sie Ihre Untertanen meistens bei sich antanzen?		
Ist es Ihnen wichtig, dass Sie „ernst genommen werden“ beziehungsweise dass Ihre Kollegen wissen, „wer Sie eigentlich sind“?		
Würden Sie sich als zielstrebig bezeichnen? Ist es Ihnen wichtig, dass Mitarbeiter Hindernisse nach Ihrer Strategie überwinden?		
Würden Sie sich als dominant beschreiben?		
Ist Ihnen Kontrolle wichtig und sind Ihnen Zufälle zuwider?		

Leiden Sie unter einem unmenschlichen Machtmenschen?

Situation	Ja	Nein
Bekommen Sie oft kurz vor Dienstschluss noch Aufgaben zugeteilt?		
Haben Sie als Mitarbeiter ein komisches Gefühl, Ihren Chef kurzfristig nach einem halben Tag Urlaub oder der Verschiebung einer Aufgabe zu fragen?		
Wenden Sie sich oftmals lieber an einen anderen Vorgesetzten als den, dem Sie eigentlich unterstellt sind?		
Müssen Sie oftmals auf Ihren Chef warten?		

Situation	Ja	Nein
Lässt Sie Ihr Chef schon körpersprachlich spüren, wer das Sagen hat – etwa indem er Sie am Schreibtisch auf Abstand hält?		
Würden Sie Ihren Vorgesetzten als Alphatier bezeichnen?		
Müssen Sie mitunter Aufgaben erledigen, die eigentlich nicht zu Ihrem Bereich gehören beziehungsweise Ihrer Qualifikation entsprechen?		
Haben Sie das Gefühl, dass Sie bei Gesprächen mit Ihrem Chef nur zuhören müssen und selbst nichts sagen dürfen?		
Sind Ihrem Chef Statussymbole wie Eckraumbüro, Assistenz oder Firmenauto wichtig?		
Macht Ihr Chef zum Beginn von Besprechungen allen klar, was er in seinem Leben alles geleistet hat?		
Begibt sich Ihr Chef bei Fragen oder Arbeitsanweisungen auch einmal zu Ihnen?		
Ist es Ihrem Chef wichtig, ernst genommen zu werden?		
Haben Sie das Gefühl, dass Ihr Chef auf Gedeih und Verderb an Zielen festhält, um einen „Sieg" einzufahren – der auch von allen als Sieg wahrgenommen wird?		
Würden Sie Ihren Chef als „dominant" bezeichnen?		
Würden Sie Ihren Vorgesetzten eher als „Controlletti" bezeichnen?		

Haben Sie von den 15 Fragen mehr als fünf Fragen mit „Ja" beantwortet? Dann ist davon auszugehen, dass Ihr Berufsumfeld als wenig menschlich wahrgenommen wird.

Der Schlüssel zu mehr Menschlichkeit liegt darin, das Dominanz- und Kontrollverhalten herunterzufahren. Ratgeber, die die Kniffe großer Herrscher, Krieger und Kaufleute über „Den ultimativen Weg zur Macht" verraten, sind in Kombination mit unserer beschleunigten und ökonomisierten Denk- und Lebensweise ein gefährlicher Katalysator für Unmenschlichkeit im Berufsleben.

Toleranz neu leben

Während Toleranz im Alltag von vielen Menschen mit der Frage übersetzt wird, wie sie sich gegenüber Schwulen, Lesben, Andersfarbigen oder behinderten Menschen verhalten, hat die Mehrheit im Berufsleben keine konkreten Situationen vor Augen, was Toleranz bedeutet. Natürlich kann die Frage nach dem Umgang mit der Religion, der sexuellen Ausrichtung oder der Hautfarbe auch den beruflichen Werdegang eines Menschen betreffen, weil sie oft genug thematisiert wird oder entscheidungsrelevant ist. Dabei verlangt uns Toleranz im Job meist deutlich mehr ab – wenn wir uns der Situationen überhaupt erst einmal bewusst werden. Denn weit weniger geht es darum, ob Kollege Müller schwul oder Frau Mayer lesbisch ist und wie die Belegschaft mit dieser in der Arbeitswelt unerheblichen Tatsache klarkommt. Vielmehr ist die Toleranz genau genommen in sämtlichen Entscheidungsprozessen und Arbeitsschritten gefragt, in denen Ansichten, Meinungen und persönliche Prägungen aufeinanderprallen.

Tolerieren kommt vom lateinischen „tolerare" und bedeutet wortwörtlich so viel wie „erdulden", „durchhalten" oder „zulassen". Und wenn leider nicht wenige Menschen bereits im Alltag Probleme mit dem Erdulden von Menschen haben, die etwas anders sind oder leben als sie selbst, wobei „anders" stets von diesen Menschen selbst abgesteckt wird, so liegen die wahren Herausforderung der Toleranz im Berufsleben. Denn: Im normalen Alltag können intolerante Menschen leicht den anderen aus dem Weg gehen oder sich einfach ohne direkte Konsequenzen über die Andersartigkeit echauffieren.

Toleranz eher in der Theorie als in der Praxis

Doch wenn die anderen Ansichten, Handlungen, Lebensweisen oder Gewohnheiten das Berufsleben betreffen, wird es deutlich schwieriger. Die Probleme beginnen dabei jedoch nicht dann, wenn wir mit anderen Ansichten nicht übereinstimmen oder wenn wir aufgrund unserer Einstellungen zumindest teilweise nicht einverstanden sind. Die Probleme der Intoleranz beginnen vielmehr dann, wenn wir nicht in der Lage sind, Lösungen für Konflikte zu finden.

Die gute Nachricht: Laut Knigge-Report sind 2015 rund 25 Prozent aller Deutsche der Meinung, dass Toleranz heute mehr gelebt wird als früher. Rund 28 Prozent empfinden das Toleranzverhalten heute wie früher auch. Die schlechte Nachricht: Knapp 47 Prozent geben an, dass Toleranz heute in den Hintergrund getreten ist.

Das eine Viertel täuscht sich grundsätzlich sicher nicht. Die Toleranz wurde in den vergangenen Jahren maßgeblich institutionalisiert: Frauenbeauftragte oder Beauftragte für Chancengleichheit kümmern sich in Behörden, sozialen Einrichtung oder in Unternehmen darum, die Gleichberechtigung von Männern und Frauen zu fördern. Auch haben verschiedene Gerichtsurteile, in denen Bewerber gegen Stellenbeschreibungen geklagt haben, in denen Kandidaten ein bestimmtes Alter oder Geschlecht haben sollten, die Wahrnehmung für Diskriminierung geschärft.

Doch die anderen 47 Prozent liegen mit ihrem Empfinden sicher auch nicht ganz falsch. Zu tolerieren bedeutet, etwas anzunehmen, mit dem man zunächst aufgrund der eigenen Einstellungen zumindest teilweise nicht einverstanden ist. Doch da viele Menschen immer weniger Zeit haben und sich immer weniger Zeit nehmen, fällt es folglich immer schwerer, eine andere Handlung oder Sichtweise zu verstehen, die einem anfangs fremd erschien. Auf dem Weg zum im ökonomischen Sinne schnellen Erfolg werden Andersdenkende daher eher als störend empfunden.

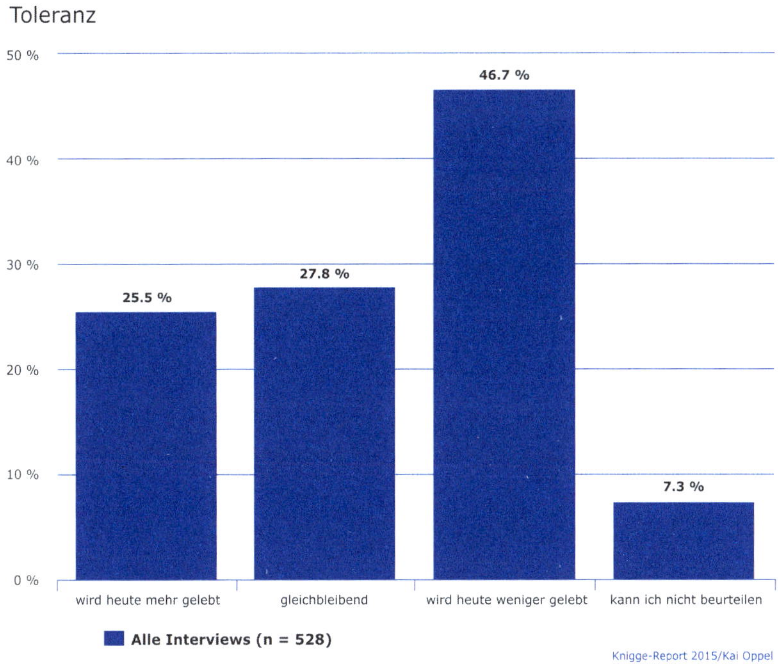

Toleranz wird im Berufsleben wichtiger

Nicht allein der Fachkräftemangel und die Zuwanderung werden einigen Kollegen mehr Toleranz abverlangen. Auch das von vielen Unternehmen aktiv betriebene Diversity Management, bei dem die individuelle Verschiedenheit von Mitarbeitern und Mitarbeiterinnen besonders hervorgehoben und nutzbar gemacht wird, verlangt Toleranz. In vielen Fällen werden sogar jene besser fahren, die den anderen nicht nur erdulden, sondern wirklich akzeptieren, was sich wiederum vom lateinischen „accipere" ableitet und mit „annehmen" oder „gutheißen" übersetzt werden kann. Für diese Fähigkeit gibt es sogar ein Wort: Ambiguitätstoleranz. Gefragt sind Kollegen und Mitarbeiter die fähig sind, kulturelle Ungereimtheiten und Widersprüche auszuhalten, ohne sie auflösen zu wollen.

Die Ambiguitätstoleranz wird auch als „Unsicherheitstoleranz" oder „Ungewissheitstoleranz" bezeichnet. Sie beschreibt die Fähigkeit, mehrdeutige Situationen oder auch widersprüchliche Handlungen anderer Menschen auszuhalten. Ambiguitätstolerante Menschen halten im Job Meinungen und Haltungen aus, obwohl sie ihnen nach ihrem Verständnis inakzeptabel erscheinen. Vielmehr versuchen sie, die meist kulturell bedingten Unterschiede neutral bis positiv zu bewerten.

Wer in einem interkulturellen oder einem nach den Regeln der Diversity zusammengesetzten Team arbeitet, wird also lernen müssen, den eigenen Standpunkt zu relativieren – ohne sich komplett aufzugeben. Wer den eigenen Standpunkt relativieren möchte, muss ihn jedoch erst einmal kennen. Laut Knigge Report 2015 geben interessanterweise fast 90 Prozent der Menschen in Deutschland an, die eigenen Werte zu kennen und darauf zu achten.

Ich kenne meine Werte und achte darauf.

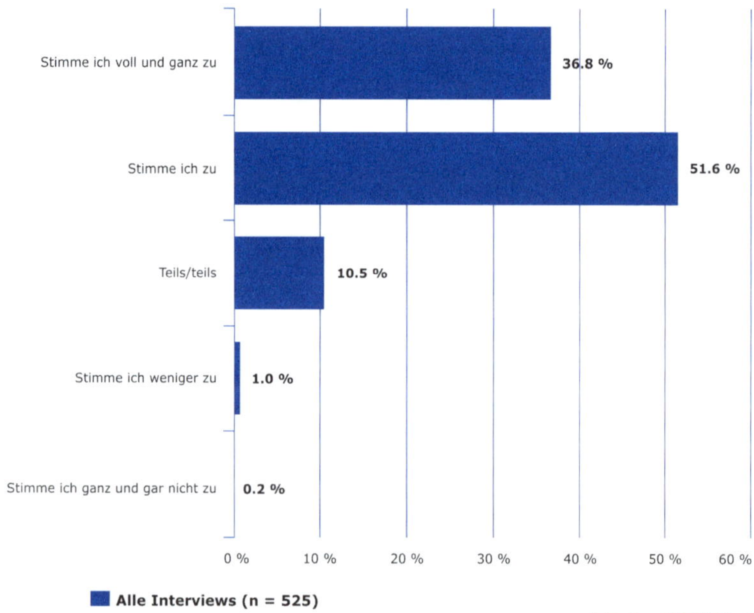

Knigge-Report 2015/Kai Oppel

Ich wage die Behauptung aufzustellen, dass die meisten nur glauben, ihre eigenen Werte wirklich zu kennen. Vielmehr kennen viele Menschen die Werte, die von ihnen verlangt werden – oder die sie unreflektiert verinnerlicht haben. Die eigene Identität ist im Berufsleben durch den Beschleunigungs- und Ökonomisierungsdrang sicher ein Stück weit verloren gegangen. Psychoanalytiker haben sich hinreichend mit dieser Tendenz beschäftigt. Früher zählten etwa die Vergangenheit, die soziale Herkunft, das über Jahre erlernte Wertebild. Heute kennen viele ihre eigenen Werte nicht mehr, weil sie vor allem dem Wettbewerbsgedanken zum Opfer gefallen sind. Wer muss schon wissen, woher er kommt und wer er ist, wenn es doch viel wichtiger ist, künftige Chancen zu erkennen und zu ergreifen, um sich zu dem Menschen zu formen, der man sein will?

Genau diese Gemengelage stellt die Toleranz auf eine Bewährungsprobe. Der angepasste Homo oeconomicus wird offensichtlich versuchen, mit Kollegen oder Geschäftspartnern zu kooperieren – weil es so von ihm verlangt wird. Da er tief im Inneren jedoch anders geprägt ist, können Situationen scheinbar urplötzlich eskalieren. Nämlich dann, wenn die Kulturen und tatsächlichen Wertvorstellungen aufeinanderprallen.

Den eigenen Standpunkt kennen, um andere Standpunkte einzuordnen

- Welche biografischen Erfahrungen haben Sie?
- Welche individuellen Wertvorstellungen haben Sie?
- Welche Wertvorstellungen wurden und werden in Ihrer Familie gelebt?
- Welche Berufe gab und gibt es in Ihrer Familie?
- Welche Werte halten Sie für sich selbst beziehungsweise für Ihren Lebensentwurf für wirklich fundamental?
- Welche Vorurteile oder Meinungen haben Sie über bestimmte Kollegen?
- Wann überschreiten Kollegen für Sie eine Grenze, die Sie nicht mehr tolerieren können – und warum?

Die neue Wertschätzung

„Gehe von niemanden und lass niemand von Dir, ohne ihm etwas Lehrreiches, oder etwas Verbindliches gesagt (…) zu haben, (…) damit er die Stunde nicht verloren zu haben glaube.“ (Knigge)

Einer der größten Kniggefehler in regelmäßigen Meetings mit bekannten Geschäftspartnern sind Routine und Langeweile. In einigen Unternehmen verbringen Fach- und Führungskräfte 20 bis 30 Stunden pro Woche in Besprechungen. Laut einer Studie finden aber rund 80 Prozent der Teilnehmer, dass die Hälfte dieser Sitzungen überflüssig sei. In einer anderen Untersuchung gaben 50 Prozent der Befragten an, dass es in Meetings an konkreten Ergebnissen mangele.

Nicht zu Unrecht kritisierte bereits Knigge vor rund 200 Jahren leeres Herumreden bei Gesprächen: „Habe Acht darauf, dass Du in Deinen Unterredungen, durch einen wässrigen, weitschweifigen Vortrag nicht ermüdest. (…) Überhaupt aber rede nicht zu viel. (…) Flicke keine platte Gemeinsprüche in deine Reden ein“, erklärte der Freiherr und ist damit am Puls unserer Zeit. Denn: Wieder und wieder werden Besprechungen zu langatmigen Angelegenheiten, weil Teilnehmer ob ihrer schlechten Vorbereitung über die Grundbausteine eines Prozesses reden und die anderen Teilnehmer dabei mit allgemein Bekanntem langweilen.

i

Eine wichtige Kniggeregel für das Meeting und Wertschätzung gegenüber Teilnehmern lautet etwa: Bereiten Sie sich vor und versuchen Sie, ein Thema zu einem Ziel zu führen. Wertschätzung ist im Büroalltag an vielen Stellen möglich – selbst dort, wo man sie zunächst nicht erwartet.

Wertschätzung durch gut vorbereitete Meetings

Wenn Sie Ihnen bekannte Geschäftskunden empfangen, sollte diese Bekanntheit kein Grund zur Nachlässigkeit sein. Das beginnt bereits beim Empfang: Lassen Sie die Geschäftspartner an der Rezeption abholen und zu Ihnen ins Büro oder in den Konferenzraum geleiten. Instruieren Sie Ihren Mitarbeiter zuvor nochmals kurz, dass sich dieser selbst vorstellt sowie den Gast mit seinem Namen begrüßt.

Damit der Empfang Bescheid weiß, sollten Sie ihm zuvor kurz mitgeteilt haben, um welche Uhrzeit Sie welchen Gast erwarten. So ist das Personal im Bilde und der Gast muss sich nicht umständlich erklären.

i Wenn Sie der Gast sind und die Sekretärin Ihnen einen Sitzplatz und ein Getränk anbietet, obwohl sich noch niemand anderes im Raum befindet, dürfen Sie Platz nehmen und das Getränk natürlich annehmen.

Gehen Sie noch einmal in den Konferenzraum, bevor Sie Gäste empfangen. Nichts wirkt unprofessioneller als benutzte Tassen oder halbvolle Flaschen auf dem Tisch. Das Geschirr muss einheitlich sein: Alte Mickey-Maus-Becher oder persönliche Namenstassen mit abgebrochenen Henkeln sind ein Tabu. Prüfen Sie den Tisch auf Schmutz und fettigen Fingern und lassen Sie ihn gegebenenfalls reinigen. Falls unmittelbar zuvor ein anderes Meeting stattgefunden hat, sollten Sie lüften (lassen).

Bevor es losgeht, fragen Sie den Gast, ob Sie ihm den Mantel abnehmen dürfen. Ist eine Frau dabei, helfen Sie ihr zuerst aus ihrer Jacke. Findet die Besprechung in Ihrem Büro statt, müssen Sie dem Gast einen Platz anbieten, da er sich ohne Aufforderung nicht setzen wird – dasselbe gilt in großen Konferenzräumen. Achten Sie auch in Ihrem Büro auf einen aufgeräumten Schreibtisch sowie auf einheitliches, sauberes Geschirr – und auf gute Luft.

Visitenkartenübergabe

Treffen Sie sich mit neuen Geschäftspartnern, ist es sinnvoll, gleich zu Beginn die Visitenkarten auszutauschen. Ein guter Zeitpunkt ist der Moment vor dem gemeinsamen Hinsetzen. Mit dem Austausch beginnt der Gast. Zuerst bekommt der Ranghöchste ein Kärtchen, danach die anderen. Geben Sie die Karte so, dass sie der Empfänger gleich lesen kann. Wenn Sie eine Visitenkarte erhalten, dürfen Sie diese niemals ungelesen wegstecken. Werfen Sie einen aufmerksamen Blick darauf. Während des Meetings können Sie die Kärtchen auf den Besprechungstisch legen.

Getränke und Sitzordnung

Die Frage, wer an welchem Platz sitzt, hängt natürlich von der Größe der Besprechung ab. Falls Sie in Ihrem Büro einen Geschäftspartner oder Kollegen empfangen, sitzt dieser am Besprechungstisch rechts neben Ihnen. Den Geschäftspartner wie in einem Restaurant gegenüber zu platzieren, wäre in diesem Fall unangebracht, da diese Sitzordnung einen kontroversen Charakter nahelegen würde.

Bei größeren Runden sitzt der Gast weit vom Eingang entfernt und niemals mit dem Rücken zur Tür. Diese Plätze sind den Rangniederen vorbehalten – nicht zuletzt, weil sie bei eventuellen Botengängen den Raum schnell und geräuschlos verlassen können. Der Gast sitzt im Idealfall rechts neben dem ranghöchsten Gastgeber.

Falls Getränke auf dem Tisch stehen, fragen Sie den Gast, was er trinken möchte. Sie oder Ihre Sekretärin sollten ihm auch eingießen, denn ein höflicher Gast wird sich niemals selbst ein Glas einschenken. Falls Sie ausländische Geschäftspartner empfangen (beispielsweise aus dem arabischen Raum), stellen Sie die Frage nach dem Getränk gegebenenfalls mehrfach. Vermutlich wird Ihr Gast die erste Frage aus Höflichkeit nämlich verneinen. Fragen Sie in dieser Situation nicht nochmals nach, sitzt er den Rest der Besprechung auf dem Trockenen – obwohl er eigentlich etwas trinken möchte.

Einen wahren Meetingmarathon mussten die Mitarbeiter eines Logistikunternehmens erleben. Ihr Abteilungsleiter hatte in sein Büro geladen, um die Strategie für das kommende Geschäftsjahr zu besprechen. Da er sein Telefon nicht umgeleitet hatte, klingelte alle zehn Minuten entweder das Telefon auf seinem Schreibtisch oder sein Handy. Der Abteilungsleiter schaute stets auf die Nummer, entschuldigte sich bei den Angestellten und versuchte dann, den Anrufer abzuwimmeln. Die Mitarbeiter fühlten sich nicht ernst genommen, weil jeder Anrufer wichtiger schien als sie. Auch die Anrufer waren verärgert, weil sie merkten, dass der Abteilungsleiter darauf drängte, das Telefonat zu beenden. Am Ende dauerte die Besprechung vier Stunden.

Das Meeting selbst sollte zielgetrieben sein, was Sie durch eine gründliche Vorbereitung erreichen. Leider fehlt diese oftmals bei kleineren Besprechungen, weil diese als nicht so wichtig erachtet werden wie größere Sitzungen, bei der Neukunden, Vorstand oder Geschäftsleitung zugegen sind. Fertigen Sie daher rechtzeitig eine Agenda mit den wichtigsten Themen an. Lassen Sie diese dem Geschäftspartner vorab zukommen, um sie gegebenenfalls noch zu verfeinern. Wenn Sie der Gastgeber sind, führen Sie Punkt für Punkt durch die Tagesordnung.

Besprechungen sofort nachbereiten

Wie erwähnt, hängt die Qualität von Meetings maßgeblich von deren Vorbereitung ab. Bei fortlaufenden Besprechungen kann diese jedoch nur glücken, wenn jedes Meeting unmittelbar nachbereitet wird. Falls es ein Protokoll gibt, fällt dies leicht. Wenn nicht, sollten Sie selbst direkt nach Beendigung der Sitzung die wichtigsten Punkte in einem Dokument zusammenfassen. Notieren Sie sich zudem, wem Sie während des Meetings was versprochen haben und versuchen Sie, diese Aufgaben umgehend zu erledigen. Nichts wirkt unprofessioneller, als während einer Besprechung zugesagte Dokumente erst einen Tag oder wenige Stunden vor der neuen Zusammenkunft zuzustellen, obwohl das letzte Meeting bereits eine Woche zurückliegt.

Tipps für eine erfolgreiche Besprechung

- Bereiten Sie sich auch auf kleine Besprechungen vor.
- Leiten Sie Ihr Telefon um und stellen Sie Ihr Handy aus.
- Sorgen Sie für ein aufgeräumtes Büro, frische Luft und sauberes Geschirr.
- Lassen Sie den Geschäftspartner am Empfang abholen oder übernehmen Sie diese Aufgabe selbst.
- Höfliche Geschäftspartner warten auf Aufforderungen: Seien Sie als Gastgeber aktiv und bieten Sie Platz und Getränke an.
- Lassen Sie sich bei kleinen Meetings im eigenen Büro nicht zu einer saloppen Sitzhaltung oder anderen Nachlässigkeiten hinreißen.

Wertschätzung durch gelungene Präsentationen

„Rede nicht von Dingen, die, außer Dir, schwerlich jemand interessieren könnten. (…) Rede nicht in einer fremden Sprache, wenn es glaublich ist, dass nicht jeder, der um Dich ist, dieselbe versteht." (Knigge)

Dass Präsentationen alles andere als einfach sind, beweist der Alltag. Referenten wenden ihrem Publikum den Rücken zu, reihen langweilige Phrasen aneinander oder sprechen in einer Fachsprache, die keiner der Anwesenden versteht. Im Folgenden lesen Sie, wie Sie es besser machen.

Vorbereitung

Viele Präsentationen und Vorträge scheitern, weil sie langweilig sind. Um dies zu umgehen, sollten Sie sich vorher darüber Gedanken machen, was Sie dem Publikum eigentlich vermitteln möchten. Dafür eignen sich drei Fragen:

1. Ist das Thema nur für den Referenten wichtig, interessant und aktuell oder auch für das Publikum?
2. Wie lässt sich ein Thema für das Publikum wichtig, interessant und aktuell gestalten (Wo liegt der Mehrwert für die Zuhörer?)?
3. Welches Ziel verfolge ich mit dem Vortrag?

Zur Vorbereitung gehört auch, sich über den vorgegebenen Zeitrahmen zu informieren und die Präsentation so zu gestalten, dass sie das Zeitfenster nicht sprengt. Es ist eine nicht aussterbende Unverschämtheit, eine auf 15 Minuten veranschlagte Präsentation auf 30 Minuten auszudehnen. Proben Sie deshalb Ihren Vortrag mit der Stoppuhr.

Tipps für die Vorbereitung einer Präsentation

- Nur wer weiß, was er überhaupt erzählen möchte und was er damit beim Publikum bewirken will, kommt auf den Punkt.
- Definieren Sie den Inhalt und das Ziel der Präsentation.
- Planen Sie Zeitrahmen und Ablauf der Präsentation.
- Überlegen Sie, welche Hilfsmittel (PowerPoint, Flipchart etc.) Sie einsetzen wollen.
- Überlegen Sie, was Sie an anderen Präsentationen stört und wie Sie Ihre eigene Präsentation vor solchen Fehlern bewahren können.

Die erfolgreiche Durchführung

Wer weiß, was er vermitteln möchte, ist bereits ein gutes Stück weiter. Um jedoch verstanden zu werden, müssen Sie sich in das Publikum hineinversetzen – und es abholen. In einigen Fällen ist es notwendig, Hintergrundwissen einzubauen. Es ist jedoch falsch, diese Informationen gleich zu Beginn des Vortrags vorzubeten. Dadurch fühlen sich alle gelangweilt, die sich bereits auskennen. Besser: Beginnen Sie mit einer Neuigkeit, mit dem Wichtigsten. Flechten Sie das Hintergrundwissen in Ihre Ausführungen ein.

Seien Sie sich bereits bei der Vorbereitung darüber bewusst, dass Sie die Zeit anderer Menschen binden und dass Ihre Zuhörer ein Recht darauf haben, in dieser Zeit etwas Nützliches zu erfahren. Denken Sie darüber hinaus an die Wirkung Ihrer Präsentation: Rechtschreibfehler, unpassende Beschreibungen oder eine allzu bunte Farbgebung lassen innerhalb von Sekunden Zweifel an der Seriosität aufkommen. Smileys, verspielte Animationseffekte oder ausgefallene Schrifttypen haben in Firmenpräsentationen nichts zu suchen. Wenn Ihr Unternehmen einen eigenen Corporate-Design-Leitfaden hat, sollten Sie sich daran halten.

Sprache und Rhetorik

Achten Sie auf eine klare und hochdeutsche Aussprache. Vermeiden Sie Fachwörter und englische Begriffe. Wer in seinem Vortrag nur von „Time Slots", „Opportunities" und „Stakeholdern" spricht, wirkt wichtigtuerisch und leistet der deutschen Sprache keinen Dienst. Bemühen Sie sich stattdessen um lebendige Formulierungen. Das heißt: Verzichten Sie auf unnütze Substantivierungen und verwenden Sie stattdessen viele Beispiele und Vergleiche. Erzählen Sie Geschichten und berichten Sie von Erfahrungen aus dem Alltag, an denen sich die Inhalte erklären lassen. Diese Bildhaftigkeit bleibt den Zuhörern im Gedächtnis.

Körpersprache: stabiler Stand und langsame Bewegungen

Die Hände gehören während des Vortrags zu keinem Zeitpunkt in die Hosentaschen und beim Sitzen niemals unter den Tisch. Wenn Sie im Stehen referieren, sollten Sie den stabilen Seemannsstand wählen. Stellen Sie sich dazu ganz normal hin und lassen Sie zwischen den Füßen ein wenig Abstand. Verknoten Sie im Stehen niemals die Beine, da sich ein unsicherer Stand auf den Vortrag auswirkt.

Achten Sie darauf, während des Referierens Blickkontakt zu halten. Nur wenn Sie Ihr Publikum ansehen, merken Sie, ob es folgen kann oder ob es Fragen hat. Seien Sie sich der Sprache Ihres Körpers bewusst: Ein gesenkter Kopf beispielsweise symbolisiert Unsicherheit. Vermeiden Sie zudem schnelle, ruckartige Bewegungen sowie nervöses Zappeln. Statt hektisch mit den Armen zu fuchteln, sollten Sie langsame und große Bewegungen nutzen, um bestimmte Inhalte zu unterstreichen.

Tipps für eine gelingende Präsentation

- Bereiten Sie sich auf die Präsentation vor.
- Lesen Sie den Text nicht von den Folien ab, die Sie an die Wand projizieren. Es ist unhöflich, dem Publikum den Rücken zu zeigen.
- Nichts ist langweiliger, als wenn der Referent die Folien eins zu eins abliest. Das Publikum kann selbst lesen und erwartet weiterführende Informationen.
- Der Vortrag darf weder dazu missbraucht werden, um sich selbst zu präsentieren, noch um die Präsentation an sich in den Mittelpunkt zu stellen. Von Interesse ist einzig und allein der Inhalt.
- Präsentationen mit 100 Folien sind eine Unverschämtheit. Planen Sie pro Folie mindestens ein bis drei Minuten ein und beschränken Sie sich auf maximal 30 Folien.
- Achten Sie auf Ihre Körpersprache.
- Formulieren Sie Ihren Vortrag in Hochdeutsch.
- Halten Sie sich genau an die Präsentationszeit.

Wertschätzung durch Respekt

Wertschätzung und Respekt sind wie ein Paar, das Hand in Hand geht. Laut Knigge-Report 2015 spielt der Respekt gegenüber Vorgesetzten auch heute noch eine wichtige Rolle. In der neuen Wertschätzung plädiere ich jedoch dafür, nicht nur Führungskräften und Geschäftspartnern respektvoll zu begegnen – sondern Mitarbeitern und Kollegen generell. Auch hier schließt sich wieder der Kreis zum Thema „Umgangsformen und Knigge“. Wer Respekt nicht nur für wichtig hält, sondern wer Respekt auch leben möchte, dem helfen die Denkanreize aus der Knigge-Kur:

- Respekt durch das neue Interesse: Wer sich ernsthaft für seine Mitmenschen interessiert, bringt Ihnen automatisch mehr Respekt entgegen.
- Respekt durch die neue Fairness: Wer Kollegen wie auch berufliche Gegner fair behandelt, respektiert sie automatisch.
- Respekt durch die neue Aufmerksamkeit: Respekt kann nur aufbringen, wer mit offenen Augen durchs Berufsleben geht – also sich nicht permanent durch Technik ablenken lässt.
- Respekt durch angemessene Kommunikation: Die Kommunikationsgewohnheiten seiner Geschäftspartner zu akzeptieren heißt, auch Respekt aufzubringen. Respekt in der Kommunikation bedeutet, die Themen Informationsflut und Erreichbarkeit nichts aufs Äußerste auszureizen – sondern etwa den Feierabend anzuerkennen.
- Respekt durch digitale Mündigkeit: Ob im Umgang mit Inhalten, Urheberrechten oder Daten überhaupt – digitalen Respekt aufbringen heißt auch, Urheberrechte bei Daten und Ideen zu achten.

Respekt vor Vorgesetzten

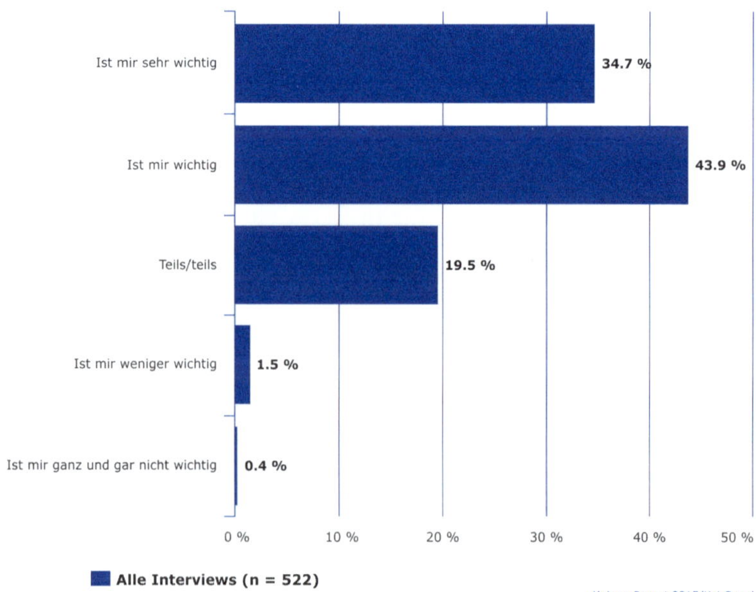

Knigge-Report 2015/Kai Oppel

Das neue Teilen

„Haben oder sein?“ – fragte in den 80ern der Sozialpsychologe Erich Fromm und erklärte im gleichnamigen Werk, wie sehr das Materielle allein in unserer Sprache verankert ist, wie das Besitzen unser Denken beeinflusst und wie und warum es fast immer besser ist zu handeln, als Besitz und Eigentum zu verteidigen. Das Wissen etwa sei wertlos, wenn es nicht mit anderen Menschen geteilt wird, wodurch neues Wissen entsteht.

Mit dem Siegeszug des mobilen Internets hat das Teilen eine Renaissance erfahren. Nachdem über das Internet und über soziale Medien zunächst vornehmlich Inhalte mit anderen Nutzern geteilt wurden, ist es heute möglich, Gegenstände und Leistungen zu teilen. Webseiten und Apps helfen uns dabei, Wohnungen, Sofas, Musik, Autos, Bohrmaschinen und auch Arbeitsleistungen mit anderen Menschen gemeinsam zu nutzen. Zwei Klicks und wir können sehen, wer im Umkreis von fünf Kilometern bei einer Übersetzung helfen oder sein Privatauto für eine Spritztour ausleihen kann.

Wachstum für alle von allen

„Zahlreiche wissenschaftliche Studien belegen mittlerweile, dass es sich bei dem neuen Trend ‚Teilen und Nutzen‘ statt ‚Besitzen und Kaufen‘ nicht mehr um ein Nischen- oder Oberflächenphänomen handelt. Alternative Besitz-, Konsum- und Produktionsformen eines temporären Zugangs zu Produkten und Dienstleistungen im Sinne von Collaborative Consumption und Collaborative Production kristallisieren sich vielmehr als mehr als ein Megatrend in unserer Wirtschaft und Gesellschaft heraus“, erklärt Wirtschaftsprofessorin Heike Simmert auf ihrer Website.

Bereits 2013 teilten laut Branchenverband Bitkom 83 Prozent aller Internetnutzer in Deutschland online digitale Inhalte, die sie selbst erstellt oder im Web gefunden haben. 17 Prozent sagten, dass sie hin und wieder auch Dinge wie Autos, Werkzeuge oder ihre Wohnung mithilfe des Internets teilen.

Begünstigt wird das Teilen von Dingen, weil immer mehr Menschen und Unternehmen ihre Daten dezentral ablegen. Informationen des Hightech-Verbands BITKOM zufolge wächst der Markt für Cloud Computing stetig: Allein in Deutschland wird der Umsatz bis zum Jahr 2016 auf 17,1 Milliarden Euro steigen. Aber der Austausch funktioniert nicht nur virtuell. Der Carsharing-Markt in Deutschland soll bis 2020 um jährlich 30 Prozent auf insgesamt 5 Milliarden Euro wachsen.

Teilen als Knigge-Kur

Teilen kann Ressourcen schonen und dazu beitragen, dass wir uns auf das Wesentliche konzentrieren. Indem wir die Dinge und Leistungen nicht mehr alle selbst anschaffen müssen, müssen wir theoretisch weniger arbeiten. Zudem kann Sharing einen entschiedenen Beitrag dazu leisten, sowohl das Privat- als auch das Wirtschaftsleben um den Faktor Menschlichkeit zu bereichern. Ohne Zweifel sind das gemeinsame Produzieren und Konsumieren ein konkreter Ansatz, dem Problem des nicht grenzenlosen Wirtschaftswachstums eine konkrete Lösung gegenüberzustellen. Doch wo Rosen wachsen, sind bekanntlich auch Dornen. Der Trend der Sharing-Economy ist aus Kniggesicht ein zweischneidiges Schwert.

Das Teilen kann im positiven Sinne helfen, dass wir

- Zeit sparen, indem wir etwa Wissen teilen,
- Geld sparen, indem wir etwa Anschaffungskosten minimieren,
- Mobilität reduzieren, indem wir Ressourcen mit Menschen aus dem Umkreis teilen,
- uns weniger beschleunigen, weil wir Dinge nicht mehr besitzen müssen und uns deswegen nicht mehr so sehr dem Wettbewerb stellen.

Die schöne neue Sharing-Welt birgt allerdings auch einige Nebenwirkungen.

Im negativen Sinne kann Teilen dazu beitragen, dass wir

- Leistungen und Dinge, die wir Kollegen und Freunden früher gratis gegeben haben, plötzlich monetisieren – wodurch wir die Ökonomisierung weiter vorantreiben,
- die gewonnene Effizienz dazu nutzen, die ersparten Ressourcen an anderer Stelle einzusetzen,
- uns im Sinne der Digitalisierung noch auslesbarer und verletzbarer machen, weil jeder noch leichter herausfinden kann, was wir haben und was wir brauchen,
- wir zu guter Letzt die Informationsflut weiter anheizen und noch mehr erreichbar sein müssen, weil wir beim Teilen kommunizieren müssen – um uns abzustimmen.

Umgang mit geborgten Sachen

„Verfahre noch ordentlicher mit fremden Sachen! Verleihe nie Bücher oder Dinge, die Dir geliehen worden; hast Du von andern dergleichen geliehen, so bringe oder schicke sie zu gehöriger Zeit wieder und erwarte nicht, daß sie oder ihre Domestiken noch Wege darum tun, um diese Dinge abzuholen!", riet Freiherr Knigge im Umgang mit geborgten Dingen. Selbst wenn beim Sharing Geld im Spiel ist, scheinen die Regeln gut für die heutige Zeit zu taugen. Gerade beim Teilen von Schreibtischen, wie es heute in immer mehr Unternehmen praktiziert wird, wenn Mitarbeiter heute hier und morgen da sitzen, sollte jeder seinen Arbeitsplatz so verlassen, wie er ihn vorgefunden hat.

Hier finden Sie einige Webseiten für Sharing im Berufsleben:

- **Mein Internet, dein Internet:** Falls Sie sich auch manchmal fragen, wie vor 15 Jahren noch ohne flächendeckendes Internet überhaupt gearbeitet werden konnte, und falls Sie ohne WWW nicht können, finden Sie auf wifis.org sozusagen Sharing-Internet. Wer Internet hat, kann sich hier listen lassen. Wer das Netz nutzen möchte, schreibt dem Internetgeber eine E-Mail. Die persönlichen Daten bleiben dabei geschützt, weil das Matching über die Plattform funktioniert. Besonders in deutschen Städten stehen die Chancen gut, via W-Lan den Netzzugang teilen zu können. Rechtlich bewegt sich der Anbieter dennoch auf dünnem Eis, wenn von seinem Netz aus Unsinn angestellt wird.

- **Mein Büro, dein Büro:** Auf spacesharing.eu, sharedesk.net oder coworking.de lassen sich innerhalb weniger Minuten Büro- und Meetingräume finden. Es handelt sich um Übersichtsseiten, die verschiedene Angebote inklusive Orts- und Preisangabe anzeigen – vor allem für Arbeitsnomaden, die weltweit aktiv sind, ist das interessant. Insgesamt gibt es mehrere zehntausend Arbeitsplätze zum Teilen in nahezu allen Ländern.

- **Meine Sprache, deine Sprache:** Auf tandempartners.org kann jeder, der eine Sprache lernen will, innerhalb weniger Augenblicke einen Sprachpartner finden. Es genügen drei Informationen: Man gibt ein, welche Sprache man spricht und welche man sprechen will und wo man wohnt. Die Website zeigt dann Menschen, die jene Sprache lernen möchten, die man selbst spricht. Schlecht für Sprachschulen, gut für unkomplizierte Lernstunden in Alltagssituationen. 2011 gegründet, finden sich heute bereits 22.000 Anzeigen.

- **Mein Parkplatz, dein Parkplatz:** parkinglist.de ist eine Sharing-Idee, die für Berufstätige interessant ist. Das Prinzip: Andere vermieten stunden- oder tageweise ihre eigene Einfahrt oder ihren Parkplatz. Wer einen Parkplatz sucht, kann mit etwas Glück vor seinem Büro das passende Gegenstück finden. Das spart Zeit und Kraftstoff bei der Parkplatzsuche, schont also Nerven und Ressourcen. Das aus den USA stammende Modell gibt es seit 2013 in Deutschland. Zurzeit finden Autofahrer bei ParkingList mehr als 5.000 Parkplatzstandorte in Deutschland, Österreich und der Schweiz mit fast einer Million Parkplätzen. Eine Studie der Roland Berger Strategy Consultants prognostiziert allein für den Bereich Shared Parking jährliche Wachstumsraten von 25 Prozent und 2020 einen Jahresumsatz von bis zu 1,9 Mrd. Euro.

- **Mein Können, dein Können:** Frisur gegen Homepage. Handwerk gegen Urlaub. Rechtsberatung gegen Autoreparatur. Plattformen wie exchange-me.de oder diensttausch.com sind sicher ein radikales Modell, aus Kniggeperspektive aber auch ein interessantes. Hier können Menschen ihre Arbeitsleistungen tauschen – aber auch materielle Dinge. Weil die Talente direkt getauscht werden, erübrigt sich das Bezahlmittel – für den Businessalltag nicht unbedingt eine Alltagsoption. Ganz so exotisch sind Tauschgeschäfte weltweit betrachtet dennoch nicht. Laut der Welthandelsorganisation WTO beruhen 20 Prozent des globalen Handels auf Tauschgeschäften.

Problem: Geld statt Sharing

Bei allen Vorteilen des Sharings zeigen die professionellen Plattformen jedoch auch, dass es ums Geld geht. Ein Hauptproblem ist etwa, dass viele Sharingwebseiten die Teilnehmer zu Dienstleistern ohne Rechte und Standards machen. Jeder sollte sich also dreimal überlegen, ob er künftig über uber.com als Privatchauffeur dem Taxi Konkurrenz macht. Nicht nur aus Kniggesicht wäre es seltsam, wenn der Chef seine Autofahrt über Uber anbietet und plötzlich für Geld einen Praktikanten mitnimmt.

Wer über das Internet Gäste einlädt und Geld verdient, macht im Prinzip nichts anderes als ein Restaurant- oder Hotelbesitzer. Allerdings umgeht er Regelungen wie etwa Hygienevorschriften. Der Spruch „Schuster, bleib bei deinen Leisten“ bekommt eine völlige neue Bedeutung. Kritiker befürchten, dass sich Anbieter über Sharing selbst zu Billiglöhnern machen, denen es letztlich nicht um den Sharing-Gedanken geht, sondern die schlicht auf das Geld angewiesen sind – weil sie sich etwa das Büro allein nicht leisten können. Bei allen Vorteilen, die Sharing in Bezug auf das Wachstumsproblem der Wirtschaft bietet, heißt Sharing oftmals auch: Viele müssen sich ein Auto teilen, weil sie sich selbst überhaupt kein Auto mehr leisten können. Den Umweltaspekt außen vor gelassen bedeutet dies, dass Sharing nicht dazu beitragen darf, notwendige Lohnanpassungen nicht vorzunehmen. Sonst ist Sharing nicht eine neue Freiheit, sondern in Zukunft ein weiterer Zwang, um wirtschaftlich überleben zu können.

i

Bezahltes Sharing bedeutet, letzte private Bastionen zu ökonomisieren. Jeder, der Dinge für Geld teilt, sollte sich überlegen, ob er dies aus ökologischer Überzeugung tut oder ob er dies ökonomisch tun muss.

Das Teilen von Wissen

Wissen ist Macht. Durch das Internet wurde dieses jahrhundertealte Prinzip gehörig durcheinandergebracht. Jeder, der einen Internetzugang hat, kann nahezu jedes Wissen ansteuern. In Unternehmen existieren zwar auch Intranets, und Fachwissen kann über das WWW abgerufen werden, doch noch immer gibt es spezielle Informationen, die nur einigen Personen vorbehalten sind – Herrschaftswissen. Das ist natürlich jenen Personen, die über Herrschaftswissen verfügen, bekannt. Sie hüten sich entsprechend selbst in Teams, diesen Vorsprung preiszugeben.

Immer wieder zeigen psychologische Studien: In Gruppen erzählen Menschen meist Dinge, die ohnehin allen bekannt sind. Kaum jemand ist bereit, neue Aspekte einzubringen oder Informationen zu teilen, über die nur sie selbst verfügen. Das Ergebnis: Die in Gruppen getroffenen Entscheidungen sind nicht immer die besten. Vorurteile, Ängste, verschiedene Interessenlagen oder auch schlicht mangelnde Aufmerksamkeit verhindern, dass Wissen optimal geteilt wird.

Knigge-Kur zum Teilen von Wissen

- Wenn das Teilen von Wissen belohnt wird, werden mehr Kollegen ihr Wissen teilen – anstatt es für sich zu behalten. Belohnen heißt, den Wissenden nicht mit Aufgaben zu strafen, die er durch die Wissensverbreitung notwendig gemacht hat. Belohnen heißt auch, die Quellen zu nennen, und sich nicht mit fremden Wissensfedern zu schmücken.
- Herrscht ein offenes Betriebsklima, werden mehr Informationen geteilt – schließlich hat der Einzelne weniger Angst, einmal etwas „Falsches“ zu sagen.
- Wer Informationen verrät und sein Wissen transparent macht, schafft sich nicht zwangsläufig ab. Vielmehr hat man auch die Chance, sich als Experte zu positionieren.

Die neue Originalität

„Es gibt Menschen, die (…) immer nur empfangen, die geben wollen, die vom übrigen Teile des Publikums belustigt, unterrichtet, bedient, gelobt, bezahlt, gefüttert zu werden verlangen, ohne die etwas dafür leisten (…) die behaglich dasitzen, sichs wohlsein, sich erzählen lassen, aber nicht daran denken, auch für das Vergnügen der übrigen zu sorgen – das ist aber ebenso ungerecht als lästig.“ (Knigge)

Soziale Netzwerke wie Facebook oder Xing machen es durchaus einfach. Man liest irgendwo etwas Interessantes – und postet es. Während das Teilen von Inhalten, wie im Kapitel „Das neue Teilen“ beschrieben, durchaus positive Aspekte mit sich bringt und gepflegt sein will, kommt es jedoch nicht ohne Nebenwirkungen daher. Es verführt dazu, andere Inhalte nur noch zu reproduzieren. Wir laufen Gefahr, unsere eigene Marke mit fremden Federn zu schmücken. Doch wo bleiben die eigenen Einfälle? Die eigene Kreativität? Das eigene Wissen?

Gerade auf Twitter, aber auch in anderen sozialen Netzwerken lässt sich wunderbar beobachten, wie sehr sich die Spreu (Abschreiber) vom Weizen (Kreativität) trennt.

Drei Stufen von Originalität

1. Jene, die lediglich auf andere Inhalte verweisen oder sie posten.
2. Jene, die andere Inhalte weiterleiten und diese kommentieren oder anderweitig bearbeiten.
3. Jene, die selbst neue Inhalte schaffen.

Selbstverständlich gibt es ausreichend Informationen, die neu und interessant genug sind, um sie unbearbeitet weiterzuverbreiten. Doch gleichzeitig ist durchaus zu beobachten, wie das Ausruhen auf anderer Arbeit auf viele Bereiche im Arbeitsleben abfärbt. Beispiel E-Mail: Allzu oft spielen sich Kollegen und Mitarbeiter E-Mails mit dem Verweis „FYI – For your Information" zu, in der innigen Hoffnung, dass der Inhalt nicht nur der Information des anderen dient, sondern dass sich der Empfänger auch darum bemüht, den Inhalt auf den eigenen Arbeitsalltag anzuwenden oder ihn zu integrieren. Natürlich sind die Informationen in den meisten Fällen spannend und wichtig. Dafür müssten sie jedoch übertragen und transformiert werden. Für diesen Transfer, der in der Arbeitswelt einen wirklichen Mehrwert bedeuten kann, braucht es jedoch Hirnschmalz. Die Information will bearbeitet und durch das eigene Prisma gebrochen sein. Erst daraus ergibt sich etwas Neues.

Informationen sind billig, Meinungen wertvoll

Es gibt ein interessantes Interview mit dem amerikanischen Technikphilosophen George Dyson. Darin erklärt er treffend, dass es in der heutigen Zeit potenziell grenzenlose Informationen gibt. Im Ergebnis sind Informationen billig – aber Bedeutungen und Meinungen umso wertvoller. Die Bedeutung wiederum liegt in der Einordnung und Interpretation der Informationen. Was heißt das für Ihre Kommunikation und Informationsweitergabe im Berufsleben? Informationen aus Fakten oder einfache Nachrichten, die jeder andere auch in seiner täglichen Informationsflut findet – solche Informationen muss niemand zusätzlich verbreiten. Das ist in etwa, als würde man in einem Meeting vorher Gesagtes wiederholen, nur damit man auch etwas sagt. Die Kunst liegt heute und künftig mehr denn je darin, vorhandene Informationen zu analysieren und einzuordnen. Zwei Beispiele:

Jeder kann twittern oder in einem Netzwerk posten, welche Quartalszahlen ein Unternehmen wie Apple bekannt gibt. Spannender wird der Tweet, wenn der Twitterer hinzufügt, dass Apple genug Geld in der Portokasse hätte, um Google zu übernehmen.

Jeder kann twittern, dass Google mit einigen deutschen Verlagen einen Innovationsfonds über 150 Millionen auflegt. Spannender wird diese Information jedoch, wenn sie ins Verhältnis gesetzt wird – etwa mit den finanziellen Aufwendungen des Suchmaschinenbetreibers für eigene Forschungsprojekte. Vor dieser Zahl wirken die 150 Millionen Euro ganz schnell wie Peanuts.

Denkanstöße für mehr Originalität

Wenn Haltung zum Markenzeichen wird

Was dem Maler sein Duktus und dem Schriftsteller sein Stil, ist im Berufsleben die persönliche Note. Versuchen Sie, Ihre Arbeit zu einem Original von Ihnen zu machen. Dabei verhält es sich allerdings wie mit dem Stil beim Schreiben. Guter Stil ergibt sich von selbst. Originalität ergibt sich etwa, wer stets besonders transparent, fair oder nachhaltig agiert. Auch diese Eigenschaften aus der Knigge-Kur können zum Markenzeichen werden.

Wenn Ihre Geschichte zum Markenzeichen wird

Die Menschen lieben Geschichten – und zwar seit sie gemeinsam beim Feuer zusammengesessen haben. Vor allem aber merken sich Menschen Geschichten besser. Was liegt daher näher, als durch seine eigene Geschichte, durch seine eigenen Erfahrungen, originell zu werden. Brechen Sie Informationen und Arbeitsschritte durch Ihr Erlebnisprisma. So werden alle neuen Handlungen zu einem Original.

Keine Originalität ohne Langeweile

Ohne Kreativität keine Originalität. Doch wie wird man kreativ? In einer Studie wurde gezeigt, dass ein Waldspaziergang die Schöpfungskraft mehr steigert als das Konsumieren von Medien. In einer anderen Studie wurde herausgefunden, dass die elektrischen Hirnströme kreativer Menschen ausgeprägte Alpha-Wellen zeigen. Diese Hirnströme liegen im Bereich jenes Wellenspektrums, das zwischen den für Schläfrigkeit typischen Theta-Wellen und den im REM-Schlaf und bei konstanten Muskelspannungen auftretenden Beta-Wellen liegt. Entspannung kann also ein wichtiger Schlüssel sein, worauf wir in der Knigge-Kur schon mehrfach zu sprechen gekommen sind – etwa bei der neuen Wartezeit.

Die neue Kommunikationskultur in Office & Co.

Ob Informationsflut, Digitalisierung oder dauerhafte Erreichbarkeit – die Veränderung des Kommunikationsverhaltens spielt eine Schlüsselrolle dabei, dass viele Menschen das Berufsleben als immer stressiger empfinden. Indem wir unsere Kommunikation prüfen und ändern, können wir entsprechend gegensteuern. Auf den folgenden Seiten finden Sie eine Mischung aus Kommunikationsetikette und Denkanstößen, die dabei helfen sollen.

Die Handy-Knigge-Kur

Steuern Sie die Erreichbarkeit

Der Segen des Handys ist zugleich sein Fluch. Es kann überall hin mitgenommen werden: Toilette, Konferenzen, Straßenbahn, Mittagessen, Meetings, Bett. Wenn Geschäftsleute in Besprechungen angerufen werden, sind sie häufig gleich doppelt unfreundlich. Während es in stark beziehungsorientierten Ländern wie Indien durchaus üblich ist, dass ein Meeting für ein Telefonat unterbrochen wird, empfinden deutsche Geschäftspartner ein solches Verhalten als unhöflich. Es wirkt, als ob das Meeting keine Priorität hat und wegen jeder Beliebigkeit unterbrochen werden könne. „In der Forschung konnte gezeigt werden, dass Menschen im Umfeld die Kommunikation als weniger exklusiv und weniger tiefgründig empfinden, wenn sie durch Handys gestört wird“, sagt Kommunikationsforscher Vorderer. Oftmals werden viele Menschen eifersüchtig gegenüber Handys.

Doch nicht nur die Anwesenden werden vor den Kopf gestoßen. Der Anrufer bekommt in neun von zehn Fällen vorwurfsvoll zu hören:

„Ich bin gerade in einem Meeting und habe keine Zeit.“ Dabei ist er der Letzte, der weiß, wo er den anderen gerade erreicht.

Die Lösung: Wichtige Anrufe vor dem Meeting ankündigen. Falls Sie während eines Meetings einen Anruf erwarten, sollten Sie es Ihren Gesprächspartnern zu Beginn mitteilen und das Handy auf Vibrationsalarm stellen. Falls der Anruf kommt, entschuldigen Sie sich und treten kurz vor die Tür. So bleibt den Meetingteilnehmern eine kurze Pause. Und Sie können fünf Minuten ungestört und freundlich telefonieren.

Wer keine Anrufe erwartet, sollte das Handy ausschalten oder besser noch, der sollte das ausgeschaltete Handy in seiner Aktentasche lassen.

Handyfreie Zonen einführen

„An Örtern, wo man sich zur Freude versammelt, beim Tanze, in Schauspielen, rede mit niemand von häuslichen Geschäften, noch weniger von verdrießlichen Dingen. Man geht dahin, um sich zu erholen, um auszuruhen, um kleine und große Sorgen abzuschütteln, und es ist also unbescheiden, jemand mit Gewalt wieder mitten in sein täglich Joch hineinschieben zu wollen.“ (Knigge)

Leider werden durch das Handy immer öfter Themen in ein Umfeld transportiert, in dem sie nichts zu suchen haben. Andere Gäste suchen in einem Restaurant Erholung und möchten nicht von einem Telefonat an die Arbeit erinnert werden. Zudem lassen sich Geschäftsthemen, die Aufmerksamkeit erfordern, selten an einem geselligen Ort besprechen. Die Umgebung verringert die Aufmerksamkeit, die eigentlich für den Anruf nötig wäre. Und da Sie keine Notizen machen können, muss das Telefonat ohnehin noch einmal nachgeholt werden. Schalten Sie daher das Handy aus, wenn Sie oder andere Zerstreuung suchen.

Die einzige Möglichkeit, das Problem zu minimieren, ist die Erreichbarkeit einzudämmen. Für den Handybesitzer bedeutet dies:

- Überlegen Sie zunächst, wie Sie jeden Tag beginnen wollen. Immer mehr Menschen lassen sich bereits vom Handy wecken. Das Erste, was sie morgens in die Hand nehmen, ist dasselbe, was sie am Abend als Letztes aus der Hand gelegt haben. Kein gutes Omen. Besser: Legen Sie sich einen Wecker zu.

- Kein Smartphone an vorher definierten Orten: Ob im Wohnzimmer zu Hause, im Meetingraum im Büro oder im Auto: Jeder sollte selbst Orte benennen, an denen das Smartphone ausgeschaltet wird. Unter dem Stichwort „Boundary Management“ wird immer öfter versucht, wieder Grenzen einzuziehen, die etwa durch mobile Geräte aufgeweicht worden sind.
- Definieren Sie Uhrzeiten, zu denen Sie erreicht werden können. Sie werden sehen: Viele Menschen rufen Sie einfach zu jeder Tages- und Nachtzeit an, weil Sie es zulassen. Wer jedoch eindeutig kommuniziert, dass er dies nicht möchte, wird mehrheitlich nicht mehr gestört werden. Es liegt an uns, dies anderen Menschen mitzuteilen.

Den Rahmen der Erreichbarkeit abstecken

Für ein Handytelefonat braucht es mindestens zwei Personen. Auch Anrufer können dazu beitragen, die Erreichbarkeit zu minimieren. Für sie bedeutet dies:

- Überlegen Sie, zu welcher Uhrzeit geschäftliche Telefongespräche stattfinden sollen und können. Respektieren Sie die Freizeit von Kollegen.
- Lässt sich das Telefonat vermeiden? Überprüfen Sie, ob überhaupt ein Telefonat notwendig ist.
- Wenn ein Telefonat notwendig ist: Überlegen Sie genau, was sie sagen.

i

Damit das Handygespräch nicht schon vor Beginn Stress verursacht, sollten Sie einen harmlosen Klingelton wählen. Die neuesten Charts gehören ins Privatradio und nicht auf Ihr Handy. Wählen Sie stattdessen einen klassischen Klingelton und entscheiden Sie sich zudem für eine Lautstärke, die Ihrem Umfeld nicht zur Qual wird.

Sind Sie handysüchtig?

Wie bereits erwähnt, stand bei Knigge ursprünglich die Mündigkeit im Mittelpunkt. Aktuellen Zahlen zufolge sind mittlerweile rund ein Prozent aller Deutschen internetsüchtig. Wie sieht es bei Ihnen aus? Folgende Verhaltensweisen sind bedenkliche Hinweise auf eine Abhängigkeit beziehungsweise einen Kontrollverlust.

- Hat sich die Handynutzung bei Ihnen in den vergangenen Jahren schrittweise erhöht? Werden Sie von anderen Menschen darauf angesprochen, dass Sie einmal Ihr Handy weglegen sollten?
- Virtuell statt real: Kommunizieren Sie häufig über soziale Netzwerke, aber im echten Leben fällt es Ihnen schwer?
- Wie lange brauchen Sie, um festzustellen, dass Sie kein Handy dabeihaben? Merken Sie bereits nach drei Minuten, dass Ihr Handy fehlt? Halten Sie aus, einen Tag auf Ihr Handy zu verzichten?
- Zeigen Sie auch körperlich Entzugssymptome? Werden Sie unruhig oder merken Sie, wie Ihr Herzschlag steigt, wenn Ihr Handy nicht da ist und Sie es suchen?
- Wie oft nehmen Sie am Tag Ihr Handy in die Hand? Schauen Sie mehr als 50 Mal auf Ihr Mobiltelefon?
- Haben Sie stärkere Akkus oder mobile Stromspender dabei, falls Ihr Handy schlappmacht?

Wenn Sie mehr als zweimal mit Ja geantwortet haben, gehören Sie praktisch zu jener Sorte Menschen, die ohne Smartphone nicht mehr kann. Versuchen Sie wie oben beschrieben, Ihre eigene Nutzung stärker zu reglementieren. Um soziale Kompetenzen wieder zu stärken, kann eine verhaltenstherapeutische Gruppentherapie hilfreich sein.

Eine andere Möglichkeit ist eine Ersatzdroge: Eignen Sie sich Verhaltensweisen an, die den Blick auf das Smartphone ablösen, aber einen ähnlich belohnenden Charakter wie das Internetverhalten haben. Wenn Sie den Reflex verspüren, Zeit mit dem Handy zu verbringen – geben Sie dem Reflex nicht nach. Zwingen Sie sich stattdessen, einen kurzen Spaziergang zu unternehmen. Wenn Sie öfter wegen der Uhrzeit auf das Handy schauen und bei der Gelegenheit mit Telefonieren oder Mails-Checken beginnen – kaufen Sie sich eine Uhr. Zudem kann es helfen, die Klingeltöne und Vibrationen des Handys auszuschalten oder das Handy so umzudrehen, dass Sie nicht sehen, wenn es blinkt oder sich anschaltet. Auf diese Weise werden Sie nicht immer in Alarmbereitschaft versetzt.

Ein weiterer Trick ist, sich bei den Apps zu beschränken. Überlegen Sie, welche Apps Sie besonders häufig nutzen. Und deinstallieren Sie gegebenenfalls Apps für soziale Netzwerke wie Xing oder Twitter. Wer sich auf wenige Dienste beschränkt, also etwa nur in drei statt fünf ausgewählten sozialen Netzwerken aktiv ist, muss automatisch weniger Statusmeldungen lesen.

Tipps für einen knigge-konformen Umgang mit dem Handy

- Schalten Sie das Handy bei wichtigen Gesprächen aus.
- Sagen Sie Anrufern nie, wobei sie Sie gerade stören.
- Konfrontieren Sie Anrufer, die Sie am Wochenende oder nach 21 Uhr auf dem Handy anrufen, nicht mit deren mangelndem Anstand. Sie müssen selbst entscheiden, ob Sie für Telefonate zu dieser Zeit erreichbar sein wollen.
- Falls Sie selbst telefonieren, sollten Sie andere nie nach 22 Uhr oder vor 9 Uhr anrufen.
- Beachten Sie bei Kontakten mit ausländischen Geschäftspartnern stets die Zeitdifferenz.
- Handys gehören weder in Gürteltaschen noch auf den Konferenztisch. Zur Aufbewahrung eignet sich die die Hand- oder Aktentasche. Abgesehen davon, dass ein Handy die Hose ausbeult oder in der Sakkotasche den Anzug schlecht sitzen lässt, ist das permanente Tragen am Körper sicher nicht gesund.
- Falls Sie viel im Ausland unterwegs sind, sollten Sie die Voicebox erst in Deutsch besprechen und dann in einer angebrachten anderen Sprache. Bei der Ansage sollte ein kurzer Gruß („Guten Tag") nicht fehlen. Nennen Sie anschließend Ihren Namen.
- Lesen Sie während eines Meetings keine E-Mails auf Ihrem Handy. Das ist unhöflich. Missverstanden werden kann auch, falls Sie das Handy nutzen, um die Uhrzeit in Erfahrung zu bringen. Meetingmitglieder könnten denken, Sie seien genervt oder in Zeitnot.
- Wählen Sie einen seriösen Klingelton in einer normalen Lautstärke.
- Gewöhnen Sie sich gar nicht erst an, bei bestimmten Rufnummern nicht ans Handy zu gehen. Der Anrufer könnte Sie später mit unterdrückter Nummer anrufen – dann sitzen Sie in der Falle, falls Sie abnehmen.
- Sollten Sie keine Zeit für ein Telefonat haben, bieten Sie einen Rückruf an. Werfen Sie jedoch keinen Anrufer aus der Leitung. Das ist unhöflich.
- Lassen Sie nie Unbeteiligte am Telefonat teilhaben. Dadurch verbieten sich Telefonate in kleinen Räumen. Sprechen Sie in Zügen mit leiser Stimme.

- Diskutieren Sie in der Öffentlichkeit niemals Privates.
- Laufen Sie während eines Telefonats gerne hin und her. Hetzen Sie aber während des Telefonierens nicht von einem Ort an den anderen. Ihr Gesprächspartner hört Ihren Atem, zudem können Sie sich nicht auf das Gespräch konzentrieren.
- Rauchen, essen oder trinken Sie nicht während des Handygesprächs.
- Gehen Sie nicht an Ihr Handy, wenn Sie gerade ein Gespräch auf dem Festnetz führen. Lassen Sie es klingeln und rufen Sie in aller Ruhe zurück.

Die E-Mail-Knigge-Kur

„Ein übereiltes mündliches Wort wird wieder vergessen; aber ein geschriebenes kann noch nach fünfzig Jahren (...) Unheil stiften." (Knigge)

E-Mails haben einen entscheidenden Anteil an der Kommunikationsflut, der sich immer mehr Menschen ausgesetzt fühlen. Nach aktuellen Schätzungen schwillt die elektronische Kommunikationswelle jährlich um 13 Prozent an. Pro Jahr werden derzeit rund 100 Milliarden Geschäftsmails verschickt. Bis 2016 sollen es mehr als 143 Milliarden sein.

E-Mail-Knigge wird also in Zukunft nicht nur heißen, fehlerfreie E-Mails zu versenden. E-Mail-Knigge wird künftig auch mehr denn je die Themen „Quantität" und „Inhaltsqualität" tangieren. Konzerne haben bereits vor einigen Jahren damit begonnen, die Mailflut durch klare Regeln einzudämmen.

Nach einem entsprechenden Betriebsratsbeschluss beispielsweise können bei Daimler Mitarbeiter bis in die Managementebene ihre Mails automatisch löschen lassen – wenn sie im Urlaub sind. Der Absender enthält dafür eine Mail mit dem Hinweis auf Löschung der Mail und den Kontaktdaten eines Kollegen.

Beim Autobauer VW können die Smartphones von VW-Mitarbeitern zwischen 18.15 Uhr bis 7 Uhr morgens keine Mails mehr empfangen. Wie beim Thema „Handy" auch geht es darum, die Erreichbarkeit künstlich einzudämmen.

10 Tipps gegen die Informationsflut

1. Medium wählen

Der erste Schritt zu weniger E-Mails ist für alle Beteiligten, sich vorab die Frage zu stellen, ob die Mail überhaupt das richtige Medium ist. Für die Echtzeitkommunikation etwa eignen sich ohnehin Chatprogramme wie ICQ oder ein Telefonat besser.

2. Hirnschmalz in Betreffzeile investieren

Bleibt die E-Mail das bevorzugte Medium, so ist der erste Schlüssel eine aussagekräftige Betreffzeile. Arbeiten Sie mit Schlagwörtern wie „Bestellung“, „Änderung“, „Auftrag“, „Nachfrage“ etc. Falls sich die E-Mail auf ein Ereignis wie eine Messe oder ein Treffen bezieht, sollten Sie dies ebenso in der Betreffzeile vermerken.

3. Reihenfolge beachten: das Wichtigste zuerst

Einige Empfänger haben ihr E-Mail-Programm so eingestellt, dass sie nur einen kleinen Teil der Betreffzeile lesen können, also lediglich die ersten Wörter. Aus diesem Grund gehören die wichtigsten Schlagwörter direkt an den Anfang.

4. In der Kürze liegt die Würze

„Fünf Sätze“ heißt ein radikaler Ansatz, nach der E-Mails wie Chat-Kommunikation behandelt werden. Die Idee: Jeder schreibt in die Signatur seiner Mail folgenden Hinweis: „Frage: Warum hat diese E-Mail nur fünf oder weniger Sätze? Antwort: http://five.sentenc.es.“ Es handelt sich um eine Art Kodex, an den sich jeder halten soll. „Alles, was du tun solltest, ist zu beschreiben, wer du bist, was du willst, warum du es bekommen solltest und wann du es brauchst“, erklärt Apple-Manager Guy Kawasaki. Er hat auch eine Erklärung, warum es genau fünf Sätze sein sollen: Weniger sind unhöflich, mehr eine Zeitverschwendung. „Dehne Deinen Briefwechsel, so wie Deinen Umgang, nicht über Gebühr aus. Das hat keinen Zweck, kostet Geld und ist Zeitverderb“, wusste schon Adolph Freiherr Knigge.

5. Richtig zitieren

Wer eine E-Mail beantwortet, drückt meistens bei dem Mailprogramm wie Outlook einfach auf „Antworten". Allerdings ist diese Variante, bei der einfach die gesamte E-Mail-Kommunikation an die jeweils neueste E-Mail angehängt wird, nicht immer die beste. Sinnvoller ist es jedoch, direkt unter den Zitaten des Kommunikationspartners zu antworten, sodass dieser den Kontext der Antwort versteht. So spart man sich das Beschreiben und der Empfänger das Lesen der Beschreibung. Dazu wird jeweils ein „>" vor die zitierte Stelle gestellt. Passagen der E-Mail, die unwichtig sind, können gelöscht werden.

6. Gekonntes Versionsmanagement

Wer gemeinsam mit Kollegen an Dokumenten arbeitet, sollte diese Dokumente nicht immer in jeder Versionsstufe an alle senden. Besser ist es, mit Cloudlösungen zu arbeiten, wie sie etwa Google oder Microsoft anbieten. Praktisch sind auch Anwendungen wie Live-Minutes. Auch hier wird vermieden, dass sich Beteiligte permanent E-Mails hin- und hersenden.

7. Arbeit nicht zurückspielen

Aus dem E-Mail-Postfach, aus dem Sinn: Nachdem die E-Mail-Flut in den vergangenen Jahren stetig zugenommen hat, haben einige Mitarbeiter ihre eigene Methode entwickelt, um der Situation Herr zu werden. Allerdings ist diese Methode oft wenig konstruktiv. Gemeint ist das schnelle und unreflektierte Zurückspielen von Antworten. Die Ursache mag darin liegen, dass E-Mails von vielen Menschen noch nicht als inhaltlich starkes Instrument gesehen werden.

Doch worin unterscheidet sich eigentlich eine Notarurkunde von einer E-Mail? Kann der Inhalt einer E-Mail nicht genauso gehaltvoll sein wie der Inhalt eines PDF-Dokuments oder einer Präsentation? Eine E-Mail-Korrespondenz ist kein Tennismatch, bei dem der Ball in der Luft bleiben muss. Genau dies ist jedoch bei Geschäftspartnern und Kollegen gerade kurz vor dem Wochenende oder vor dem Urlaubsantritt zu beobachten. Besonders dann, wenn die Beantwortung einer E-Mail mit einem gewissen Aufwand verbunden ist, tendiert man unwillkürlich dazu, die Mail schnell mit einer Frage zurückzuspielen – um die Arbeit zu umgehen, die die qualifizierte Beantwortung eigentlich bedeuten würde. Die schriftliche Unterhaltung wird hier lediglich pro forma weitergeführt, inhaltlich jedoch kommt es zum Stillstand.

8. Geschwindigkeit reduzieren

Apropos Tennismatch: Eine Möglichkeit, die E-Mail-Flut zu reduzieren, liegt auch in der Reduktion der Antwortgeschwindigkeit. Denn wer extrem schnell antwortet, fordert sein Gegenüber mitunter heraus, auch schnell zu antworten. Das schaukelt sich dann hoch. E-Mails werden immer schneller zugespielt. Mit der Geschwindigkeit nehmen jedoch die Verarbeitungstiefe und Inhalte ab.

Um bei der Mailkommunikation den Fuß vom Gas zu nehmen und um überhaupt die Ablenkungswahrscheinlichkeit durch E-Mails zu verringern, empfiehlt es sich bei Mailprogrammen wie Outlook, die Vorschaufunktion zu deaktivieren. Bei dieser erscheint automatisch, egal woran man gerade arbeitet, immer ein kleines Fenster mit jeder neu hereinkommenden E-Mail. Das kann nicht nur peinlich und unangemessen sein, wenn der Laptop am Beamer angeschlossen ist und eine heikle oder interne Mail kurz angezeigt wird. Diese Vorschaufunktion führt vor allem dazu, dass man sich stets und ständig von jeder neuen, noch so unwichtigen E-Mail ablenken lässt und sich unter Druck gesetzt fühlt zu reagieren. Deaktivieren Sie einfach die Outlook-Funktion „Desktopbenachrichtigung anzeigen“. Deaktivieren Sie auch gleich die Soundbenachrichtigung bei eingehenden E-Mails.

9. Statusbenachrichtigungen abschalten

Ob Newsletter oder Statusbenachrichtigungen: Streichen Sie sich rigoros von Listen und deaktivieren Sie Zustandsmeldungen von Services, die sie nutzen. Niemand muss im Minutentakt erfahren, wenn irgendwo etwas Unwichtiges passiert. Klicken Sie sich durch Ihr Postfach, löschen Sie unwichtige Mails und trennen Sie sich von Abos, wenn Sie das Angebot ohnehin nicht nutzen.

10. Gehen Sie selbst mit guten Beispiel voran

Wer weniger E-Mails erhalten möchte, sollte auch selbst weniger E-Mails schreiben. Werfen Sie einen Blick auf das Kommunikationsverhalten. Versuchen Sie bisher, Entscheidungen per E-Mail zu diskutieren? Dann müssen Sie sich nicht über Reizüberflutung wundern.

Der Stil macht die Musik

Rechtschreibfehler, fehlende Anrede, standardisierte Grußformeln, Wortfetzen, Befehlston, unbedachte Äußerungen: Leider schreiben viele Menschen nicht nur zu viele E-Mails, sondern pflegen auch in der E-Mail-Kommunikation einen äußerst unschönen Umgangston. Sie fixieren aus ihrer gegenwärtigen Laune heraus Dinge schwarz auf weiß (beziehungsweise Pixel um Pixel), die ihnen später zum Verhängnis werden können.

Chef Müller hat stets wenig Zeit. Darum überfliegt er E-Mails und liest sie selten bis zum Ende. So auch eine Mail von der Kollegin Schneider, die ausführlich und verständlich auf ein Problem mit dem Lieferanten hinweist. „Was heißt das?!“, poltert Chef Müller an die Kollegin Schneider in der Betreffzeile, die er mit einem roten Ausrufezeichen versehen hat. „Verstehe ich nicht“, antwortet daraufhin Kollegin Schneider und ärgert sich. Schließlich hat sie ja alles ausführlich erläutert.

Daraufhin schreibt Frau Schneider frustriert und treffend ihrem Kollegen Becker, was ihr mit dem Chef mal wieder passiert ist. „Der Chef ist ein Depp.“ Genau darauf wird Frau Schneider nach zwei Monaten beim Mitarbeitergespräch vom Chef angesprochen.

Während sich die meisten beim Verfassen eines Briefes Mühe geben oder bei einem Gespräch auf die Umgangsformen achten, wähnen sie sich in der E-Mail-Kommunikation in einem kniggefreien Raum. Dabei gibt es keinen Grund, einen elektronischen Brief weniger ernst zu nehmen als herkömmliche Korrespondenz.

Anrede: Ohne geht es nicht

Auf den vorherigen Seiten habe ich beschrieben, wie Sie die Mailflut reduzieren und langes Herumgequatsche eindampfen. Bei aller Liebe zur Kürze: In jede E-Mail gehört eine Anrede. Ob es sich dabei um ein „Hallo“, ein „Guten Morgen“ oder ein „Sehr geehrte/r Frau/Herr“ handelt, hängt vom Empfänger ab. Wichtig ist, dass Sie auch bei den kürzesten E-Mails nicht auf diese Höflichkeitsfloskel verzichten. Schließlich handelt es sich bei E-Mails nicht um einen fortlaufenden Chat oder um eine Skype-Konversation. Dies zeigt auch der Knigge-Report 2015. Danach halten fast 70 Prozent der Befragten Anrede und Verabschiedung für wichtig.

Falls Sie erstmalig per E-Mail mit jemandem Kontakt aufnehmen, sollten Sie Ihren elektronischen Brief mit der Anrede „Sehr geehrte/r Frau/Herr“ eröffnen. Trägt der neue Geschäftspartner einen Titel, müssen Sie diesen selbstverständlich in die Begrüßung aufnehmen. Kennen Sie den Empfänger besser oder handelt es sich nicht um die erste E-Mail zur Kontaktaufnahme, eignet sich als Anrede auch der jeweilige Tagesgruß.

Anrede und Verabschiedung halte ich in E-Mails für wichtig.

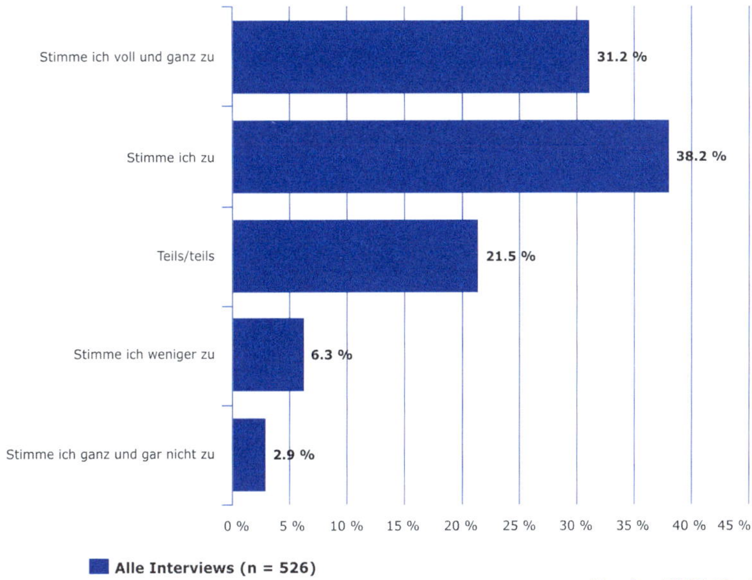

Knigge-Report 2015/Kai Oppel

Der richtige Gruß zur richtigen Tageszeit

Bei der Verwendung von „Guten Morgen, Frau/Herr“ oder „Guten Abend Frau/Herr“ sollten Sie sich sicher sein, dass der Empfänger erreichbar ist und die E-Mail sofort zur Kenntnis nimmt. Hintergrund ist die Aufhebung von Raum und Zeit durch die elektronische Kommunikation. Wird die um 9 Uhr versendete E-Mail mit der Anrede „Guten Morgen“ erst um 16 Uhr gelesen, wirkt dies unpassend.

Wenn die elektronische Post für einen Kollegen oder Geschäftspartner bestimmt ist, den Sie duzen, können Sie selbstverständlich mit „Hallo [Vorname]“ oder dem jeweiligen Tagesgruß starten. Nichts in der Geschäftswelt zu suchen haben hingegen flapsige Anreden wie

„Hi", „Servus" oder „Hallöle". Regionale Grußformeln wie „Grüß Gott, Frau/Herr" sind indes durchaus erlaubt.

Orthografie, Verständlichkeit, Ton

Achten Sie bei jeder E-Mail auf Rechtschreibung und Grammatik. Laut Knigge-Report 2015 nimmt es mittlerweile rund jeder Zehnte nicht mehr so genau mit der Rechtschreibung im E-Mailverkehr. Bei SMS- oder WhatsApp-Nachrichten ignoriert laut Studie sogar jeder Vierte den Duden.

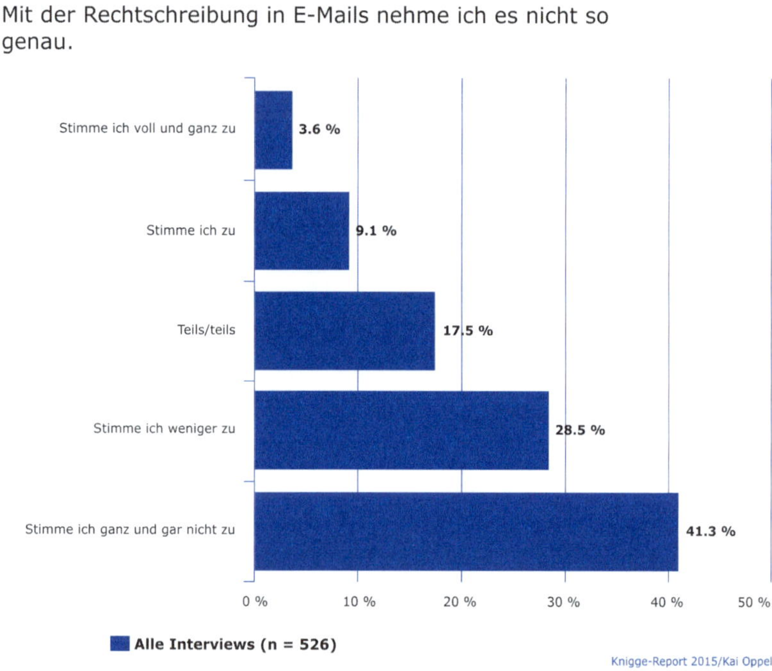

Investieren Sie dennoch unbedingt eine Minute Zeit in die automatische Fehlerkorrektur und achten Sie auf die korrekten grammatischen Fälle. Besonders wichtige E-Mails sollten Sie ausdrucken, da Fehler auf einem Ausdruck immer besser ins Auge fallen als am Bildschirm. Denn: Selbst wenn man es selbst nicht so genau nimmt – der Empfänger tut es. Wie aus dem Knigge-Report 2015 hervorgeht, stören sich nämlich rund 45 Prozent durchaus an Fehlern in Mails und Kurznachrichten. Oftmals nehmen Leser den Absender als nicht besonders kompetent war – wenn dieser offensichtlich nicht einmal einfachste Regeln und Schreibweisen beherrscht.

Mich stört es, wenn E-Mails oder Kurznachrichten von Kollegen oder anderen Mitmenschen Fehler enthalten.

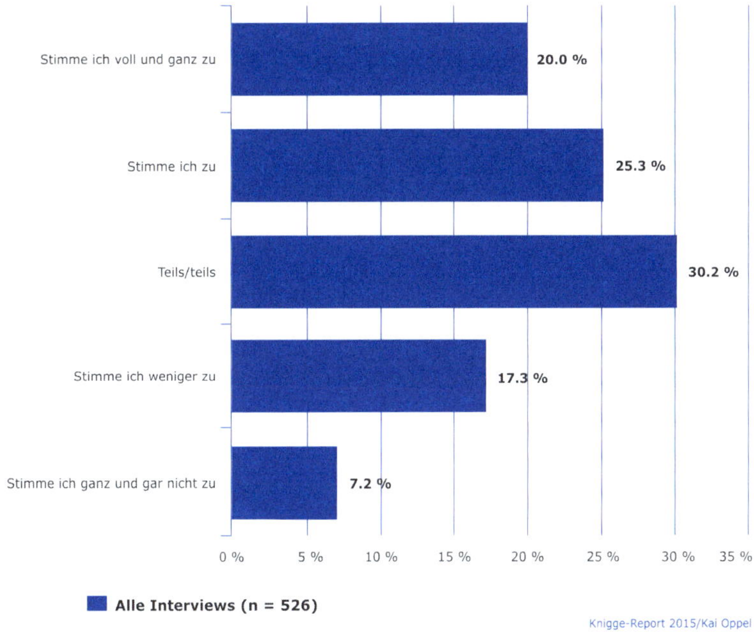

Doch Fehler schleichen sich nicht nur bei Orthografie und Grammatik ein. Auch Unverständlichkeit und fehlende Sinnzusammenhänge sind ein verbreitetes Phänomen in der täglichen E-Mail-Korrespondenz. Abhilfe kann das Gegenlesen schaffen. Falls Sie einen Kollegen bitten, Ihre E-Mail zu überprüfen, sollte sich dieser in der Hierarchie zumindest auf der gleichen Stufe befinden. Wenn Sie hingegen einen Rangniederen um Feedback bitten, können Sie sich durch Tippfehler innerhalb weniger Sekunden Respekt und Reputation verspielen.

Im Mail-Verkehr den richtigen Ton zu treffen ist nicht so einfach. Einerseits sollten die Texte so einfach und verständlich sein, als wären sie mündlich gesprochen. Andererseits kann dies lax wirken. Vermeiden Sie besonders gegenüber Vorgesetzten besserwisserische Formulierungen („Das habe ich gleich gesagt“ oder „nochmals“) sowie Formulierungen, die missverstanden werden könnten („Haben Sie verstanden?“ oder „Erklärungsbedarf?“). Was im gesprochenen Wort harmlos klingt, kann im Schriftlichen Begriffsstutzigkeit unterstellen.

Tipp!
Aktivieren Sie in Ihrem E-Mail-Programm die Rechtschreibprüfung, damit kein Schreiben ohne einen automatischen Check Ihr Postfach verlässt. Zusätzlich können Sie Ihre E-Mails auch einfach in Microsoft Word oder ein anderes Textverarbeitungsprogramm kopieren und so die meist umfangreichere Rechtschreibprüfung dieser Anwendungen nutzen.

Doppeldeutigkeiten und andere E-Mail-Fallen

Smileys haben in geschäftlichen E-Mails nichts verloren. Diese wirken verspielt und gehören ausschließlich in den privaten E-Mail-Verkehr. Dasselbe gilt für Zynismus oder Ironie, die vom Empfänger möglicherweise nicht erkannt werden und sogar verletzend sein können. Dass Doppeldeutigkeiten ein Tabu sind, versteht sich von selbst. Schließlich können E-Mails aufbewahrt werden, was sie zu einem hervorragenden Beweismittel macht – beispielsweise wenn man einem Kollegen schreibt, dass Kollegin Müller wie immer „schnell zur Sache kommt“.

Wählen Sie für E-Mails eine klare, verständliche Sprache und schreiben Sie in ganzen Sätzen. Das heißt auch, dass Sie auf Abkürzungen verzichten sollten. Schlimmstenfalls versteht der Empfänger diese nicht. Dann sind sie der Beginn einer Reihe von Missverständnissen und überflüssigen E-Mails, die allen zur Last fallen. Falls Sie als Führungskraft Anweisungen weitergeben, können Sie diese durch Aufzählungszeichen vom übrigen Text abgrenzen.

Ebenso wenig kniggekonform ist es, andere Kollegen „cc“ zu setzen, um sie öffentlich vorzuführen oder anzuschwärzen. Wenn Sie Unstimmigkeiten mit einem Kollegen haben, müssen Sie diese direkt mit Ihrem Kollegen klären.

Heikle E-Mails: Nicht für die Öffentlichkeit bestimmt

Selbst wenn die E-Mail tatsächlich beim auserwählten Empfänger ankommt, sei vor dem Versand von lustigen Präsentationen, Fotos, Witzen oder sonstigen Feierabend-E-Mails gewarnt. Nicht jeder Geschäftspartner verfügt über dasselbe Humorverständnis wie Sie.

Pech hatte in Frankreich ein Angestellter einer Computerfirma. Er wollte einem Kollegen ein witziges Nacktfoto schicken. Allerdings drückte er in seinem Mail-Programm zu schnell die Enter-Taste, worauf die Software nicht den Namen seines Kollegen vervollständigte, sondern den seiner Chefin in den USA. Diese fand das Foto gar nicht lustig, der Mitarbeiter musste seinen Posten räumen.

Noch schlimmer als der Versand solcher E-Mails ist es jedoch, dabei den kompletten Freundes- und Bekanntenstamm „cc" zu setzen. Die E-Mail-Adressen von anderen gehen niemanden etwas an. Sie sollten sie daher nicht ungefragt anderen zugänglich machen. Das gilt übrigens für jeglichen E-Mail-Verkehr. Setzen Sie nur diejenigen Personen „cc", die über den Verlauf von etwas im Bilde bleiben sollen – beispielsweise bei einem gemeinsamen Projekt.

Tipp!

Denken Sie daran, dass andere eine E-Mail lesen könnten, die nicht für sie bestimmt gewesen ist. Löschen Sie im Büro privat geschriebene E-Mails sowohl unter „Gesendete Objekte" als auch unter „Gelesene Objekte" und „Gelöschte Objekte". Das gilt für alle heiklen E-Mails. Entfernen Sie diese sofort – vor allem dann, wenn andere Kollegen Zugang zu Ihrem E-Mail-Account haben. Kollegen, die während Ihrer Krankheit oder Ihres Urlaubs Ihr Postfach prüfen, könnten ihrer Neugier erliegen und eine E-Mail lesen, die nicht für sie bestimmt war.

Tipps für eine professionelle E-Mail-Kommunikation

- Wählen Sie eine aussagekräftige Betreffzeile.
- Verzichten Sie niemals auf die Anrede.
- Achten Sie auf fehlerfreien Inhalt. Aktivieren Sie die Rechtschreibkontrolle und drucken Sie sich wichtige E-Mails zum Gegenlesen aus.
- Strukturieren Sie Ihre E-Mails durch Absätze.
- Achten Sie darauf, dass der Abschiedsgruß nicht automatisch mit der Signatur generiert wird und dass er in derselben Farbe erscheint wie die gesamte E-Mail.

- Lassen Sie sich von häufigem E-Mail-Verkehr nicht zu einem saloppen Ton hinreißen.
- Reagieren Sie niemals emotional auf eine E-Mail, wenn Sie angegriffen wurden. Antworten Sie erst mit etwas Abstand. Lassen Sie nach dem Schreiben der E-Mail mindestens fünf Stunden Zeit verstreichen. Oftmals handelt es sich nur um Missverständnisse, die durch eine harsche Antwort zum tatsächlichen Problem werden.
- Vermeiden Sie Dateianhänge größer als fünf Megabyte.
- Beteiligen Sie sich niemals am Versand sogenannter Spaßpräsentationen oder Massen-E-Mails.
- Seien Sie sich stets einer gewissen Öffentlichkeit von E-Mails bewusst. Immer wieder werden E-Mails weitergeleitet, deren Inhalt eigentlich für den persönlichen Gebrauch bestimmt war.
- Stellen Sie die automatische Benachrichtigungsfunktion aus, mit der neue E-Mails am Bildschirm eingeblendet werden. Das kann unangenehm werden, wenn Sie beispielsweise mit Ihrem Rechner eine Präsentation halten.
- Setzen Sie Kollegen und Chefs nicht unnötig cc. So minimieren Sie die E-Mailflut.
- Widerstehen Sie E-Mails mit einem Wort wie „Danke“. Das galt zwar lange Zeit als nett, ist in Anbetracht des heutigen Mailaufkommens jedoch nicht mehr zu verantworten.

Die Brief-Knigge-Kur

„Vorsichtigkeit ist im Schreiben nicht weit dringender im Raum als im Reden zu empfehlen.“ (Knigge)

Zugegeben: Die Geschäftskorrespondenz in Form klassischer Briefe ist in Zeiten der E-Mail in den Hintergrund getreten. Dennoch gibt es immer wieder Anlässe, bei denen Sie den Geschäftsbrief der E-Mail vorziehen sollten – beispielsweise wenn Sie dem Inhalt besonderen Nachdruck verleihen möchten. Achten Sie dabei in jedem Fall auf die korrekte Form. Schließlich ist jeder Brief wie eine Visitenkarte von Ihnen und Ihrem Unternehmen.

Briefinhalt und Stil

„Nimm Dir auch vor, nie irgend einen ganz leeren Brief zu schreiben, in welchem nicht wenigstens etwas stünde, das dem, an welchen er gerichtet ist, Nutzen oder reine Freude gewähren könnte“, erklärte Knigge zum Thema „Korrespondenz“ und trifft damit den Nagel auf den Kopf.

Überlegen Sie sich genau, worum es in Ihrem Brief gehen soll und schreiben Sie dies in die Betreffzeile. Auf das Wort „Betreff“ sollten Sie dabei verzichten. Der Inhalt selbst sollte für den Empfänger neu, wichtig oder interessant sein. Achten Sie beim Schreiben auf kurze Sätze und eine verständliche Sprache. Seien Sie sich während der gesamten Korrespondenz dessen bewusst, dass Briefe anders als ein Telefonat nahezu für die Ewigkeit gemacht sind.

„Voreilig schriftlich mitgeteilte, nicht gegründete Nachrichten, können unendlichen Schaden stiften, den redlichen Mann bei Tausenden verdächtig machen“, wusste bereits Knigge. Verzichten Sie daher auf Anschuldigungen und kommunizieren Sie in Ihren Briefen keine Dinge, die Sie nur vom Hörensagen kennen.

Auf die Form kommt es an

Damit der Brief lesbar ist, sollten Sie ihn in Absätze unterteilen und nicht ausufern lassen. Verfassen Sie Geschäftsbriefe stets auf Briefpapier und achten Sie – ebenso wie bei E-Mails – auf Rechtschreibung und Grammatik. Wenn Sie zudem noch dafür sorgen, dass die Korrespondenz korrekt gefaltet und ohne fettige Fingerabdrücke beim Empfänger ankommt, gibt es an der äußeren Form nichts zu beanstanden.

Die korrekte Anschrift

Wenn Sie in Deutschland einen Brief an ein anderes Unternehmen schreiben, nennen Sie in der ersten Zeile den Firmennamen – und zwar ohne den früher üblichen Zusatz „Firma“. Falls die Korrespondenz für Staatsrepräsentanten oder Botschafter bestimmt ist, gelten einige Besonderheiten: So müssen Sie die Titel zum Beispiel bereits in der Anschrift nennen. Hier einige Beispiele:

Herrn Bundespräsident
Joachim Gauck
Bundespräsidialamt 1
Spreeweg 1
10557 Berlin

Seiner Exzellenz
dem Botschafter der Russischen Föderation
Wladimir M. Grinin
Unter den Linden 63–65
10117 Berlin

Achten Sie auf eine korrekte Schreibweise sowie die richtige Adresse. Die Anschrift befindet sich auf dem Briefumschlag rechts beziehungsweise links unten. Bei Kuverts mit Sichtfenstern sollten Sie darauf achten, dass die Zeilenabstände korrekt eingestellt sind. Die Betreffzeile oder gar die Anrede dürfen keinesfalls im Brieffenster zu sehen sein.

Position statt „zu Händen"

Die Zusätze „z. Hd." beziehungsweise „zu Händen" haben ausgedient. Stattdessen wird über die Position des Namens verraten, von wem der Brief geöffnet werden darf. Steht der Firmenname in der ersten Zeile und der Mitarbeitername in der zweiten Zeile, darf der Brief von jedem geöffnet werden. Steht jedoch der Mitarbeitername vor dem Firmennamen, ist das Öffnen dem jeweiligen Mitarbeiter vorbehalten.

Anrede und Verabschiedung

Wählen Sie eine Anrede, die zum Geschäftspartner passt. Handelt es sich um einen langjährigen Geschäftsfreund, mit dem Sie schon einen gemeinsamen Skiurlaub verbracht haben, ist „Sehr geehrter Herr Kraus" wahrscheinlich zu förmlich. Folgende Beispiele sollen Ihnen helfen, Briefe korrekt zu eröffnen:

- Lockere Anrede: „Lieber Herr Schneider" oder „Hallo Herr Schneider"
- Förmliche Anrede: „Sehr geehrter Herr Schneider"
- Neutrale Anrede: „Guten Tag, Herr Schneider"

Erkundigen Sie sich stets, ob Ihr Geschäftspartner promoviert hat. Den Doktortitel müssen Sie unbedingt nennen, ihn wegzulassen ist ein Kniggefehltritt. Falls Sie einen Professor anschreiben (oder ansprechen), so wird nur der Professorentitel genannt, nicht der beziehungsweise die Doktortitel. Bei der Anschrift auf dem Kuvert werden indes in der Regel alle Titel aufgeführt (Beispiel: Prof. Dr. Dr. Huber).

i

Gruß statt Gruss. Die Einführung der neuen Rechtschreibung hat dazu geführt, dass fast jeder Brief mit einem Fehler beginnt und mit einem Fehler endet. Sowohl „Straße" als auch „Gruß" oder „Grüße" werden weiterhin mit „ß" geschrieben, da vor dem „ß" ein langer Vokal steht. Nur wenn ein Vokal kurz ausgesprochen wird, wie etwa bei „Fass", wird aus dem „ß" ein „ss".

Wie Sie den Brief beenden, hängt davon ab, wie Sie ihn begonnen haben. Einen mit „Sehr geehrte/r" eröffneten Brief mit „Auf bald" zu schließen, passt nicht. Regelrecht beleidigend ist es jedoch, einen gut bekannten Geschäftspartner mit der Standardfloskel „Mit freundlichen Grüßen" zu verabschieden.

- Lockerer Schlussgruß: „Es grüßt Sie" oder „Beste Grüße"
- Förmlicher Schlussgruß: „Mit freundlichen Grüßen"
- Neutraler Schlussgruß: „Viele Grüße"

Da ein Brief über viele Jahre aufgehoben werden kann, sollte er grundsätzlich für die Ewigkeit gemacht sein. Überprüfen Sie jeden Brief auf korrekte Anreden und Grußformeln. Wenn Sie einen Brief mehrfach an verschiedene Personen richten, sollten Sie darauf achten, dass bei der Formulierung „Sehr geehrte/r" die Endung korrekt an das Geschlecht angepasst ist. Jeder Empfänger ärgert sich, wenn es heißt: „Sehr geehrte Herr XY".

Die Telefon-Knigge-Kur

Die wichtigste Regel beim Telefonieren lautet wie beim sonstigen Kommunizieren auch: Reduktion. Überlegen Sie also, ob Sie überhaupt zum Hörer greifen müssen. Ausgerechnet beim Telefonieren unterlaufen vielen Menschen zudem zahlreiche Unachtsamkeiten, die sich eigentlich ganz einfach vermeiden ließen. Es beginnt bereits beim Melden, geht weiter bei in den Hörer geblasenem Zigarettenrauch oder dem Trinken während eines Telefonats und reicht bis zu einer schlechten Vorbereitung auf ein wichtiges Gespräch.

Das korrekte Melden am Telefon

Stellen Sie sich vor, Sie gehen am Morgen in die Bäckerei und schmettern sofort: „Sieben Brötchen!". Oder Sie treten in den Konferenzraum ein und beginnen: „Die Tagesordnung heute lautet …".

Das wäre äußerst unhöflich, da die Begrüßung fehlt. Genau darauf verzichten allerdings viele Menschen beim Telefonat. Sie fallen mit der Tür ins Haus und poltern in den Hörer: „Schneider“, „Hier Firma XY“, „Ja“ oder „Was gibt's?“ Überprüfen Sie daher am besten einmal selbst, wie Sie sich melden.

Empfangen Sie einen externen Anruf, nehmen Sie das Gespräch wie folgt korrekt an.

1. Tagesgruß, wie „Guten Morgen“, „Grüß Gott“, „Hallo“, „Guten Tag“ oder „Guten Abend“
2. Name des Unternehmens
3. Ihr Vor- und Zuname

Pausen bewusst einsetzen

Lassen Sie nach der Begrüßung eine Pause von etwa einer Sekunde. Sie werden sich wundern, wie viele den Gruß erwidern und wie sehr dadurch das Tempo im Telefonat einer ehrlichen Freundlichkeit weicht.

Wenden Sie diese Regel sowohl bei ein- als auch bei ausgehenden Gesprächen an. Bei ausgehenden Telefonaten können Sie natürlich ebenso zuerst Ihren Namen nennen und danach das Unternehmen.

Besonders bei internen Telefonaten wird oft auf die Grußformel verzichtet. Auch dies ist unhöflich. Für ein kurzes „Hallo“ sollte immer genügend Zeit vorhanden sein. Falls Sie jetzt überlegen, wie oft Sie Ihrem Kollegen aus dem Nachbarbüro dann am Tag ein „Hallo“ entgegenbringen müssen, weil Sie ihn täglich 20-Mal anrufen, sollten Sie sich fragen, ob Sie das Telefonat nicht grundsätzlich gegen eine kurze Visite eintauschen können. Denn: Wenn Sie etwas von ihm wissen möchten und er sich die Zeit nimmt, Ihnen zu antworten – so sollten auch Sie sich die Zeit nehmen, zu ihm zu gehen.

Das korrekte Sprechen

Nach dem Melden am Telefon sollten Sie wie beim E-Mail-Verkehr oder bei der brieflichen Korrespondenz kurz den Betreff nennen. Sagen Sie also mit wenigen Worten, warum Sie anrufen und steigen Sie niemals sofort in das Thema ein. Denken Sie während des Gesprächs stets daran, dass jedes Telefonat eine akustische Visitenkarte von Ihnen ist. Damit der Gesprächspartner einen positiven Eindruck bekommt, ist es ratsam, während des Telefonats grundsätzlich auf folgende Faktoren zu achten:

Klare, gleichmäßige und freundliche Stimme

Eine klare Aussprache verlangt, dass Sie den Hörer richtig halten. Immer wieder klemmen Geschäftspartner den Hörer zwischen Ohr und Schulter. Das Ergebnis ist bei längeren Telefonaten nicht nur ein verspannter Nacken, vor allem glaubt Ihr Telefonpartner, er spreche mit einem Boxer – weil die Haltung ein Nuscheln mit sich bringt. Positiv wirkt Ihre Stimme hingegen, wenn Sie beim Telefonat freundlich dreinschauen. Falls Ihr Gesprächspartner kein Ende findet, weisen Sie ihn höflich auf einen Folgetermin hin.

Lassen Sie sich nicht hetzen. Auch wenn die Zeit knapp ist, gibt es keinen Grund, mit der Geschwindigkeit eines Wasserfalls durch das Thema zu rauschen. Für Ihren Gesprächspartner ist es dabei nämlich besonders schwierig, das Gesagte zu erfassen. Das gilt vor allem dann, wenn er das Thema nicht kennt oder bis eine Minute vor dem Telefonat geistig in einer anderen Materie unterwegs war. Zudem lässt Ihnen ein zu hohes Tempo auch selbst keine Möglichkeit, den Gesprächspartner wahrzunehmen. Die Folge: Sie merken nicht, ob der Gesprächspartner überhaupt zuhört, ob er sich auf das Telefonat einlässt oder ob er etwas sagen möchte.

Das Sprechtempo – eine Frage der Höflichkeit

Ein Gespräch ohne Punkt und Komma macht es höflichen Gesprächspartnern sehr schwer, den Redefluss zu unterbrechen – ohne unhöflich ins Wort zu fallen. Zwingen Sie also niemanden dazu, unhöflich agieren zu müssen. Achten Sie während des Telefonats stets auf die korrekte Anrede und auf eine angemessene Wortwahl. „Nur weil ein Kunde duzt, darf man nicht mitduzen", warnt Sabin Bergmann von Contelle Telefontraining.

Aufrechte Körperhaltung

Überprüfen Sie stets Ihre Haltung. Nur wenn Sie aufrecht am Schreibtisch sitzen, kann sich Ihr Stimmvolumen bestmöglich entfalten. Zudem spürt Ihr Telefonpartner, wenn Sie im Chefsessel hängen wie nach einer Cocktailparty in der Hängematte – das Gespräch bekommt nämlich automatisch eine solche Färbung. Ebenso gehört es sich nicht, die Füße während des Telefonats auf den Schreibtisch zu legen. Auch dies ist eine nicht aussterbende Unsitte, die der Gesprächspartner unbewusst wahrnimmt. Darüber hinaus sind hochgelegte Beine ein Affront gegenüber Ihren Kollegen und Mitarbeitern.

Konzentration statt Multitasking

Wenn Sie ein Telefonat führen, dann sollten Sie sich ausschließlich darauf konzentrieren. Unterlassen Sie es deshalb tunlichst, gleichzeitig zu arbeiten. Natürlich lädt der eingeschaltete Rechner dazu ein, nebenbei einige E-Mails zu beantworten oder eine Präsentation zu korrigieren. Allerdings ist dies dem Anrufpartner gegenüber sehr unhöflich, weil er die mangelnde Aufmerksamkeit spürt – etwa durch lapidares „Ja“- oder „Mhh“-Sagen. Selbst das Ausstellen des Maustaste-Klickens oder ein leises Tippen lösen das Problem nicht. Sich voll und ganz auf das Telefonat einzustellen, ist ein Zeichen der Wertschätzung. Dazu gehört natürlich auch die richtige Vorbereitung.

Aufforderungen geschickt umgehen

Auch Unachtsamkeiten in der Rhetorik können als schlechtes Benehmen interpretiert werden. Das gilt besonders für Aufforderungen, denn wer jemand anderen zu etwas auffordert, degradiert ihn und führt automatisch eine Hierarchie im Gespräch ein. „Daher ist es besser, bei offensichtlichen Anweisungen Fragen zu formulieren“, rät die Telefonexpertin Sabin Bergmann und nennt ein Beispiel. Anstelle von: „Bestätigen Sie Ihre Bestellung bitte per Fax“, sollte man nach ihren Worten besser sagen: „Sind Sie so nett und bestätigen Sie Ihre Bestellung kurz per Fax?“. Fragen helfen dabei, Aufforderungen geschickt zu verpacken. Statt der Aussage: „Moment mal kurz!“, empfiehlt sich die höfliche Frage: „Darf ich das Telefonat auf der anderen Leitung kurz annehmen?“ So fühlt sich der Gesprächspartner gefragt und nicht vor vollendete Tatsachen gestellt.

Auch bestimmte Wörter führen in der Wahrnehmung zu Hierarchiedifferenzen und können Unbehagen auslösen. Neben sämtlichen Formen von „müssen“ zählen dazu „sollten“, „nur“ und „höchstens“ sowie in einigen Fällen „kann“ und „würde“. Besonders durch die Verwendung von Wörtern wie „müssen“ oder „sollten“ entsteht schnell der Eindruck, dass Sie nicht mehr auf gleicher Augenhöhe kommunizieren – sondern als Allwissender Befehle erteilen.

Wenn Sie neben diesen Tipps auf eine angemessene Lautstärke achten, um anwesende Kollegen nicht zu stören, und zudem Themen wie Beziehungsdramen, Affären, Politik, Religion oder Negatives über den Arbeitgeber aus dem Geschäftstelefonat verbannen, sind Sie aus Kniggesicht auf einem guten Weg zum korrekten Telefonat. Es sei denn, Sie beenden das Gespräch mit „Ciao" oder „Tschüssi".

London calling: Telefonate mit ausländischen Geschäftspartnern

Telefonate mit ausländischen Geschäftspartnern laufen etwas anders ab als in Deutschland. Hier müssen Sie unbedingt die Beziehungsebene berücksichtigen. Das gilt besonders für Länder wie die USA, England, Australien und Indien. Dies ist ein Gebot der Höflichkeit und Fundament jedes Geschäftserfolgs. Steigen Sie also niemals direkt ins Thema ein – versuchen Sie zuvor eine kleine Small-Talk-Plattform zu schaffen. Nachdem sich Ihr Gegenüber gemeldet hat, sollten Sie also nicht wie in Deutschland sofort zum Thema kommen („Der Grund meines Anrufes ist …" oder „Ich rufe an, um Ihnen …"). Starten Sie stattdessen mit der Floskel „How are you?". Darauf wird der Gesprächspartner antworten und die Frage an Sie richten. Sie könnten diese Situation geschickt nutzen, um nicht nur zu sagen: „Thanks, I am fine", sondern diese Aussage auch begründen. Wenn Sie erklären, dass es Ihnen gut geht, weil das Wetter schön ist oder weil Ihre Fußballmannschaft ein Spiel gewonnen hat, können Sie einen kleinen Small Talk beginnen.

Tipps für erfolgreiches Telefonieren

- Achten Sie auf eine angemessene Begrüßung.
- Verzichten Sie wegen der Begleitmusik auf das Hoch- und Runterfahren des Rechners während eines Telefonats.
- Unterlassen Sie es, nebenbei zu arbeiten. Schalten Sie während des Telefongesprächs den Monitor Ihres Rechners aus oder klappen Sie Ihren Laptop zu. So können Sie nicht abgelenkt werden.
- Trinken und Essen während des Telefonats sind tabu, dasselbe gilt für das Rauchen. Erstens hört der Gesprächspartner das typische Feuerzeuggeräusch und zweitens klingt das Ausatmen des Zigarettenrauchs sehr unangenehm.
- Frauen sollten darauf achten, dass die Ohrringe nicht an den Telefonhörer schlagen – da dieses Geräusch beim Gegenüber direkt in die Ohrmuschel schmettert.

Schlusswort

Stellen Sie sich folgenden Berufstag vor: Morgens klingelt entspannt der Radiowecker. Es ist also nicht das Handy, das sie weckt. Deshalb bleiben Sie noch einige Minuten liegen und hören entspannt einen Radiobeitrag über ein neues Buch, das Sie auch gerade gelesen haben – „Die Knigge-Kur“. Im Beitrag geht es darum, wie man im immer stressigeren Berufsalltag trotz der vielen Termine und Anforderungen noch selbstbestimmt handeln kann. Sie hören den Beitrag zu Ende, frühstücken und holen einen klassischen Anzug beziehungsweise ein zeitloses Kostüm aus dem Kleiderschrank, ein Stück, das Sie schon ewig haben. Im Treppenhaus merken Sie, dass Sie Ihr Handy vergessen haben. Aber: Sie kehren nicht um. Stattdessen laufen Sie zur Straßenbahn. Unterwegs entdecken Sie ein neues Café und fragen sich, wie lange es dieses Café schon gibt.

Im Fahrstuhl treffen Sie eine Kollegin, die Sie jedoch nur kurz grüßt und die dann wieder auf ihr Smartphone blickt. „Guten Morgen, Frau Müller“, sagen Sie, um lächelnd hinterherzuschieben: „Wissen Sie eigentlich, dass wir mittlerweile knapp 100-mal am Tag auf unsere Handys schauen?“ Und schon haben Sie einen kurzweiligen Plausch und gemeinsam einige Lacher.

Wenn Sie Ihren Computer hochfahren, starten Sie neuerdings nicht sofort Ihr Mailprogramm. Stattdessen beginnen Sie, konzentriert an Präsentation einer zu arbeiten. Nach knapp zwei Stunden, die Zeit verging fast wie im Flug, haben Sie Ihre Präsentation um eine wesentliche Leitidee weiter gebracht. Sie lehnen sich zurück und fragen sich, warum das heute so schnell ging. Dann fällt Ihnen Ihr Smartphone ein, das noch immer zu Hause auf dem Esstisch liegt. Kein Klingeln hat Sie gestört. Sie haben nicht mal kurz ein paar

Nachrichten abgesetzt. Sie waren weder auf Facebook noch auf Twitter. Kurz fragen Sie sich, wer Sie wohl heute schon alles zu erreichen versucht hat. Aber dann stellt sich wieder das gute Gefühl ein, heute etwas geschafft zu haben.

Sie holen sich einen Kaffee. In der Teeküche fragen Sie spontan ein paar Kollegen, wie es mit einem gemeinsamen Mittagessen wäre. „Ich würde gerne, aber ich muss für Sie bis 14 Uhr noch einen Auftrag fertigmachen“, sagt ein Auszubildender zu Ihnen. Dann denken Sie an die Knigge-Kur und selbst gemachte Termine. „Es reicht mir auch innerhalb der nächsten zwei Tage“, antworten Sie.

Im Lauf der nächsten Tage versuchen Sie immer wieder, Denkansätze aus der Knigge-Kur in Ihren Alltag zu integrieren. Sie hinterfragen Deadlines. Sie teilen Wissen mit Kollegen. Sie versuchen, etwas weniger schnell zu laufen. Sie bemühen sich um Aufmerksamkeit, indem Sie Ihre Mitmenschen genauer ansehen. Sie entscheiden sich für den Zug statt für das Flugzeug. Sie erfragen und übertragen die Geburtstage Ihrer wichtigsten Geschäftspartner in Ihren Kalender. Sie helfen einem anderen Team bei einer anspruchsvollen Aufgabe und fühlen sich richtig gut dabei. Sie nehmen sich etwas mehr Zeit für das Schreiben von E-Mails – gehen genauer auf den Inhalt ein, achten mehr auf Rechtschreibung und sind etwas origineller. Sie entscheiden sich bei einer Ausschreibung für einen Dienstleister aus der Region – obwohl er etwas teurer ist. Sie stellen sich etwas weniger häufig die Frage, wie dies oder jenes bei anderen ankommt. Stattdessen interessieren Sie sich mehr für andere. Sie stellen mehr Fragen, statt nur eine gefühlte Müllhalde für Informationen anderer zu sein, die Sie nicht bestellt haben. Sie fühlen sich selbstbestimmter. Sie fühlen sich freier. Besonders dann, wenn Sie zwischen einem verpassten Zug nicht wie sonst am Bahnsteig am Computer arbeiten, sondern 300 Meter in die Innenstadt gehen, um dort einen frisch gepressten Orangensaft zu trinken.

Egal, wie Ihr Berufsalltag bisher ausgesehen hat. Es liegt zu einem großen Teil an Ihnen selbst, die Knigge-Kur täglich anzuwenden und jene Fäden zu durchschneiden, an denen Sie hängen. Natürlich ist Kur in der Theorie leichter. Im Luftkurort in den Schweizer Alpen lebt es sich schließlich auch schöner und besser als an der viel befahrenen Hauptstraße. Die Herausforderung und Chance liegt darin, gerade im Alltag tradierten und gelebten Widerständen zum Trotz die Dinge zu ändern. Bewusst zu ändern.

Man muss die Fäden, an denen wir hängen, dafür nicht immer gleich ganz durchtrennen. Manchmal reicht es schon zu verstehen, dass wir nicht nur eine Marionette sind, sondern dass wir unseren Businesskasperl wie ein Puppenspieler selbst in der Hand halten. Dass es an uns ist, die Fäden selbst etwas lockerer zu lassen, um im neu gewonnenen Aktionsradius wieder die Kontrolle über uns selbst zu erlangen – und damit Mündigkeit.

Literaturverzeichnis

- Copray, Norbert: Fairness – Der Schlüssel zu Kooperation und Vertrauen, Gütersloh: Gütersloher Verlagshaus, 2011
- Freiherr Knigge, Adolph: Über den Umgang mit Menschen, Hamburg: Nikol Verlagsgesellschaft, 2004
- Fromm, Erich: Haben oder sein? München: dtv, 2005
- Huffington, Arianna: Die Neuerfindung des Erfolgs, München: Riemann Verlag, 2014
- Kant, Immanuel: Was ist Aufklärung?; Ausgewählte kleine Schriften, Hamburg: Meiner Verlag, 1999
- Klein, Rebekka: Werte und Normen im beruflichen Alltag, Münster: Lit Verlag, 2011
- Kucklick, Christoph: Die granulare Gesellschaft, Berlin: Ullstein, 2014
- Lohmann-Haislah, Andrea: Stressreport Deutschland 2012, Bundesanstalt für Arbeitsschutz und Arbeitsmedizin, Dortmund, 2012
- Nelting, Manfred: Wenn die Maske zerbricht, München: Goldmann Verlag, 2010
- Oppel Kai: Business Knigge – Die besten Tipps für stilsicheres Auftreten, 3. Auflage, München: C. H. Beck, 2014
- Oppel, Kai: Business Knigge international, 4. Auflage, Freiburg: Haufe Verlag, 2014

- Rigotti, Th.; Otto, K.; Köper, B.: Herausforderung Restrukturierung – Bedeutung, Auswirkungen, Gestaltungsoptionen, Bundesanstalt für Arbeitsschutz und Arbeitsmedizin, Dortmund, 2014
- Rosa, Hartmut: Beschleunigung und Entfremdung – Entwurf einer kritischen Theorie spätmoderner Zeitlichkeit, Berlin: Suhrkamp, 2013
- Schneck, Anja: Treiben uns die neuen Medien in den Wahnsinn?, Hamburg: Diplomica Verlag, 2013
- Verhaege, Paul: Und ich? Identität in einer durchökonomisierten Gesellschaft, München: Kunstmann, 2013
- Wilkens, Andre: Analog ist das neue Bio – ein Plädoyer für eine menschliche digitale Welt, Berlin: Metrolit Verlag, 2015

Internetquellen

- https://www.zukunftsinstitut.de/artikel/aufbruch-in-ein-neues-zeitalter-der-mobilitaet/
- http://worterbuchdeutsch.com/de/okonomisierung
- https://www.ekd.de/sozialethik/download/Oekonomisierung.pdf
- http://www.sueddeutsche.de/gesundheit/haltungsschaeden-durch-technik-aerzte-warnen-vor-dem-smartphone-nacken-1.2231463
- http://www.welt.de/gesundheit/article135708761/Wischen-auf-dem-Smartphone-veraendert-das-Gehirn.html
- http://www.welt.de/gesundheit/psychologie/article136208210/Wie-Smartphones-Gehirn-und-Augen-belasten.html
- https://de.wikipedia.org/wiki/Aufmerksamkeit
- https://www.eco.de/2013/pressemeldungen/eco-500-milliarden-euro-jahresverlust-durch-e-muell.html
- http://www.tagesspiegel.de/medien/mediensucht-forscher-prophezeit-smartphone-verbot/11142966.html
- https://digitalcourage.de/adventskalender/24-tuerchen
- https://www.buergel.de/de/aktuelles/fachartikel/zahlungsmoral-deutscher-unternehmen-0
- http://hsimmet.com/2013/05/10/social-sharing-als-erfolgsrezept-des-wachstums/

- http://www.digitalcenter.org/wp-content/uploads/2014/12/2014-Digital-Future-Report.pdf
- http://www.spiegel.de/karriere/berufsleben/erreichbar-nach-dienstschluss-massnahmen-der-konzerne-a-954029.html
- http://www.spiegel.de/politik/deutschland/kommunikations-stress-die-smartphone-sklaven-a-789420.html